智能制造领域应用型人才培养系列精品教材

工业机器人

应用电气技术基础

（含活页式任务工单）

主　编　朱　磊　高雪雯　刘　杰
副主编　陈仁科　熊伟斌　赵灵灵
参　编　陈胜飞　叶文卿

華中科技大學出版社
http://press.hust.edu.cn
中国·武汉

内 容 简 介

全书含教材和任务工单两册。教材提炼工业机器人应用中的典型电气技术为课程内容，介绍了工业机器人工作站的供电系统、继电器、气缸和电动机等驱动件和以接近开关、安全光栅为代表的交互系统，以及电气安装调试中的安全用电、工具、耗材等基础知识。教材以项目任务的形式，既介绍了相关元器件的工作原理、类型、选型和安装方法，又在知识模块的后面设计了实践任务，让学生“学中做，做中学”。教材还穿插介绍了电气识图、看图等相关知识和方法。任务工单与主要的项目任务对应，以利于辅助教学。

本书可作为高职高专电气、自动化、工业机器人、智能制造等专业电气技术课程的教材，也可作为职业技能培训的教材，还可供相关工程技术人员参考。

图书在版编目(CIP)数据

工业机器人应用电气技术基础 / 朱磊，高雪雯，刘杰主编. -- 武汉 ：华中科技大学出版社，2024. 6.

ISBN 978-7-5680-4821-7

Ⅰ. TM

中国国家版本馆 CIP 数据核字第 2024JW9753 号

工业机器人应用电气技术基础

Gongye Jiqiren Yingyong Dianqi Jishu Jichu

朱 磊 高雪雯 刘 杰 主编

策划编辑：袁 冲

责任编辑：徐桂芹

责任校对：李 弋

责任监印：朱 玢

出版发行：华中科技大学出版社(中国·武汉) 电话：(027)81321913

武汉市东湖新技术开发区华工科技园 邮编：430223

录 排：武汉正风天下文化发展有限公司

印 刷：武汉科源印刷设计有限公司

开 本：787mm×1092mm 1/16

印 张：18

字 数：480 千字

版 次：2024 年 6 月第 1 版第 1 次印刷

定 价：59.00 元(含活页式任务工单)

华中出版

本书若有印装质量问题，请向出版社营销中心调换

全国免费服务热线：400-6679-118 竭诚为您服务

“工课帮”简介

武汉金石兴机器人自动化工程有限公司(简称金石兴)是一家专门致力于工程项目与工程教育的高新技术企业,“工课帮”是金石兴旗下的高端工科教育品牌。

自“工课帮”创立以来,教学研发团队一直致力于打造精品课程资源,不断在产、学、研三个层面创新执教理念与教学方针,并集中“工课帮”的优势力量,有针对性地出版了智能制造系列教材二十多种,制作了教学视频数十套,发表了各类技术文章数百篇。

“工课帮”不仅研发智能制造系列教材,还为高校师生提供配套学习资源与服务。

为高校学生提供的配套服务:

(1) 针对高校学生在学习过程中压力大等问题,“工课帮”为高校学生量身打造了“金妞”,“金妞”致力于推行快乐学习。高校学生可添加 QQ(2360363974)获取相关服务。

(2) 高校学生可用 QQ 扫描下方的二维码,加入“金妞”QQ 群,获取最新的学习资源,与“金妞”一起快乐学习。

为工科教师提供的配套服务:

针对高校教学,“工课帮”为智能制造系列教材精心准备了“课件＋教案＋授课资源＋考试库＋题库＋教学辅助案例”系列教学资源。高校老师可联系大牛老师(QQ:289907659)获取教材配套资源,也可用 QQ 扫描下方的二维码,进入专为工科教师打造的师资服务平台,获取“工课帮”最新教师教学辅助资源。

序言 XUYAN

现阶段，我国制造业面临资源短缺、劳动力成本上升、人口红利减少等压力，而工业机器人的应用与推广，将极大地提高生产效率和产品质量，降低生产成本和资源消耗，有效提高我国工业制造竞争力。我国《机器人产业发展规划（2016—2020年）》强调，机器人是先进制造业的关键支撑装备和未来生活方式的重要切入点。广泛采用工业机器人，对促进我国先进制造业的崛起，有着十分重要的意义。“机器换人，人用机器”的新型制造方式有效推进了工业升级和转型。

伴随着工业大国相继提出机器人产业政策，如德国的“工业4.0”、美国的先进制造伙伴计划、中国的“十三五规划”与“中国制造2025”等国家政策，工业机器人产业迎来了快速发展的态势。当前，随着劳动力成本上涨，人口红利逐渐消失，生产方式向柔性、智能、精细转变，中国制造业转型升级迫在眉睫。全球新一轮科技革命和产业变革与中国制造业转型升级形成历史性交汇，中国已经成为全球最大的机器人市场。大力发展工业机器人产业，对于打造我国制造业新优势、推动工业转型升级、加快制造强国建设、改善人民生活水平具有深远意义。

工业机器人已在越来越多的领域得到了应用。在制造业中，尤其是在汽车产业中，工业机器人得到了广泛应用。如在毛坯制造（冲压、压铸、锻造等）、机械加工、焊接、热处理、表面涂覆、上下料、装配、检测及仓库堆垛等作业中，机器人逐步取代人工作业。机器人产业的发展对机器人领域技能型人才的需求也越来越迫切。为了满足岗位人才需求，满足产业升级和技术进步的要求，部分应用型本科院校相继开设了相关课程。在教材方面，虽有很多机器人方面的专著，但普遍偏向理论与研究，不能满足实际应用的需要。目前，企业的机器人应用人才培养只能依赖机器人生产企业的培训或产品手册，缺乏系统学习和相关理论指导，严重制约了我国机器人技术的推广和智能制造业的发展。武汉金石兴机器人自动化工程有限公司依托华中科技大学在机器人方向的研究实力，顺应形势需要，产、学、研、用相结合，组织企业专家和一线科研人员开展了一系列企业调研，面向企业需求，联合高校教师共同编写了“智能制造领域应用型人才培养系列精品教材”系列图书。

该系列图书有以下特点：

（1）循序渐进，系统性强。该系列图书从工业机器人的入门应用、技术基础、实训指导，到工业机器人的编程与高级应用，由浅入深，有助于读者系统学习工业机器人技术。

（2）配套资源丰富多样。该系列图书配有相应的人才培养方案、课程建设标准、电子课件、视频等教学资源，以及配套的工业机器人教学装备，构建了立体化的工业机器人教学体系。

（3）覆盖面广，应用广泛。该系列图书介绍了工业机器人集成工程所需的机械工程案例、电气设计工程案例、机器人应用工艺编程等相关内容，顺应国内机器人产业人才发展需要，符合制造业人才发展规划。

“智能制造领域应用型人才培养系列精品教材”系列图书结合工业机器人集成工程实际应用，教、学、用有机结合，有助于读者系统学习工业机器人技术和强化提高实践能力。该系列图书的出版发行填补了机器人工程专业系列教材的空白，有助于推进我国工业机器人技术人才的培养和发展，助力中国智造。

中国工程院院士 谭建荣

前言 QIANYAN

目前,中国正处于产业转型升级的关键时期,工业机器人作为智能制造业关键技术之一,已经成为衡量一个国家制造水平和科技水平的重要标志。

工业机器人已在越来越多的领域得到了应用。在制造业中,尤其是在汽车产业中,工业机器人得到了广泛的应用,如在毛坯制造、焊接、表面涂覆、上下料、装配、检测及仓库堆垛等作业中,工业机器人已逐步取代了人工作业。随着工业机器人产业的发展,企业对熟练掌握工业机器人技能的人才的需求越来越迫切。

工业机器人作为一种自动化生产设备,要在生产线完成搬运、装配、焊接等任务,还需要其他的辅助装置,或作为其手部,或为其输送物料、固定工件等。因此,要完整掌握以工业机器人为核心的自动化生产系统,除了掌握机器人编程与仿真技术,学习和掌握一定的电气技术也是必要的。

本书围绕工业机器人工作站或工业机器人自动线的供电系统、系统预执行件、传感器和人机交互器件,介绍相关元器件的工作原理、选型和安装方法,以及其在工业机器人工作站的应用等,旨在使学生掌握工业机器人系统集成所需的知识和技能。这些知识和技能在运行和维护工业机器人系统时也是必需的。

为深入贯彻党的十九大精神和全国教育大会部署,落实党中央、国务院关于教材建设的决策部署和《国家职业教育改革实施方案》有关要求,本教材提炼工业机器人应用中的典型电气技术为课程内容,实现课程内容与职业标准的对接。本教材以项目任务的形式组织内容,采用活页式装订,并为主要任务配备了任务工单,实现教学过程与生产过程的对接。

全书含教材和任务工单两册。教材共六个项目,项目一介绍电气安装调试中预防触电的相关知识,项目二介绍电气安装运维过程中常用的工具和耗材,项目三介绍机电应用低压配电系统,是项目四至项目六的基础,项目四至项目六分别为机电应用预执行件、机电应用信号控制与人机交互控制、机电应用系统驱动及其控制。项目的安排由浅入深,循序渐进,注重学生职业能力、职业素养、团队协作等综合素质的培养。任务工单以另册形式展现,与主要的项目任务对应,以利于辅助教学。

编写本书的宗旨如下。

(1) 简单。尽量介绍必需的知识,让读者以最少的精力做到工业机器人电气技术的入门,通读全书后能绘制简单的图纸,掌握常见的电气原理图并可以接线调试。

(2) 实用。通过实例一步一步地教读者使用相关技术,为读者在应用中解决相关控制问题提供参考方案。

(3) 理实结合。讲解基础应用中涉及的知识,通过可操作的任务实践让读者掌握各种电气技术。

(4) 规范。对电气设计中用到的 IEC 规范做简单的介绍,也会对一些常用的部件结合电气术语进行讲解。

（5）学中做，做中学。遵循“授人以鱼，不如授人以渔”的理念，在教学中以实际案例讲解做法，让学生参照实例学习如何运用相关知识。

尽管编者主观上努力使读者满意，但书中疏漏和不足之处在所难免，我们热忱欢迎读者提出宝贵的意见和建议。

如有问题，请给我们发邮件：2360363974@qq.com。

编　者

2024年1月

目录 MULU

项目一
安全用电

【学习目标】

知识目标：掌握电流对人体的作用机理；理解电流对人体伤害程度的影响因素；掌握不同的触电形式及其危害；掌握电气安全作业防护措施和急救措施。

能力目标：能识别触电危险源；能根据掌握的安全用电知识减少电对人体的伤害；能有效地贯彻执行电气安全作业防护措施；能在触电事故发生时，有效地采取急救措施。

【项目任务】

任务1　人体触电原因和防护措施

本项目主要介绍人体触电的机理、电流对人体伤害程度的影响因素、不同的触电形式及其危害，另外介绍了在进行电气作业时要执行的安全防护措施，以及在遇到触电事故时正确的急救措施。

任务1 人体触电原因和防护措施

一、任务描述

电能是一种优越的能源，不断地造福人类。但同时电对人类有很大的潜在危险性。如果不能做到安全用电，便会对生命财产造成不可估量的损失。

工业机器人和其辅助设备大部分都是用电设备，工作人员在安装、调试、使用和维护过程中，尤其应当了解安全用电知识。使用和操作不当可能会导致触电和火灾等危险情况，直接威胁到人的生命安全。错误的操作也可能会引发电器损坏，甚至导致整个生产线系统的瘫痪，给个人和社会带来经济损失。

本任务的目标是在了解人体触电的机理的基础上，掌握电气安全作业防护措施，从而有效地预防触电事故的发生；同时掌握触电急救措施，以提高我们的应急反应能力，挽救生命。

二、相关知识

所谓安全用电，是指电气工作人员、生产人员以及其他用电人员，在既定环境条件下，采取必要的措施和手段，在保证人身及设备安全的前提下正确使用电力。

1. 电流对人体的作用机理

人体里有钠、钾、钙等电解质，电解质溶解于人的体液中。体液约占体重的70%，电解质溶解于人的体液中便形成了带电的离子，这些离子在外电场的作用下，于体液内做定向移动，便形成了电流，人体就有了导电性，成了导体。电流会对人体造成不同程度的伤害，归结起来为两种伤害：一种是电伤；一种是电击。

电伤(见图1-1-1)是指电流对人体外部造成的局部伤害，它是由于电流的热效应、化学效应、机械效应及电流本身的作用，熔化和蒸发的金属微粒侵入人体，使皮肤局部受到灼伤、烙伤，严重时会致人死亡。

电击(见图1-1-2)是指电流通过人体，使内部组织受到损伤，这种伤害会造成全身发热、发麻、肌肉抽搐、神经麻痹，会引起室颤、昏迷，甚至窒息、死亡。

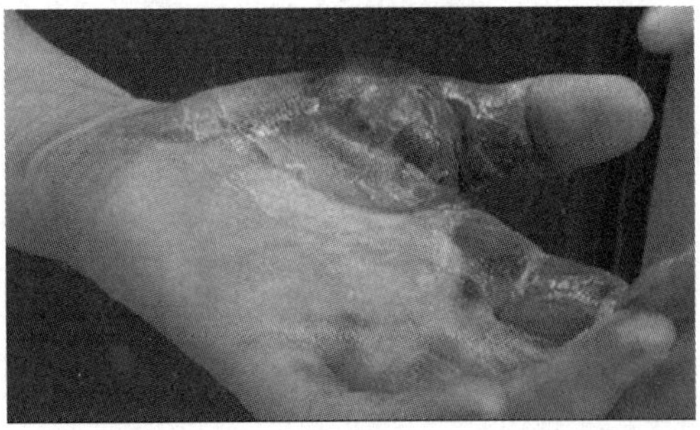

图1-1-1 电伤

图1-1-2 电击

2. 电流对人体伤害程度的影响因素

人体对电流是非常敏感的。触电时电流对人体的伤害程度与人体电阻及电流的强度、频率、作用时间和通过的途径等有关。

(1) 人体电阻。

人体电阻不是常数,在不同情况下,电阻值差异很大,通常为 10～100 kΩ。人体电阻愈小,触电时通过的电流愈大,受伤愈严重。人体各部分的电阻也是不同的,其中皮肤角质层的电阻最大,而脂肪、骨骼、神经的电阻较小,肌肉的电阻最小。如果一个人的角质层损坏,他的人体电阻可降至 0.8～1 kΩ。在这种情况下接触带电体,很容易有生命危险。人体电阻是变化的,皮肤愈薄、愈潮湿,电阻愈小;皮肤接触带电体面积愈大、靠得愈紧,电阻愈小。人体电阻还受身体健康状况和精神状态的影响。如体质虚弱、情绪激动、醉酒时,人体容易出汗,人体电阻急剧下降,在这几种情况下不宜从事电气操作。

(2) 不同强度的电流对人体的伤害。

大量的实践告诉我们,人体通过 1 mA 工频交流电或 5 mA 直流电时,就有麻、痛的感觉。电流为 10 mA 左右时,人体尚能摆脱电源,超过 50 mA 就很危险了。若有 100 mA 的工频交流电通过人体,则会造成窒息,甚至死亡。

(3) 不同电压下的电流对人体的伤害。

人体接触的电压愈高,通过人体的电流愈大,对人体的伤害愈严重。在有关触电的实际统计中,有 70%以上是在 220 V 或 380 V 交流电压下触电死亡的。以触电者人体电阻为 1 kΩ 计,在 220 V 电压下通过人体的电流有 220 mA,能迅速致人死亡。人们通过大量实践发现,36 V及以下的电压对人体没有严重威胁,所以把 36 V 及以下的电压规定为安全电压。持续接触安全电压为 24 V,安全电流为 10 mA。

(4) 不同频率的电流对人体的伤害。

一般来说,电流频率越低,对人体的伤害越大。随着频率的升高,触电危险程度会下降。不同频率的电流对人体造成伤害的机理也不同。例如,高频电流的集肤效应会导致电流主要流过身体表面,从而在皮肤表面造成大面积烧伤,但不容易致死;而低频电流主要流过人体内部,给人体脏器带来致命伤害。

(5) 电流的作用时间与人体受伤的关系。

电流作用于人体的时间愈长,人体电阻愈小,则通过人体的电流愈大,对人体的伤害就愈严重。如 50 mA 工频交流电,如果作用时间不长,不至于让人死亡;若持续几十秒,必然会引起室颤,甚至死亡。

(6) 电流通过的不同途径对人体的伤害。

电流通过头部会使人昏迷;通过脊髓可能导致肢体瘫痪;通过心脏、呼吸系统,可导致心跳停止、血液循环中断。可见,电流通过心脏和呼吸系统,最容易导致死亡。

3. 触电形式

触电有以下几种形式。

(1) 单相触电。

人体的一部分在接触一根带电相线(火线)的同时,另一部分又与大地(或零线)接触,电流从相线流经人体到大地(或零线)形成回路,称为单相触电。在触电事故中,发生单相触电的情况很多,如检修带电线路和设备时,不做好防护或接触漏电的设备外壳及绝缘损坏的导线都会造成单相触电。

单相触电又分两种情况:一种是中性点接地的单相触电;另一种是中性点不接地的单相触电。中性点接地的单相触电如图 1-1-3 所示。当人体接触到导线时,人体承受相电压。电流经过人体、大地和中性点接地装置,形成闭合回路,电流的数值取决于电气设备相电压和人体电阻。

中性点不接地的单相触电如图 1-1-4 所示。因为中性点不接地，所以有两个回路的电流通过人体。一个回路的电流从 C 相导线出发，经过人体、大地、线路对地绝缘阻抗 Z 到 A 相导线，另一个回路的电流从 C 相导线出发，经过人体、大地、线路对地绝缘阻抗 Z 到 B 相导线，电流的数值取决于线电压、人体电阻和线路对地绝缘阻抗。两个回路所承受的电压都是线电压。如果线路的绝缘性好，这种情况的安全性就高。

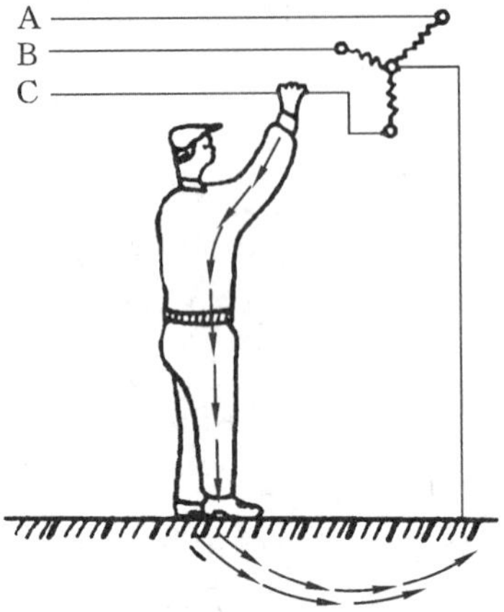

图 1-1-3　中性点接地的单相触电

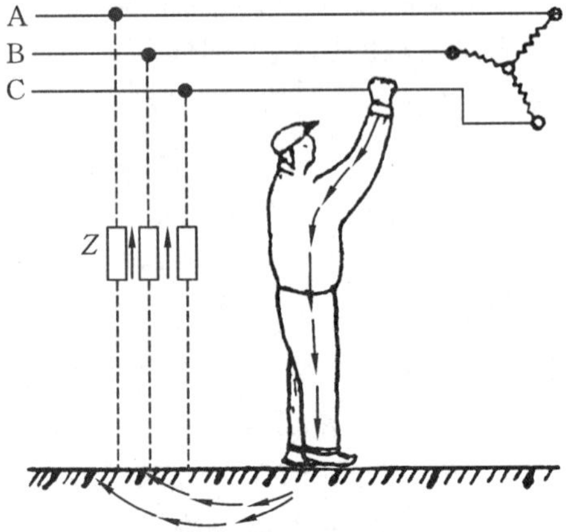

图 1-1-4　中性点不接地的单相触电

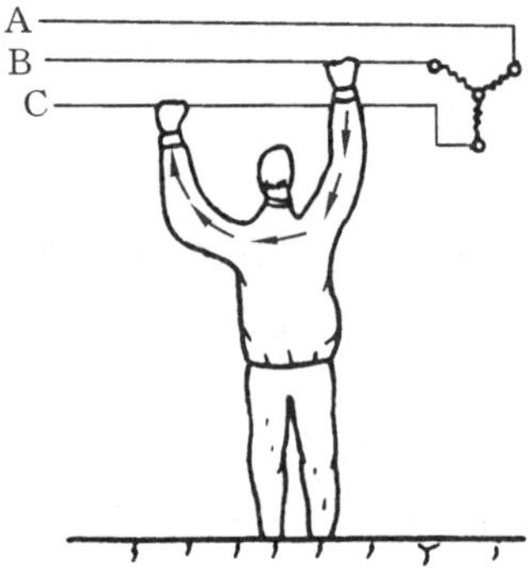

图 1-1-5　两相触电

（2）两相触电。

两相触电（见图 1-1-5）是指人体的不同部位同时接触两根带电相线时的触电。这时不管电网中心是否接地，由于两相电压值比单相电压值高，两相触电的危害都比单相触电更严重。

（3）跨步电压触电。

电气设备发生对地短路或电力线断落接地时都会在导线周围的地面形成一个强电场，如图 1-1-6 所示，其电位分布是电位从接地点向外逐步降低，如图 1-1-7 所示。当有人跨入这个区域时，分开的两脚间有电位差，电流从一只脚流进，从另一只脚流出而造成触电，叫跨步电压触电。

一旦发现有通电的裸露的电缆落在地上，就不要靠近落地点，保持 20 m 的安全距离。

图 1-1-6　接地电流流散图

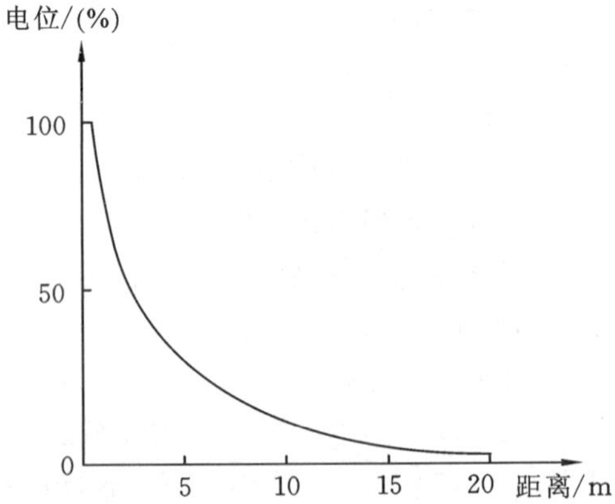

图 1-1-7　电位分布

4. 电气安全作业防护措施

(1) 正确选用和安装电气设备的导线、开关、保护装置。

(2) 电气设备正常不带电的金属外壳、框架，应采取保护接地(接零)措施。

(3) 电气设备和线路要满足绝缘、屏护、间距要求。

(4) 合理配置和使用各种安全用具、仪表和防护用品，对特殊专用安全用具要定期进行安全试验。

(5) 积极推广和优先使用带有漏电保护器的开关。

(6) 在采用接地保护的供电系统中，要实行三相五线制供电方式。

(7) 手持电动工具应有专人管理，并且经常检查其安全可靠性。

(8) 电气设备和线路周围应留有一定的操作和检修场地。易燃易爆物品应远离电气设备。

(9) 室外电气设备应有防雨措施。

(10) 电气安全标志(警示牌、标志桩、信号灯)应设置完好。

注意：在电气设备(线路)上作业时，必须在执行停电、验电、装设接地线、悬挂标志牌和装设围栏等安全技术措施后，方可进行作业。

以下是电气作业“十不准”，希望大家铭记于心：

(1) 任何人不准玩弄电气设备和开关；

(2) 非电工不准拆装、修理电气设备和用具；

(3) 不准私拉乱接电气设备；

(4) 不准使用绝缘损坏的电气设备；

(5) 不准私自使用电热设备和灯泡取暖；

(6) 不准擅自用水冲洗电气设备；

(7) 不准用铜丝、铁丝替代保险丝；

(8) 不准擅自移动电气安全标志、围栏等安全设施；

(9) 不准使用检修中的电气设备；

(10) 不准在地下电缆附近随意打桩、动土。

5.触电急救

触电事故在极短暂的时间内就会造成严重的后果，所以发生触电事故时必须进行抢救。据有关资料记载，触电后 1 分钟内开始抢救，救活的可能性有 90%；触电 6 分钟后才救治，仅有 10%的生机；触电 12 分钟后才救治，救活率就很低了。所以对触电者及时进行抢救非常重要。触电急救的方法如下。

(1) 脱离电源。

如果附近有配电箱、闸刀等，应该立即断开电源。如果身边有带绝缘柄的工具(如钢丝钳等)，可将电线截断。也可以戴上绝缘手套或用干燥的木棍，将触电者身上的电线挑开。千万注意，不可直接用手去拉触电者，也不可用金属或潮湿的东西去挑电线。否则，不但触电者没有摆脱电源，救护者也会变成触电者。如果触电者是在高空作业时触电，则断电时要防止触电者摔伤。

(2) 现场触电急救。

现场触电急救是紧急救护工作的主要内容之一，其基本原则是在现场采取积极措施保护伤员生命，减轻伤情，减少痛苦。如果发现伤员呼吸、心跳停止，应立即在现场就地抢救，用心肺复苏法支持呼吸和循环，对脑、心脏等保持供氧。急救的成功条件是动作快、操作正确，任何拖延和操作错误都会导致伤员伤情加重或死亡。

当触电者脱离电源以后，如果神志清醒，呼吸正常，皮肤也未灼伤，只需要让他到空气清新的地方休息，令其平躺，不要行走，防止突然惊厥、狂奔，体力衰竭而死亡。如果触电者神志不清，呼吸困难或停止，必须立即把他移到附近空气清新的地方，及时进行人工呼吸，并请医务人员前来抢救。如果触电者心脏停止跳动，则需立即用胸外心脏挤压法抢救，并在送往医院的途中不间断抢救。如果触电极严重，心跳、呼吸全无，则需要同时或交替使用人工呼吸法和胸外心脏挤压法抢救。

人工呼吸法：使触电者平躺仰卧，头后仰，使其舌根不堵住气流，捏住鼻子吹进一口气，然后松开鼻子，使之慢慢恢复呼吸，每分钟约吹气 12 次。

胸外心脏挤压法：救护者双手相叠，掌根放在比心窝稍高一点的地方（即两乳头之间略下一点），掌根向下压 3～4 cm，每分钟压 60 次左右。挤压后掌根迅速放松，让触电者胸廓自行复原，以利于血液充满心脏，恢复心脏正常跳动。对儿童可用一手轻轻挤压，但次数可增加到每分钟 100 次左右。

注意：对触电者实施抢救，有时往往需要较长时间，所以必须耐心，不间断地抢救；急救中严禁用不科学的方法，如用木板压、摇抖身体、掐人中、用水泼、盲目打强心针等错误方法，因为这样只会使奄奄一息或处于假死状态的触电者呼吸更加困难、体温下降更快，从而加速其死亡。

三、任务实施

1. 判断题

(　　)(1) 通常情况下人体电阻为 1000～2000 Ω。

(　　)(2) 一旦发现有人触电（低压），周围人员首先应迅速采取拉闸断电等有效措施，尽快使触电者脱离电源。

(　　)(3) 现场徒手进行心肺复苏时，在医务人员来接替救治前可以中途停止。

(　　)(4) 在正常工作的情况下，绝缘物不会逐渐老化而失去绝缘性能。

(　　)(5) 安全电压的规定，是以人体允许电流与人体电阻的乘积为依据的。

2. 选择题

(1) 安全色是表达安全信息含义的，国家规定的安全色有(　　)四种颜色。

A.红、绿、黑、白　　B.红、蓝、紫、黄　　C.红、蓝、黄、绿　　D.绿、红、黄、黑

(2)国家规定的安全色，其中表示指令、必须遵守的规定用(　　)表示。

A.红色　　B.蓝色　　C.黄色　　D.绿色

(3) 国家规定的安全色，其中提示安全状态、通行用(　　)表示。

A.红色　　B.蓝色　　C.黄色　　D.绿色

(4) 电气安全检查包括以下方面：(　　)。

A.电气设备绝缘有无问题，接地电阻是否合格

B.保护接零、接地是否正确可靠，是否符合要求

C.局部照明及手提灯的电压是否是安全电压，是否采取了安全措施

D.电气安全用具、灭火器材是否合格、齐全，是否在有效使用周期内

(5) 应当接地的具体部位有(　　)。

A.电动机、变压器、开关设备、照明器具、移动电气设备的金属外壳

B.配电装置金属构架、操作机构、金属门、配电金属管、电气设备的金属传动装置

C.民用电器的金属外壳

D.电缆金属外皮、接线盒及金属支架

3. 讨论题

假设在某自动线安装调试现场，由于某种原因，其中一台电动机的动力线脱落，导致电动机外壳带电。同学们试着讨论，在此种场景下有哪些安全隐患？应该从哪些方面采取预防措施？

四、任务拓展

低压电工证、高压电工证、高级电工证、建筑电工证等证件在用途上有何区别呢？

1. 低压电工证

低压电工证（见图 1-1-8）由应急管理部门颁发，适用于 1000 V 以下的电工作业，是电工行业用途最广泛的证件之一。

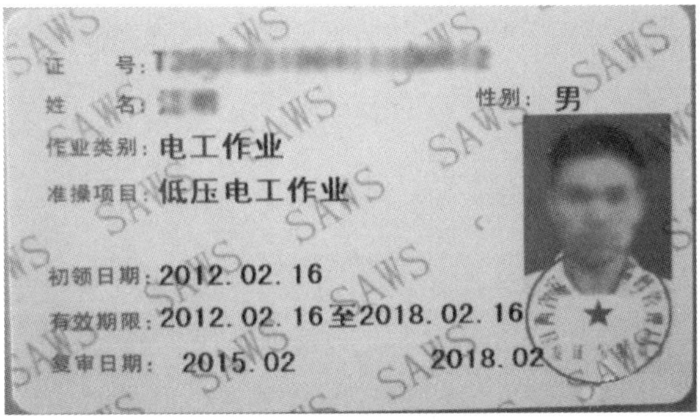

图 1-1-8 低压电工证

低压电工证 3 年复审，6 年换证。目前大部分的电工证都支持全国复审、异地换证。如果逾期未换证，那么电工证作废，必须重新参加培训和考试。

电工证类似于驾驶证，不管你的驾驶技术多厉害，要想驾驶汽车，就必须有驾驶证，只有你拿到驾驶证以后，国家才承认你有驾驶汽车的能力（资质）。同样，作为电工，只有你拿到低压电工证以后，国家才承认你有从事低压电工作业的能力（资质）。

应急管理部要求，从事电工行业必须持有电工证，所以设备安装电工、设备维修电工、线路维修电工、家装电工、工装电工等都需要持有电工证。

2. 高压电工证

高压电工证（见图 1-1-9）也是由应急管理部门颁发的，适用于 1000 V 及以上的电工作业。高压电工证跟低压电工证一样，3 年复审，6 年换证。

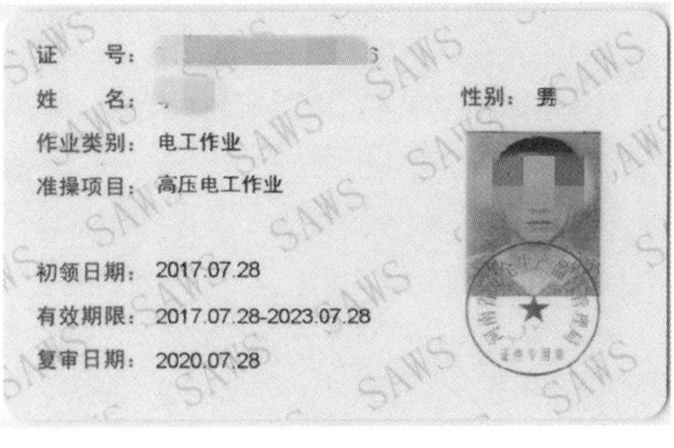

图 1-1-9 高压电工证

应急管理部要求，从事 1000 V 及以上的电工作业必须持有高压电工证。所以，从事工厂的高压用电设备操作、维修等需要持有高压电工证。

3. 职业资格证书

职业资格证书由人力资源和社会保障部颁发，全国通用，不需要年审。

职业资格证书一共分为五个等级：初级、中级、高级、技师、高级技师。

职业资格证书是表明劳动者具有从事某一职业所必备的学识和技能的证明，也作为用人单位审验从业资格的证书。

项目二
机电应用耗材和工具

2

【学习目标】

知识目标：掌握电线电缆的种类、字母代号和选型方法；掌握电缆接线鼻子的分类、型号以及应用范围；掌握电气装配中常用的电气工具种类；掌握常用电气工具的用途和使用方法。

能力目标：能根据负载计算线缆截面积；能根据需求进行电线电缆的选型；能根据应用场景进行电缆接线鼻子的选型；能根据任务需求选择合适的电气工具，能正确使用电气工具，能使用网线钳压制网线。

【项目任务】

任务 1　机电系统电气耗材

任务 2　常用电气工具

电气装备中除了断路器、接触器、继电器、开关按钮、电动机等主要元器件外，电线电缆、端子、线槽也是必不可少的，电气耗材选用正确与否、质量好坏直接影响到系统运行的可靠性和稳定性。本项目首先介绍了机电系统中的常用耗材，如电线电缆、电缆接线鼻子、线槽和导轨等，介绍了耗材常用的型号和选型方法，重点介绍了线缆的选型和截面积的计算方法，然后介绍了螺丝刀、尖嘴钳、剥线钳、压线钳等电气装配中常用电气工具的种类、用途、使用方法及注意事项，并通过实践来练习网线的制作。

任务1　机电系统电气耗材

一、任务描述

在电气装配中需要将各个电气元件连接、安装、固定起来，所需要的配件、材料就是电气耗材。电气耗材是支撑整台设备制造运行的重要部分之一。

在制造自动化设备时，耗材关系到整台设备的工艺、质量、成本等。根据功能，电气耗材可分为线材类、压接端子类、固定螺丝类和辅助类，如图 2-1-1 所示。

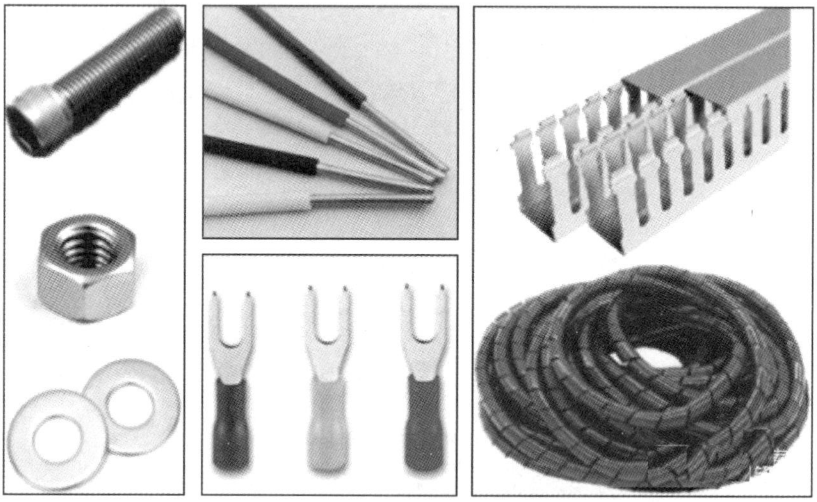

图 2-1-1　电气装配中的耗材

任务要求：① 掌握电气装配中常用电气耗材的型号和选型方法；② 根据负载的大小以及应用环境选择合适的线缆。

二、相关知识

1. 电线电缆

电线电缆是一种用于电能或信号传输的电力电气材料。电线电缆可以将电能从电网或电池等电源输送到终端设备，实现电力的传输和供应，或将声音、图像、数据等信号传输到目标设备，实现语音通信、视频传输、数据交换等功能。

1）电线电缆的结构

电线电缆的结构主要包括以下几个部分。

(1) 导体：导体是电线电缆的主要部分，通常由铜、铝或其合金制成。导体负责传输电流。

(2) 绝缘层：绝缘层用于包裹导体，阻隔导体与外部环境的接触，防止电流外泄和与其他线路相互干扰。绝缘层通常采用塑料（如聚乙烯、聚氯乙烯等）或橡胶等绝缘材料制成。

(3) 绝缘层外护套（可选）：绝缘层外护套是为了对绝缘层进行保护而添加的一层护套，通常由耐磨和耐腐蚀的材料制成，如聚氯乙烯（PVC）或聚乙烯（PE）等。

(4) 屏蔽层（可选）：屏蔽层用于防止外部电磁干扰对内部信号的影响，以免信号质量下降或者数据传输错误。屏蔽层通常使用金属箔等材料制成。

（5）铠装层（可选）：铠装层用于提供额外的机械保护和防护，防止电缆受到机械外力的损伤，如压力、拉力、弯曲等。铠装层通常由金属丝编织而成。

图 2-1-2 所示为绝缘电线结构，图 2-1-3 所示为控制线典型结构，图 2-1-4 所示为不同的控制线。

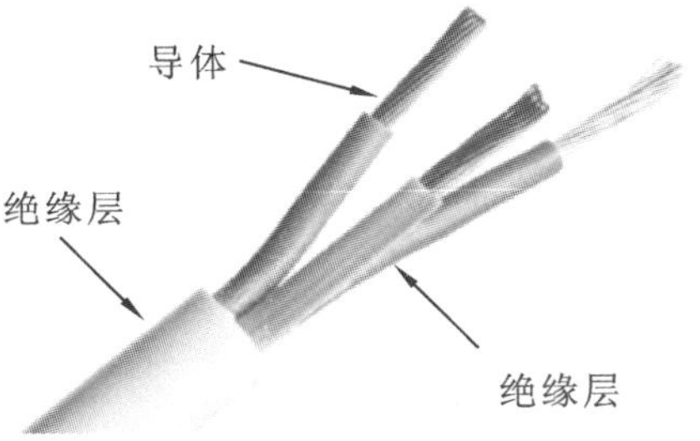

图 2-1-2　绝缘电线结构

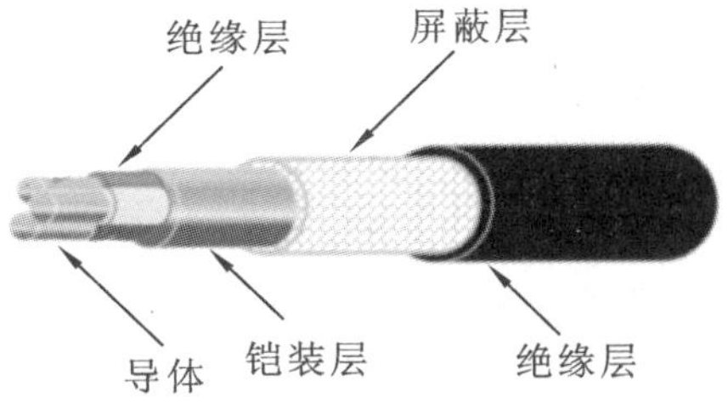

图 2-1-3　控制线典型结构

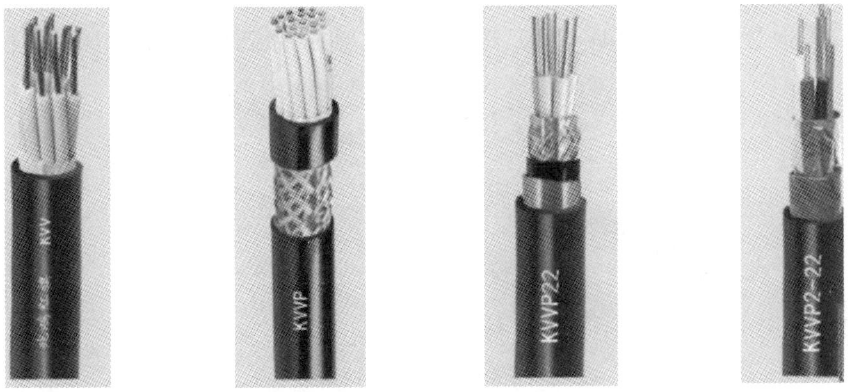

KVV硬线控制线　KVVP铜丝编织屏蔽线　KVVP22铠装屏蔽线　KVVP2-22铠装铜带屏蔽线

图 2-1-4　不同的控制线

不同类型的电线和电缆的结构可能会有所不同，以适应不同的应用需求。

电线和电缆并没有严格的界限。通常将芯数少、产品直径小、结构简单的称为电线，将芯数多、产品直径大、结构复杂的称为电缆。

2）电线电缆型号

电线电缆上不同的字母和数字代表不同的电线电缆型号，电线电缆型号包括类别用途代号、导体代号、绝缘层代号、护层代号、特征代号、铠装层代号、外护层代号。

（1）类别用途代号。

A——安装电线；B——绝缘电线；C——船用电缆；K——控制电缆；N——农用电缆；R——软线；U——矿用电缆；Y——移动电缆；JK——绝缘架空电缆；M——煤矿用；ZR——阻燃型；NH——耐火型；ZA——A 级阻燃型；ZB——B 级阻燃型；ZC——C 级阻燃型；WD——低烟无卤型。

（2）导体代号。

T——铜导线（一般省略不写）；L——铝芯。

（3）绝缘层代号。

V——聚氯乙烯；YJ——XLPE（交联聚乙烯）；Y——聚乙烯；F——聚四氟乙烯。

（4）护层代号。

V——聚氯乙烯护套；Y——聚乙烯护套；N——尼龙护套；P——铜丝编织屏蔽；P2——铜带屏蔽；Q——铅包。

（5）特征代号。

B——扁平型；R——柔软型；C——重型；Q——轻型；G——高压；H——电焊机用；S——双绞型。

（6）铠装层代号。

2——双钢带；3——细圆钢丝；4——粗圆钢丝。

（7）外护层代号。

1——纤维层；2——PVC 护套；3——PE 护套。

3）常用电线电缆的型号示例

以下是三种常用线缆：BV——铜芯聚氯乙烯绝缘电线（见图 2-1-5）；BVR——铜芯聚氯乙烯绝缘软电线（见图 2-1-6）；BVV——铜芯聚氯乙烯绝缘聚氯乙烯护套电线（见图 2-1-7）。

字母 B 代表线缆类别，B 系列属于绝缘电线。绝缘电线是指包覆绝缘层的电线。V 是聚氯乙烯的代码；T 是铜芯的代码（省略不写）；R 表示柔软型，要做到软，就要增加导体根数。

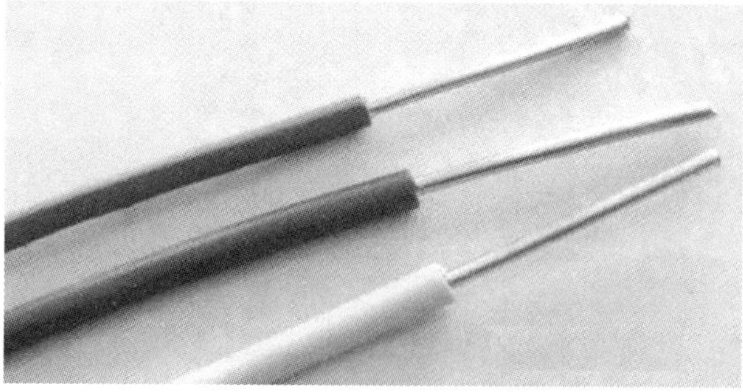

图 2-1-5　BV——铜芯聚氯乙烯绝缘电线

图 2-1-6　BVR——铜芯聚氯乙烯绝缘软电线

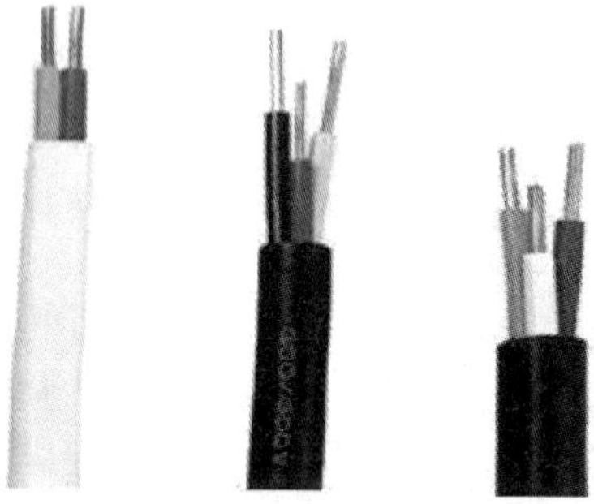

图 2-1-7　BVV——铜芯聚氯乙烯绝缘聚氯乙烯护套电线

4）导线颜色

导线的颜色可以帮助人们快速识别和区分不同的电线或信号线，避免混淆和错误连接。标准化的颜色编码系统被广泛应用于电路设计和安装中，提高了工作的效率和可靠性。图 2-1-8 所示为电控柜内部电线，选择不同颜色的导线作为三相交流电的相线。导线颜色及含义如图 2-1-9所示，详述如下。

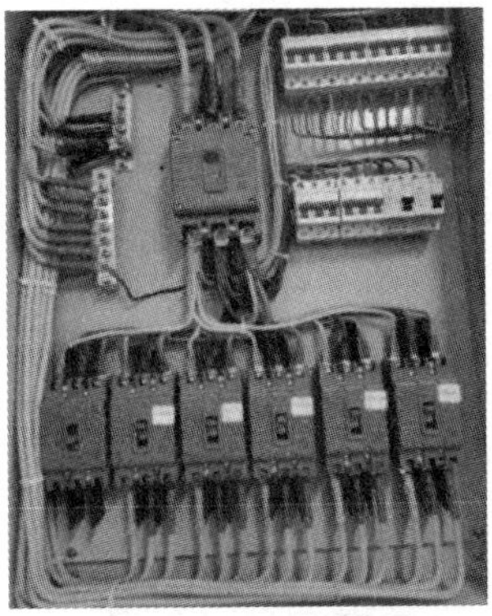

图 2-1-8 电控柜内部电线

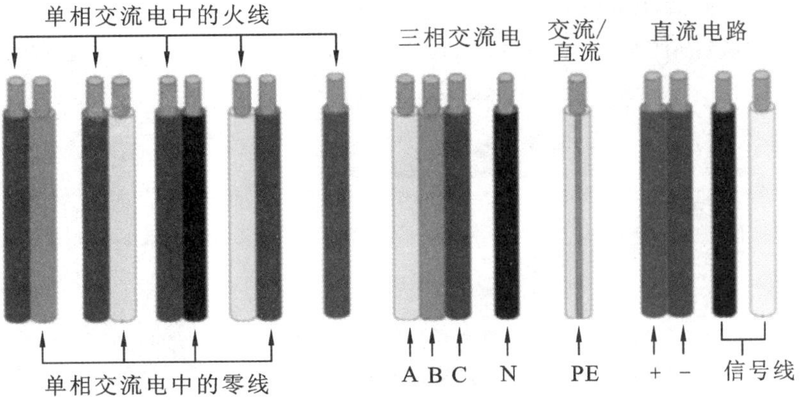

图 2-1-9 导线颜色及含义

导线颜色及含义

① 单相交流电。

火线：红色、黄色、棕色。

中性线或零线：绿色、黑色、黄色、蓝色。

② 三相交流电。

A 相：黄色。

B 相：绿色。

C 相：红色。

零线(N)：黑色。

地线(PE)：黄绿色。

③ 直流电路。

正极(+)：棕色。

负极(−)：蓝色。

信号线：白色或者黑色。

5) 线缆的选型

选择电线和电缆时，需要考虑以下几个因素。

① 电气要求。

确定所需的电压等级、额定电流和功率，根据电气要求，选择合适的导体材料(如铜或铝)和导体截面积，以确保电线和电缆能够承受所需的电流和功率。

② 应用环境。

评估电线和电缆的应用环境，如温度、湿度、化学品暴露等。根据环境条件，选择合适的绝缘材料和防护层材料。例如，高温环境中需要使用耐热的电缆，潮湿环境中需要使用防水的电缆。

③ 物理特性。

考虑电线和电缆的柔软性、耐磨性和耐久性等物理特性。根据具体的应用需求，选择合适的电线和电缆类型，如柔性电缆(见图 2-1-10)、抗拉电缆或特殊用途电缆等。

在工业自动化生产线中，机械装置是动态的，比如装置往返运动，还有部分机器人是要在轨道上行走的(见图 2-1-11)，所以必须考虑电缆的柔韧性。衡量电缆柔韧性最重要的指标是弯曲半径，这个指标决定了电缆的允许弯曲半径。如果在动态应用场合使用刚性电缆，电缆不断反复移动，最终会导致电缆出现故障并可能损坏系统中的其他组件。

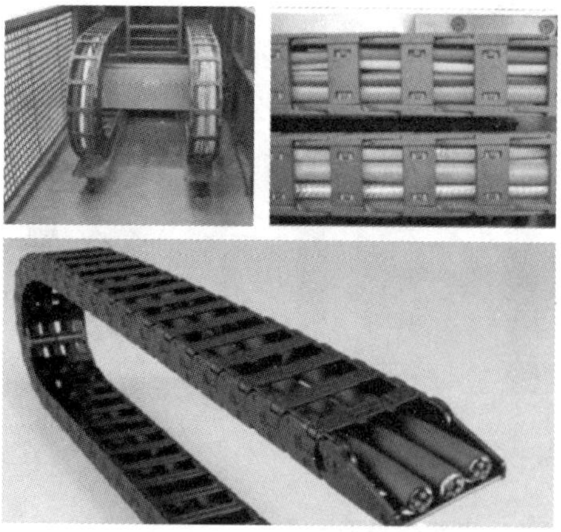

图 2-1-10　柔性电缆

图 2-1-11　导轨上的机械臂

④ 电磁兼容性。

评估周围电磁场和其他电气设备对电线和电缆的干扰，根据电磁兼容性要求，选择具有合适屏蔽层的线缆，以防止电磁干扰。

屏蔽对于精密伺服系统的成功运行起着重要作用。屏蔽可防止不必要的噪声通过反馈信号传回驱动器，并且能够消除附近其他电气设备的电磁干扰。根据反馈元件的具体规格，屏蔽双绞线可以减轻噪声问题，而整体电缆屏蔽可以将不必要的干扰沉入地面。具体采用哪一种屏蔽方式可根据电缆承载的信号频率决定。

⑤ 安全标准和法规。

了解相关的安全标准和法规要求，确保所选择的电线和电缆符合特定的安全标准，以保障安全使用并符合法律法规的要求。

⑥ 成本效益。

综合考虑电线和电缆的价格、性能和可靠性，根据具体需求选择经济实惠且满足要求的电线和电缆。

综合考虑以上因素，可以选择满足特定应用需求的电线和电缆，确保电力传输和信号传输安全、可靠和高效。在选择过程中，可咨询专业供应商以获取专业意见和建议。

6）截面积的选择

常用单芯线缆规格主要有 0.75 mm^2、1.5 mm^2、2.5 mm^2、4 mm^2、6 mm^2、10 mm^2、16 mm^2、25 mm^2、35 mm^2、50 mm^2、70 mm^2、95 mm^2、120 mm^2、150 mm^2、180 mm^2、240 mm^2 等 16 种。不同截面积的线缆如图 2-1-12 所示。

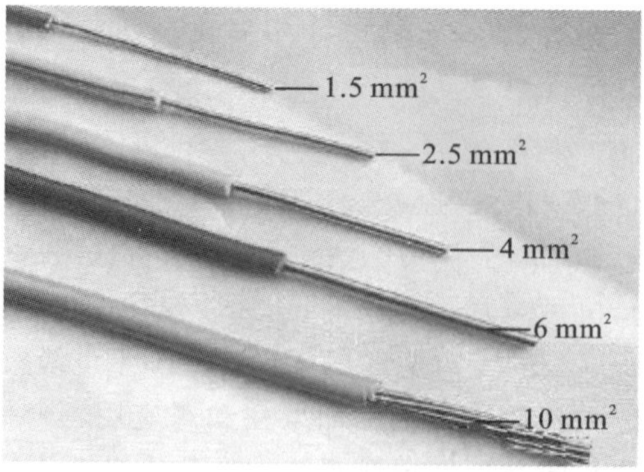

图 2-1-12　不同截面积的线缆

如果线缆所承载的电流超过其额定载流量，可能会导致线缆过热，使线缆的电阻值增加，线缆温升过高会引起绝缘材料老化、熔化或着火，导致漏电、短路、电力系统中断等安全事故。线缆截面积选多大，与线缆材料规格、环境条件、敷设方式和负载特性都有关系，可以根据供应商提供的线缆载流量表进行选择。在实际应用中人们总结了一些口诀，以“截面积乘以一定的倍数”来估算载流量。表 2-1-1 所示为截面积与载流量的关系。

表 2-1-1 截面积与载流量的关系

导线截面积/mm^2	倍数	载流量/A
1.5	9	14
2.5	9	23
4	8	32
6	7	48
10	6	60
16	5	90
25	4	100
35	3.5	123
50	3	150
70		210
95	2.5	238
120		300

在电气行业中，对电线电缆载流量有一个估算口诀：

二点五下乘以九，往上减一顺号走。

三十五乘三点五，双双成组减点五。

条件有变加折算，高温九折铜升级。

穿管根数二三四，八七六折满载流。

说明：

① “二点五下乘以九，往上减一顺号走”说的是：2.5 mm^2 及以下的各种铝芯绝缘线，其载流量约为截面积的 9 倍。如 2.5 mm^2 导线，载流量约为 2.5×9 A=22.5 A。4 mm^2 及以上导线的载流量和截面积的倍数关系是顺着线号往上排，倍数逐次减 1，即载流量分别约为 4×8 A、6×7 A、10×6 A、16×5 A、25×4 A。

② “三十五乘三点五，双双成组减点五”说的是：35 mm^2 导线的载流量约为截面积的 3.5 倍，即 35×3.5 A=122.5 A。50 mm^2 及以上的导线，其载流量与截面积之间的倍数关系变为两个线号成一组，倍数依次减 0.5，即 50 mm^2、70 mm^2 导线的载流量约为截面积的 3 倍，95 mm^2、120 mm^2 导线的载流量约为截面积的 2.5 倍，依次类推。

③ 上述口诀是针对明敷在环境温度低于 25 ℃的条件下的铝芯绝缘线而定的。若铝芯绝缘线明敷在环境温度长期高于 25 ℃的地区，导线载流量可按上述口诀算出，然后打九折即可；若使用的不是铝芯绝缘线而是铜芯绝缘线，因为铜芯绝缘线的载流量要比同规格铝芯绝缘线略大一些，可按上述口诀算出比铝芯绝缘线加大一个线号的载流量，如 16 mm^2 铜芯绝缘线的载

流量，可按 25 mm^2 铝芯绝缘线计算。截面积越大，电阻越小，相同电压下通过的电流越大。

④ 架空敷设导线的散热条件好一些，穿管、埋墙等封闭暗敷导线的散热条件要差一些；多根导线比单根导线散热条件差一些，一根管里导线越多，散热条件越差。同样的导线在散热条件好的情况下载流量可以大一些，而在散热条件差的情况下载流量就要小一些。

要选择线缆截面积，首先要计算工作电流。工作电流的计算分两种情况：单相和三相。

① 单相：

$$I=P\div(U\times\cos\varphi) \tag{2-1-1}$$

② 三相：

$$I=P\div(U\times\sqrt{3}\times\cos\varphi\times\eta) \tag{2-1-2}$$

式中：P——功率(W)；U——电压(V)；$\cos\varphi$——功率因数；I——电流(A)；η——电动机效率。

例：已知三相电动机功率为 22 kW，如何选择电动机电缆？

解：需要计算如下参数：电动机电流、电缆截面积、允许最大电缆长度。

(1) 电动机电流计算。

功率因数取 0.85，电动机效率取 0.9，将相关数据代入公式(2-1-2)中，得 $I=22\ 000$ W/(380 V×1.732×0.85×0.9)=43.69 A。

(2) 电缆截面积的选择。

根据表 2-1-2 可查出选用 10 mm^2 铜芯电缆。

计算如下：表 2-1-2 中为铝芯电缆数据，铜芯电缆数据为其 1.29 倍，换算成铝芯电缆电流：43.69 A/1.29=33.87 A，大于 6 mm^2 电缆载流量(27 A)，小于 10 mm^2 电缆载流量(38 A)，取大不取小，选用 10 mm^2 铜芯电缆。

表 2-1-2　1 kV 聚氯乙烯绝缘电缆在空气中敷设时持续允许载流量　(载流量单位：A)

绝缘类型		聚氯乙烯		
护套		无钢铠护套		
电缆导体最高工作温度/℃		70		
电缆芯数		单芯	2 芯	3 芯或 4 芯
电缆导体截面积/mm^2	2.5	—	18	15
	4	—	24	21
	6	—	31	27
	10	—	44	38
	16	—	60	52
	25	95	79	69
	35	115	95	82
	50	147	121	104
	70	179	147	129
	95	221	181	155
	120	257	211	181
	150	294	242	211

续表

电缆芯数		单芯	2 芯	3 芯或 4 芯
电缆导体截面积/mm^2	185	340	—	246
	240	410	—	294
	300	473	—	328
环境温度/℃		40		

注：1.适用于铝芯电缆，铜芯电缆持续允许载流量可乘以 1.29；

2.单芯只适用于直流。

(3) 允许最大电缆长度的计算。

计算电缆长度，首先要知道 380 V 电动机允许的电压范围，电压过高或过低对电动机都有不良影响。

查询相关资料得出，电动机正常运行时，允许的电压波动范围为额定电压的 −5%～+10%，即正常工作的电压范围是 361～418 V，即最大允许电压降为 380 V−361 V=19 V，即在电缆上损耗电压不超过 19 V。

根据 $R=U/I$，代入数据得 $R=19\ \mathrm{V}/43.69\ \mathrm{A}=0.434\ 88\ \Omega$，即整根电缆电阻不超过 0.434 88 Ω。根据物理学知识可知，电阻与电阻率、长度、截面积有关，公式如下：

$$\rho=RS/L$$

式中：ρ——电阻率（Ω·m），铜的电阻率为 $1.75\times10^{-8}\ \Omega\cdot\mathrm{m}$；

R——电阻（Ω）；

S——截面积（m^2）；

L——长度（m）。

由公式得出：

$$L=RS/\rho=[0.434\ 88\times10\times10^{-6}/(1.75\times10^{-8})]\ \mathrm{m}=248.5\ \mathrm{m}$$

综上所述，应选用 10 mm^2 铜芯电缆，整根电缆长度不能超过 248.5 m。

7）导线的连接

(1) 单股铜芯导线的直线连接。

单股铜芯导线的直线连接如图 2-1-13 所示。

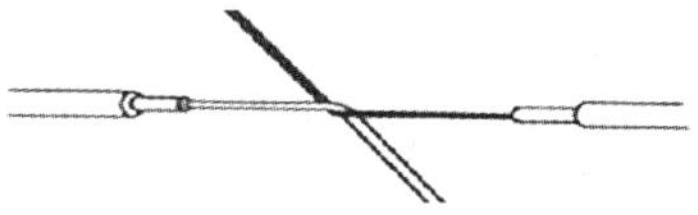

（a）使两导线芯线线头呈X形相交

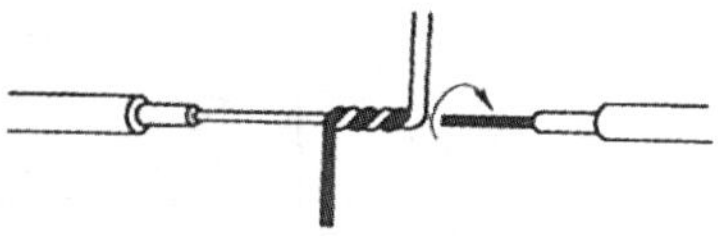

（b）互相绞合2~3圈后扳直两线头

（c）将每个线头在另一芯线上紧贴并绕6圈，用钢丝钳切去余下的芯线，并钳平芯线末端

图 2-1-13　单股铜芯导线的直线连接

(2) 双股铜芯导线的对接。

连接时，将两根待连接的导线中颜色一致的芯线按小截面直线连接方式连接，用相同的方

法将另一颜色的芯线连接在一起，如图 2-1-14 所示。

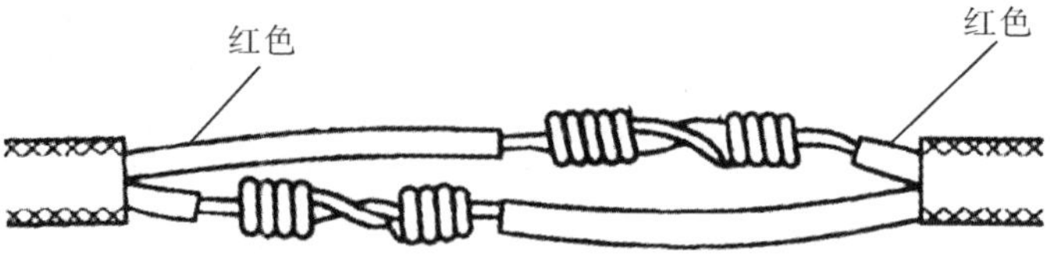

图 2-1-14　双股铜芯导线的对接

（3）多股铜芯导线的直线连接。

以 7 股铜芯导线为例说明多股铜芯导线的直线连接方法，如图 2-1-15 所示。

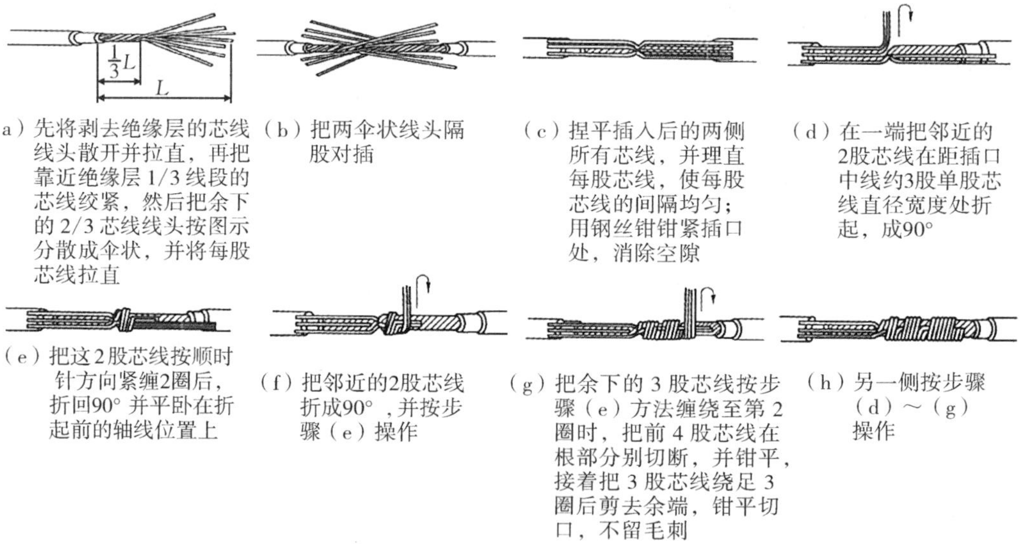

图 2-1-15　多股铜芯导线的直线连接

（4）不等径导线的对接。

把细导线线头在粗导线线头上紧密缠绕 5～7 圈，弯折粗导线线头端部，使它压在缠绕层上，再把细导线线头缠绕 3～4 圈，剪去余端，钳平切口，如图 2-1-16 所示。

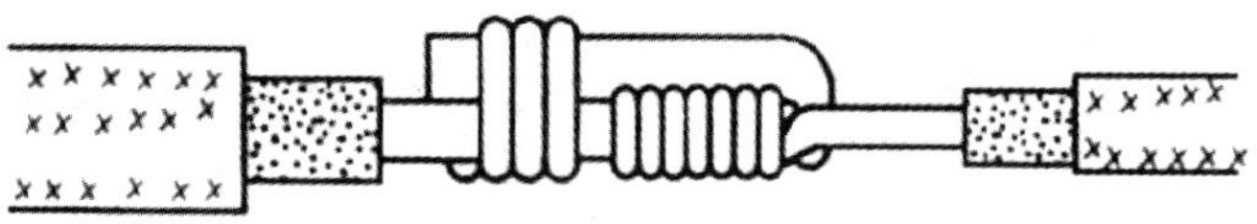

图 2-1-16　不等径导线的对接

8）导线绝缘层的剖削

（1）对于截面积不大于 4 mm^2 的塑料硬线绝缘层，人们一般用钢丝钳或斜口钳进行剖削，剖削的方法和步骤如下：① 根据所需线头长度，用钢丝钳刀口切割绝缘层，注意用力适度，不可损伤芯线。② 用左手抓牢电线，右手握住钢丝钳头部用力向外拉，即可剖下塑料绝缘层。③ 剖削完成后，应检查芯线是否完整无损，如损伤较大，应重新剖削。塑料软线绝缘层可用剥线钳或钢丝钳进行剖削。

（2）对于截面积大于 4 mm^2的塑料硬线绝缘层，可用电工刀来剖削。其方法和步骤如下：

① 根据所需线头长度，用电工刀以 45°倾斜切入塑料绝缘层，注意用力适度，避免损伤芯线。② 刀面与芯线保持 25°夹角，轻轻地向线端推削，在此过程中应避免电工刀切入芯线，只削去表面一层塑料绝缘层。③ 将塑料绝缘层向后翻起，用电工刀齐根切去。操作过程如图 2-1-17 所示。

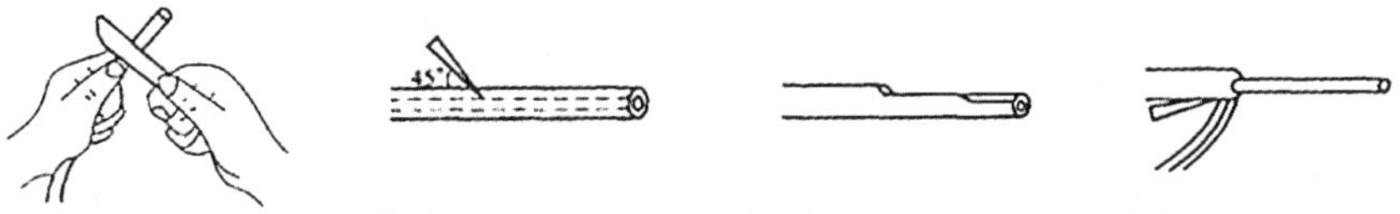

（a）切入手法　（b）电工刀以45°倾斜切入　（c）刀面以25°轻轻推削　（d）翻起绝缘层

图 2-1-17　用电工刀剖削塑料硬线绝缘层

（3）塑料护套线绝缘层的剖削必须用电工刀来完成，剖削方法和步骤如下：① 按所需长度用电工刀刀尖沿芯线中间缝隙划开护套层，如图 2-1-18(a) 所示。② 向后翻起护套层，用电工刀齐根切去。③ 在距离护套层 5～10 mm 处，用电工刀以 45°倾斜切入橡胶绝缘层进行剖削，剖削方法与塑料硬线绝缘层的剖削方法相同，如图 2-1-18(b) 所示。

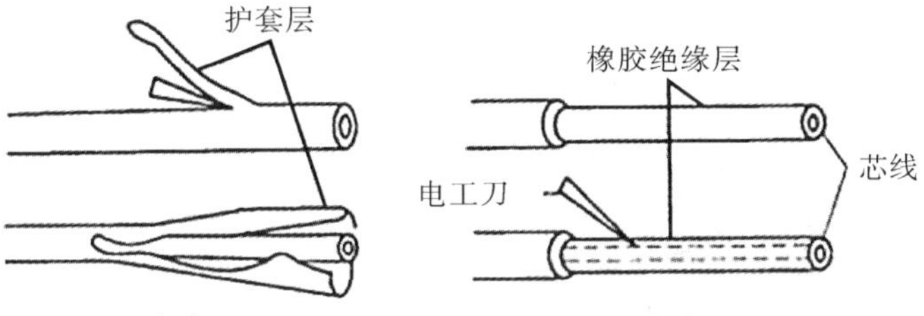

（a）　（b）

图 2-1-18　塑料护套线绝缘层的剖削

（4）铅包线绝缘层的剖削方法和步骤如下：① 用电工刀围绕铅包层切割一圈，如图 2-1-19(a)所示。② 用双手来回扳动切口处，使铅包层沿切口处折断，把铅包层拉出来，如图 2-1-19(b)所示。③ 内部绝缘层的剖削方法与塑料硬线绝缘层的剖削方法相同，如图 2-1-19(c)所示。

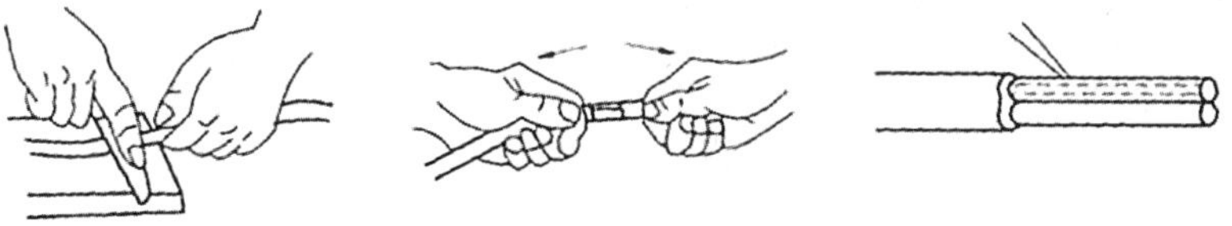
（a）围绕铅包层切割一圈　（b）折断并拉出铅包层　（c）剖削内部绝缘层

图 2-1-19　铅包线绝缘层的剖削

2. 接线鼻子

1）接线鼻子的定义

接线鼻子（见图 2-1-20）又称线鼻子、接线端子等，是用于将电缆连接到电气设备上的连接件，能让电缆和电气设备的连接更牢固、更安全。

随着工业自动化程度越来越高和工业控制要求越来越严格，接线端子的用量逐渐增加。其主要材质为黄铜、磷青铜等。为确保接线端子的稳定性和电气性能，一般会在表面镀金、锡、镍、银、锌或铬，目前大多数是镀锡。

2）接线鼻子的分类及型号

电缆压接型接线鼻子的种类很多，这里主要介绍工业自动化中常见的两种接线鼻子：一种主要用于电气设备、电力电缆的主回路，能承受较大电流，电线电缆截面积大于或等于 10 mm^2，

图 2-1-20 接线鼻子

主要有 DT 铜鼻子、DTL 铜铝鼻子、DL 铝鼻子、OT 开口铜鼻子、SC 铜鼻子、JG 铜鼻子等；另一种主要用于控制回路，承受的电流较小，电线电缆截面积小于 $10\ \mathrm{mm}^2$，主要有 OT 圆形接线鼻子、UT 叉形接线鼻子等。表 2-1-3 列出了常用接线鼻子。

表 2-1-3 常用接线鼻子

 DT 铜鼻子 （用铜棒加工而成）	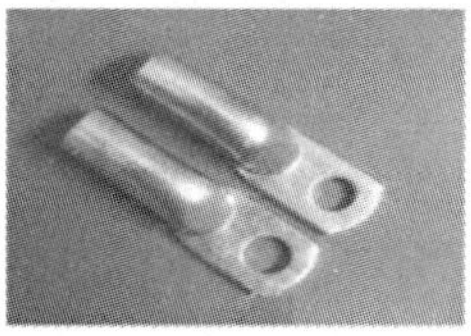 DTG 铜鼻子 （用铜管压制而成）	 DTL 铜铝鼻子	 DL 铝鼻子
 OT 开口铜鼻子	 SU(JGA)铜鼻子	 JG(JM)船用铜鼻子	 GT-1 铜连接管(通孔型)
 PTN 针形铜鼻子	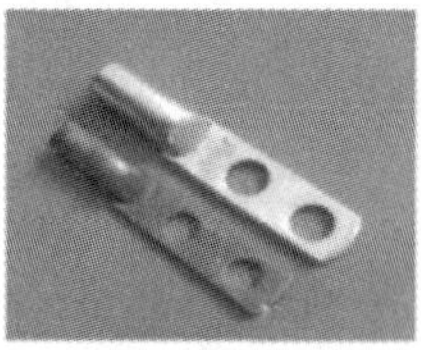 SC(JGY)铜鼻子	 C45 插针	 C45 插片
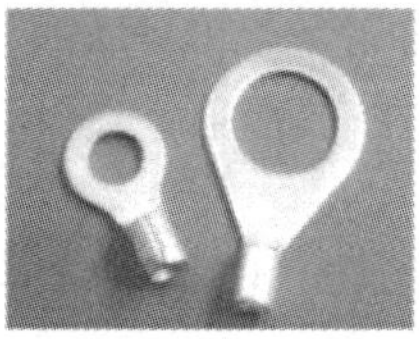 OT 铜鼻子	 GTY-1 引进铜接线管	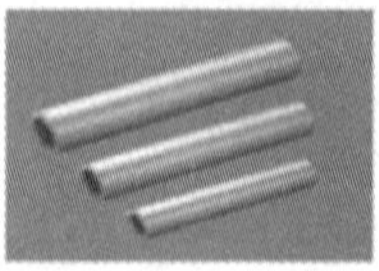 GL-1 铝连接管	 GTL 铜铝连接管

以铜鼻子 OT10-8 为例，介绍接线鼻子的型号及含义：

O 代表型号；

T 代表材质；

10 代表所接线缆截面积（用于接 8～10 mm^2 的线缆）；

8 代表孔径。

3）接线鼻子选型

接线鼻子的规格型号很多，选型时主要考虑形状、导线截面积和电流大小这三个参数。

接线鼻子的形状主要有以下几种。

（1）叉形：这种形状的接线鼻子通常在端子排中使用，可以有效地对多条电线进行压接和固定。

（2）圆形：这种形状的接线鼻子在各种电气设备中都非常常见，尤其是在需要旋转或弯曲电线的情况下。

（3）片形：这种形状的接线鼻子适用于较细的电线，它可以很好地夹住电线，防止其移动。

（4）针形：这种形状的接线鼻子通常用于固定单根电线。

（5）管形：这种形状的接线鼻子通常用于端子排和配电柜中，可以有效地保护电线。

在选择接线鼻子的形状时，需要考虑以下几个因素。

（1）电线类型和粗细：不同形状的接线鼻子适用于不同类型和粗细的电线。例如，对于较细的电线，可以使用片形或针形接线鼻子；对于较粗的电线，可以使用叉形或圆形接线鼻子。

（2）使用场合：不同的接线鼻子适用于不同的场合。例如，在端子排中，通常使用叉形、圆形和管形接线鼻子；在配电柜中，则较多使用圆形和叉形接线鼻子。

（3）特殊需求：如果需要旋转或弯曲电线，则可以选择圆形接线鼻子；如果需要固定单根电线，则可以选择针形接线鼻子。

总之，在选择接线鼻子的形状时，需要根据具体情况进行综合考虑，以确保其适用性和安全性。

根据用途确定好接线鼻子的形状后，根据导线的截面积和直径，选择合适的接线端子，确保接线端子和导线尺寸相匹配，以确保电气连接和固定良好。

3. 线槽

线槽（见图 2-1-21）又称为行线槽、走线槽、配线槽，主要用于电气设备内部布线（如配电柜、配电箱、控制柜、动力柜、开关柜内部布线），对敷设其中的导线起机械防护和电气保护作用。

使用线槽后，配线方便，布线整齐、美观，安装可靠，便于查找、维修和调换线路。线槽采用 PVC 制造而成，抗折性能好，在遇火的情况下，线槽能阻止火势的蔓延，延长保护线路的时间。

4. 导轨

导轨（见图 2-1-22 和图 2-1-23）是电气控制柜中常见的辅材，用于固定电气元件。

导轨安装操作要点如下。

① 根据电气原理图中的电气底板布置图量好导轨的长度，用手锯或专用切断工具截断导轨。

② 导轨断缝应平直，切口应光滑、平整、无毛刺。

③ 将导轨按照电气底板布置图放置在电气底板上，要求横平竖直，偏差不超过 2 mm。

④ 导轨用螺钉安装时应牢固可靠，紧固后螺杆应露出螺母 2～4 个螺距。

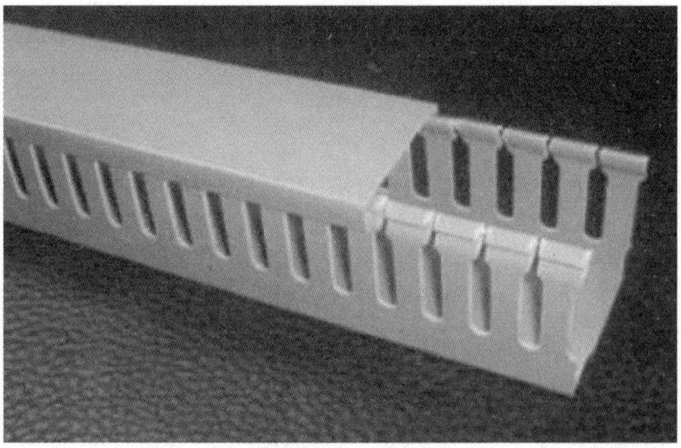

图 2-1-21　线槽

图 2-1-22　电气控制柜里的导轨

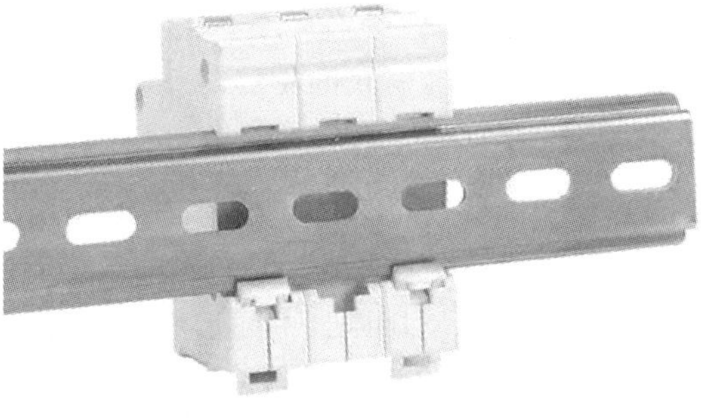

图 2-1-23　导轨外形

⑤ 电气元件应按照电气原理图中的电气底板布置图安装在导轨上。在导轨上安装电气元件，要求牢固无松动，同一类型元件必须横平竖直，安装方向一致，上下对齐，接线方向一致，且所有元件的拆除卡点一律朝下。

⑥ 接线端子排、熔断器端子排的固定导轨两端需用固定卡扣固定，防止移动。

三、任务实施

1. 任务说明

如果电缆的截面积选得过大，会导致成本增加，同时也会增加电缆的重量和体积。此外，过大的截面积可能会导致电缆安装空间不足或安装困难。

当电流超过电缆所能承受的范围时，会导致电缆过热，并且可能引起火灾等安全问题。此外，过小的截面积还会增加线路的电阻和功耗，并且降低电缆的性能。

因此，电缆的截面积选择既要考虑负载要求和安全性能，也要考虑成本、安装限制和系统设计等因素，以确保电缆能够正常运行并满足相关需求。

任务要求：电动机功率为 30 kW，距离为 150 m，核算 16 mm^2 铜芯电缆是否能满足使用要求。

2. 任务实施步骤

第一步　根据相关公式计算电流；

第二步　查表 2-1-2，选择合适的电缆截面积；

第三步　核算电缆的电压降，判断电压降是否满足正常工作要求。

四、任务拓展

选择电缆时还要进一步考虑环境因素，根据应用环境选择电缆材料是设计过程中要考虑的重要问题。食品包装应用场合通常需要使用食品级的电缆材料，冲洗应用场合则需要使用防止液体接触的特殊保护。

选择电缆时除了要考虑负载功率、供电距离、线路电压降、使用环境等条件外，还要考虑负载的实际工况。

某工厂电工在为某生产设备选配电缆时，根据相关数据（三相 380 V 电源，负载电动机功率为 22 kW，供电距离约 130 m，线路允许电压降为 5%，功率因数为 0.85），计算出电缆理论额定电流为 39.3 A，并据此选择 10 mm^2 铜芯电缆。然而工厂按此施工完毕，投入使用十几天后，所选配的电缆居然发生了烧毁故障！

经现场勘查发现，选型时遗漏了实际使用工况——负载电动机的启停十分频繁。如此一来，电动机启动过程中所产生的启动电流（额定电流的 5～7 倍）必然不断地冲击按理想状态选择的电缆，产生热积累，时间一长，电缆焉有不坏之理！结合实际情况，将电缆改为 16 mm^2 铜芯电缆后，再无故障现象发生。

任务 2　常用电气工具

一、任务描述

“工欲善其事，必先利其器。”机电工程师在进行电气安装、调试和维护时，了解常用电气工具可以保证对工具的正确和安全使用，避免错误使用工具或操作不当导致的意外事故和电击风险。机电工程师可以根据具体的任务需求选择合适的工具，提高工作效率和质量。

任务要求：① 掌握常用电气工具的用途和使用方法；② 用网线钳和双绞线压制一根网线，并且通过网线测试。

二、相关知识

1. 螺丝刀

螺丝刀（见图 2-2-1）又称起子，是用来紧固和拆卸螺钉的工具，主要由螺丝刀头与绝缘手柄构成，按头部形状不同可分为一字形螺丝刀和十字形螺丝刀。

1）使用螺丝刀的安全知识

（1）电工不可使用金属杆直通柄顶的螺丝刀，否则使用时很容易造成触电事故。

（2）使用螺丝刀紧固或拆卸带电的螺钉时，手不得触及螺丝刀的金属杆（见图 2-2-2），以免发生触电事故。

2）螺丝刀的使用

（1）大螺丝刀的使用：大螺丝刀一般用来旋紧或旋松大螺钉。使用时，用大拇指、食指和中指夹住手柄，手掌顶住手柄的末端，以适当力度旋紧或旋松螺钉，刀口要放入螺钉槽内，不能打滑，如图 2-2-3(a)所示。

（2）小螺丝刀的使用：小螺丝刀一般用来紧固或拆卸电气装置接线桩上的小螺钉，使用时可用大拇指和中指夹住手柄，用食指顶住手柄的末端捻旋，不能打滑，以免损伤螺钉槽，如图2-2-3(b)所示。

(3) 长螺丝刀的使用：用右手压紧并转动手柄，左手握住螺丝刀的中部，不得放在螺丝刀的周围，以防刀头滑脱将手划伤，如图 2-2-3(c)所示。

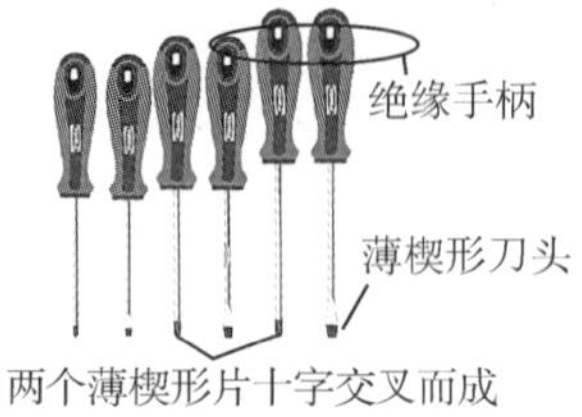

图 2-2-1 螺丝刀

图 2-2-2 螺丝刀的握法

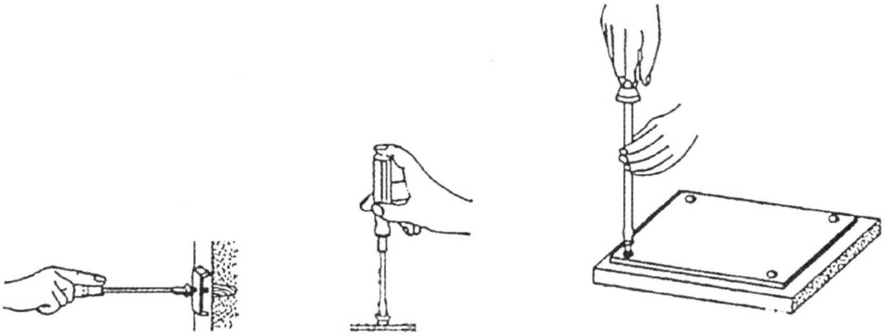

(a) 大螺丝刀的使用　(b) 小螺丝刀的使用　(c) 长螺丝刀的使用

图 2-2-3 螺丝刀的使用

2. 钢丝钳

钢丝钳由钳头和钳柄两部分组成，钳头由钳口、齿口、刀口和铡口四部分组成。钢丝钳的用途很多，钳口用来弯绞导线，齿口用来紧固或起松螺母，刀口用来剪切导线，铡口用来铡切电线芯线、钢丝或铅丝。其结构和使用方法如图 2-2-4 所示。电工应该选用带绝缘手柄的钢丝钳。常用钢丝钳的规格有 150 mm、175 mm 和 200 mm 三种。

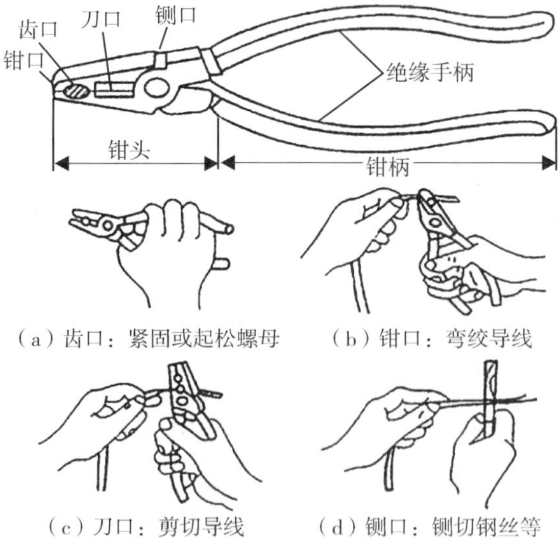

(a) 齿口：紧固或起松螺母　(b) 钳口：弯绞导线

(c) 刀口：剪切导线　(d) 铡口：铡切钢丝等

图 2-2-4 钢丝钳的结构和使用方法

使用钢丝钳时应该注意以下几个方面。

(1) 在使用钢丝钳以前，首先应该检查绝缘手柄的绝缘层是否完好，如果绝缘层破损，带电作业时会发生触电事故。

(2) 用钢丝钳剪切带电导线时，既不能用刀口同时切断相线和零线，也不能同时切断两根相线，而且两根导线的断点应保持一定距离，以免发生短路事故。

(3) 不得把钢丝钳当作敲打工具使用，也不能在剪切导线或金属丝时，用锤子或其他工具敲击钳头部分。另外，钳轴要经常加油，以防生锈。

3. 尖嘴钳

尖嘴钳(见图 2-2-5)的头部尖细，适合在狭小的工作空间操作。电工使用的是带绝缘手柄的尖嘴钳。常用尖嘴钳的规格有 130 mm、160 mm、180 mm、200 mm 四种。

尖嘴钳具有以下用途。

① 带有刀口的尖嘴钳能剪断细金属丝。

② 尖嘴钳能夹持较小的螺钉、垫圈、导线等元件。

③ 尖嘴钳能将单股导线弯成一定圆弧的接线鼻子。

尖嘴钳在使用时的注意事项与钢丝钳一致。

4. 斜口钳

斜口钳(见图 2-2-6)用于剪切细导线或修剪导线多余的线头。

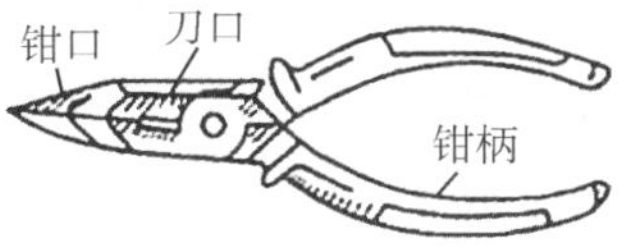

图 2-2-5 尖嘴钳

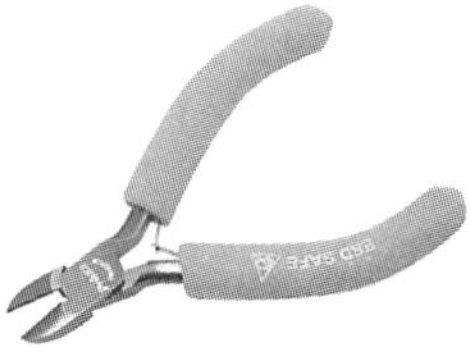

图 2-2-6 斜口钳

5. 剥线钳

剥线钳是用于剥除较小直径导线、电缆的绝缘层的专用工具，它的手柄是绝缘的。常用的剥线钳有鸭嘴剥线钳(见图 2-2-7)和多功能剥线钳(见图 2-2-8)两种。

使用鸭嘴剥线钳可以轻松剥线，方法如下。

(1) 按下剥线槽旁边的铰链，将鸭嘴剥线钳打开。

(2) 将电线放到鸭嘴剥线钳的剥线槽里，确保要剥的长度正确，然后用一只手按住手柄不动，另一只手轻轻拽出电线，就可以轻松剥线。

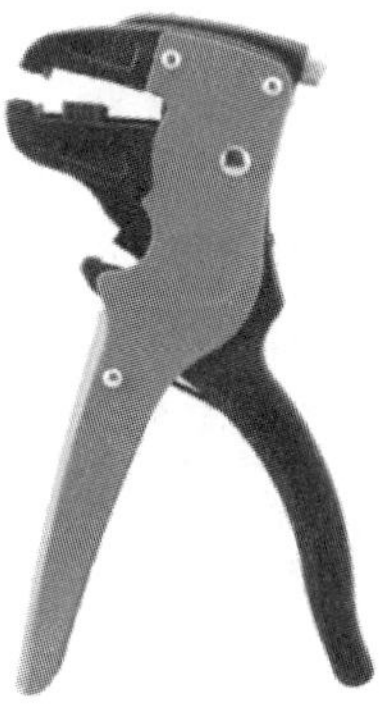

图 2-2-7 鸭嘴剥线钳

图 2-2-8 多功能剥线钳

鸭嘴剥线钳的使用

多功能剥线钳是一种常见的工具，它可以用来剥线（见图 2-2-9（a））、压线、夹持（见图 2-2-9（b））和剪线（见图 2-2-9（c））。

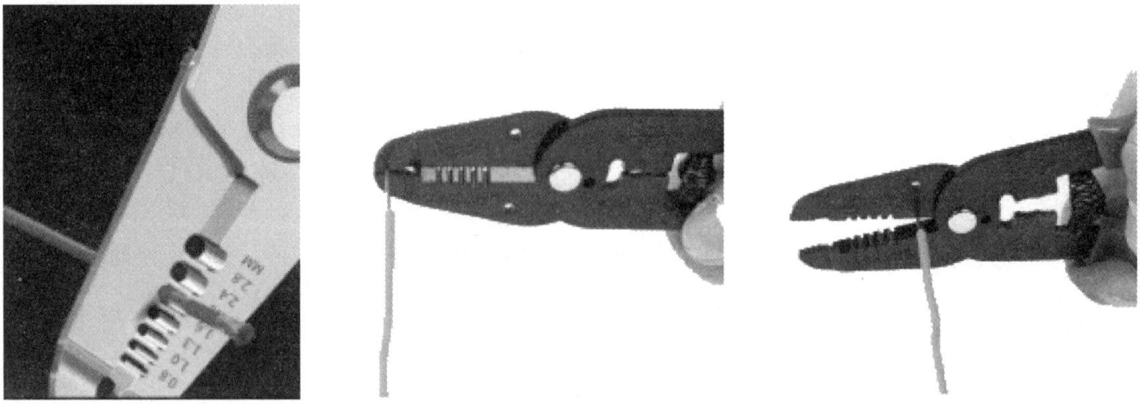

（a）剥线　　（b）夹持　　（c）剪线

图 2-2-9　多功能剥线钳的功能

多功能剥线钳剥线操作方法如下。

（1）选择剥线孔：根据电线的粗细选择大小合适的剥线孔，一般电线直径和剥线孔直径相同或电线直径稍小为宜。

（2）固定电线：固定住电线，不要让电线晃动。

（3）剥除外皮：将多功能剥线钳的剥线口套在电线外皮上，用力夹紧之后旋转即可剥去外皮，注意不要割断内部的芯线。

6. 电工刀

电工刀（见图 2-2-10）主要用于剖削导线的绝缘层。在使用电工刀进行剖削作业时，应将刀口朝外，剖削导线绝缘层时，应使刀面与导线成较小的锐角，以防损伤导线；使用电工刀时应注意避免伤手；使用完毕后，应立即将刀身折进刀柄。因为电工刀刀柄是无绝缘保护的，所以绝不能在带电导线或电气设备上使用电工刀，以免触电。

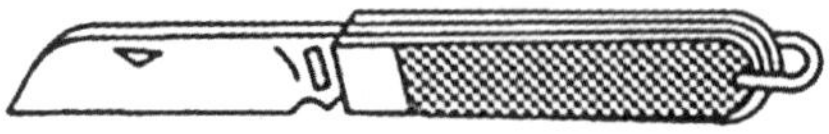

图 2-2-10　电工刀

7. 试电笔

当用试电笔测试带电体时，电流经带电体、试电笔、人体及大地形成通电回路，只要带电体与大地之间的电位差超过 60 V，试电笔中的氖管就会发光。试电笔检测的电压范围为交流 60～500 V。使用时，手指必须触及笔尾的金属部分，并使氖管小窗背光且朝向自己，以便观察氖管的亮暗程度，防止因光线太强造成错误判断。试电笔的握法如图 2-2-11 所示。

试电笔使用注意事项如下。

① 使用前，必须在有电源处对试电笔进行测试，证明该试电笔确实良好后，方可使用。

② 验电时，手指必须触及笔尾的金属部分，否则带电体会被误判为非带电体。

③ 验电时，要防止手指触及笔尖的金属部分，以免造成触电事故。

8. 管状端子压线钳

通常，电线在连接时需要通过压线的方式与端子配合使用。管状端子压线钳（见图 2-2-12）

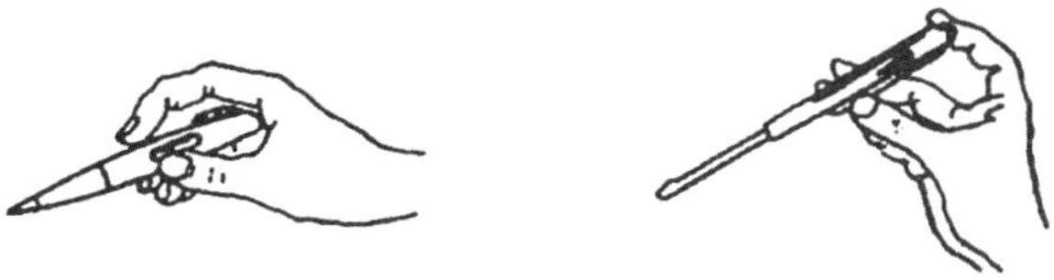

（a）正确握法

（b）错误握法

图 2-2-11　试电笔的握法

是一种专业的工具，主要用于连接电线和端子。在使用管状端子时，只要将电线插入端子内，然后使用管状端子压线钳压紧，就能够实现线路的连接。使用管状端子压线钳可以有效地提高电线连接的安全性和稳定性。

图 2-2-12　管状端子压线钳

管状端子压线钳的使用方法如图 2-2-13 所示，详述如下。

① 将电线插入管状端子的铜管内。

② 把端子放入钳口。

③ 压紧钳子到自动松开。

④ 完成压线。

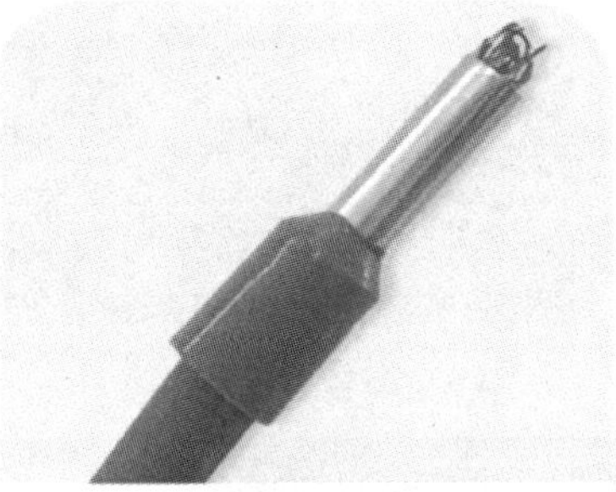

（a）将电线插入铜管

（b）放入钳口

（c）压紧

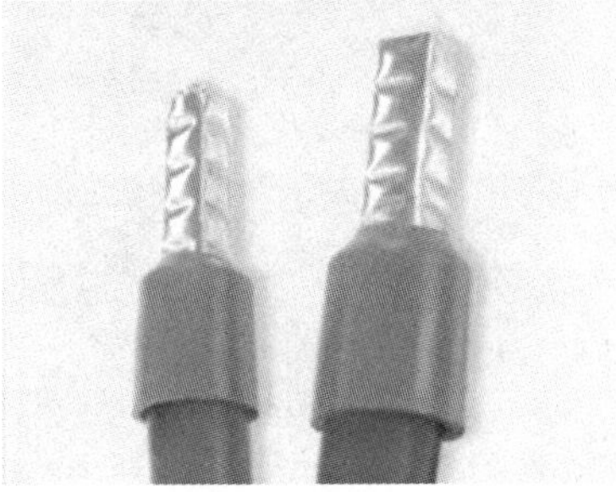

（d）完成

图 2-2-13　管状端子压线钳的使用方法

9. 叉形端子压线钳

叉形端子压线钳如图 2-2-14 所示。

图 2-2-14　叉形端子压线钳

叉形端子压线钳的使用方法如图 2-2-15 所示，详述如下。

① 准备好端子和剥好的导线。

② 将端子卡在压线钳的合适卡位上，放入导线。

③ 压紧钳子到自动松开。

④ 完成压线。

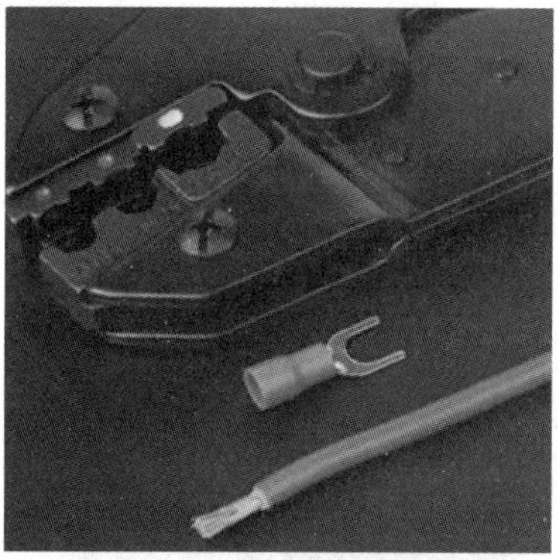

（a）准备好端子和导线

（b）将导线放入端子

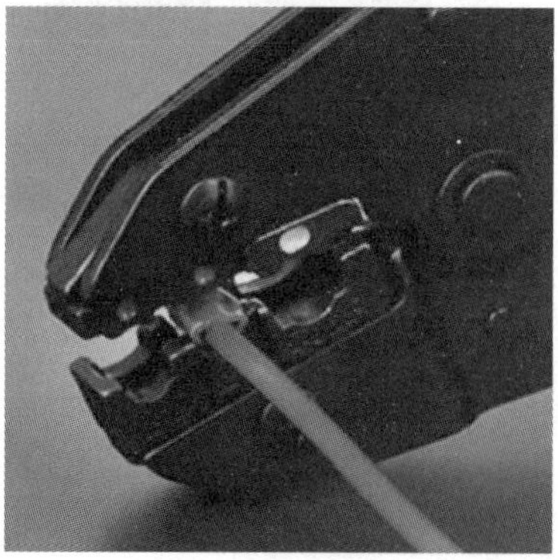

（c）压紧

（d）完成

图 2-2-15　叉形端子压线钳的使用方法

压好的端子应该只留有铜线，而没有碰到绝缘皮，注意不能压得太紧，否则会损坏压线钳口。

10. 网线钳

网线钳是用来压接网线或电话线和水晶头的工具，按功能分为单用网线钳、两用网线钳、三用网线钳。单用网线钳分为以下三类。

（1）4P（可压接 4 芯线）。

（2）6P（可压接 6 芯线）。

（3）8P（可压接 8 芯线）。

两用网线钳其实就是上面规格的组合：4P＋6P、4P＋8P 或 6P＋8P。三用网线钳就是 4P＋6P＋8P，功能齐全。图 2-2-16 所示为三用网线钳的结构。

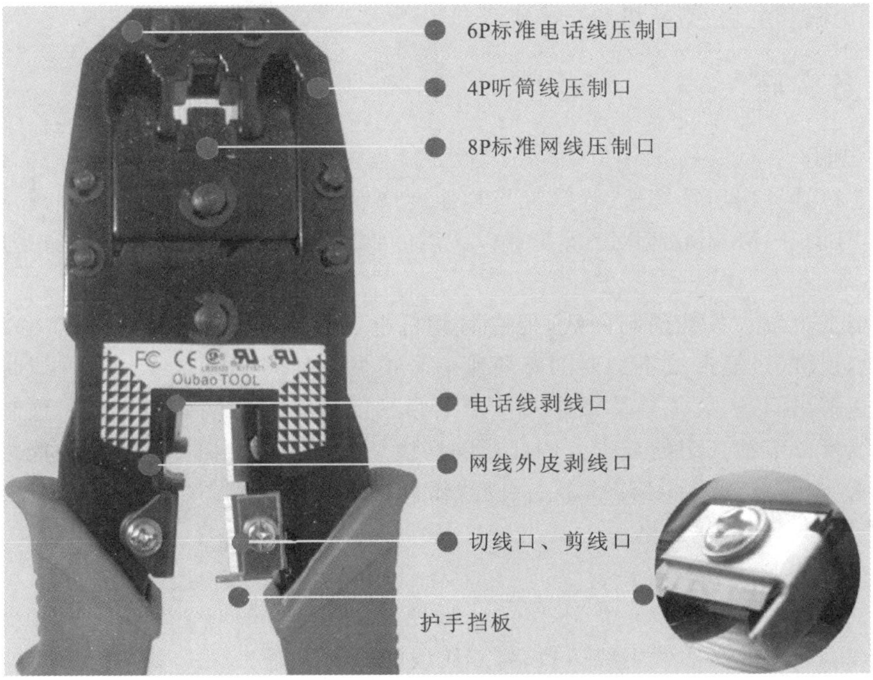

图 2-2-16　三用网线钳的结构

一根网线含多根线，每根线都有不同的用处。应用时，网线的水晶头与网口即插即用，为了保证正确连接，网线必须有固定的排列顺序，也就是插头接口中 8 个引脚的连接顺序固定。

网线的线序分为两种类型：T568A 和 T568B。T568A 的线序从左到右依次为白绿、绿、白橙、蓝、白蓝、橙、白棕、棕，T568B 的线序从左到右依次为白橙、橙、白绿、蓝、白蓝、绿、白棕、棕，如图 2-2-17 所示。

根据线缆两端端接时采用的线序标准不同，把网线分为直通线和交叉线。

（1）直通线。

网卡接到集线器或交换机时，用的网线为直通线，即双绞线两端一一对应即可，两头都按 T568B 线序标准连接。

直通线常用来连接不同的设备，例如电脑和路由器、路由器和交换机等。

（2）交叉线。

交叉线的一端采用 T568A 线序标准，另一端采用 T568B 线序标准。交叉线用来连接相同

T568A 和 T568B 线序

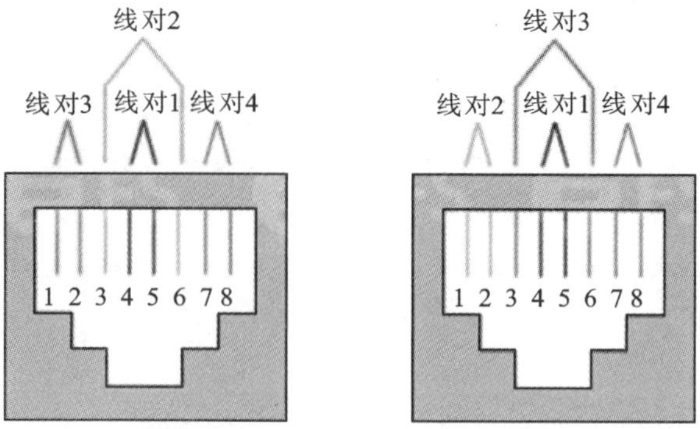

T568A　　T568B

图 2-2-17　T568A 和 T568B 线序

的设备，例如电脑和电脑、交换机和交换机等。

三、任务实施

1. 任务说明

网线是连接计算机与计算机、计算机与其他网络设备的连接线。在工业领域，很多通信协议比如 PROFINET、Modbus/TCP 等工业以太网的物理层使用的都是 RJ45 接口，用网线进行连接。

尽管市场上可以购买到预制网线，但有时候机电工程师需要根据实际所需的长度压制网线，避免网线过长或过短造成不必要的麻烦或信号损失。当需要修复或更换网线时，自己压制网线可以快速解决问题，无须等待维修人员来维修或重新购买新网线。与购买预制网线相比，自己压制网线可以节约一定的成本。因此压制网线是机电工程师需要掌握的技能之一。

任务要求：利用双绞线、RJ45 水晶头、网线钳制作一根直通线，并运用网线测试仪测试网线是否能正常工作，直到网线合格。

2. 任务实施步骤

第一步　剥线。

用双绞线剥线器或压线钳剥线刃口，将双绞线的外皮除去 15 mm 左右，初学者可适当剥长一些，如图 2-2-18 所示。

网线的制作

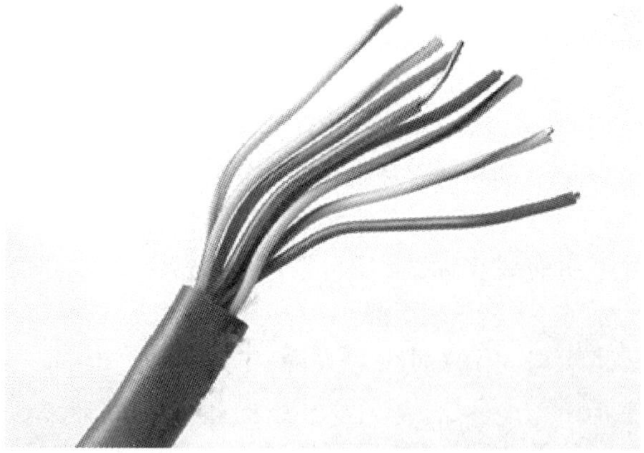

图 2-2-18　剥线

第二步　排列线序。

将裸露的双绞线中的橙色线对拨向左方，棕色线对拨向右方，绿色线对与蓝色线对放在中间位置。按照 T568B 线序标准，将线对按颜色排列好，从左到右依次为白橙、橙、白绿、蓝、白蓝、绿、白棕、棕。操作时用一只手剥线，另一只手的大拇指和食指将剥开的线按规定的线序捏紧，如图 2-2-19 所示。

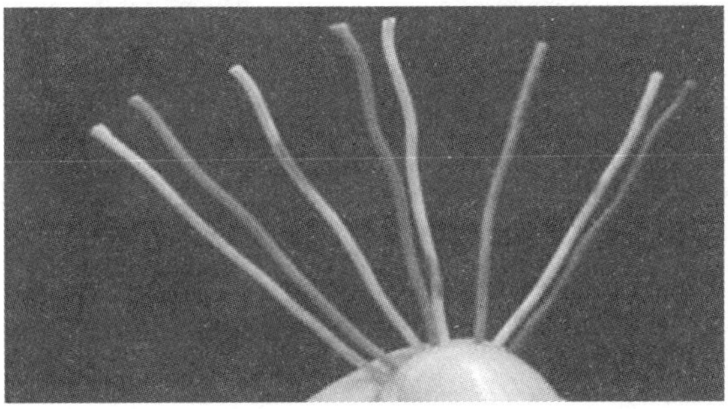

图 2-2-19　排列线序

排列线序

第三步　整齐线序。

将排列好线序的双绞线用网线钳的剪线口剪下，只剩约 12 mm 的长度，注意一定要整齐，如图 2-2-20 所示。

第四步　插入线槽。

把网线插入水晶头，水晶头有塑料弹簧的一面朝下，有金属的一面朝上，把排列好线序的 8 根线同时插入水晶头内的 8 个线槽，直到最顶端，如图 2-2-21 所示。

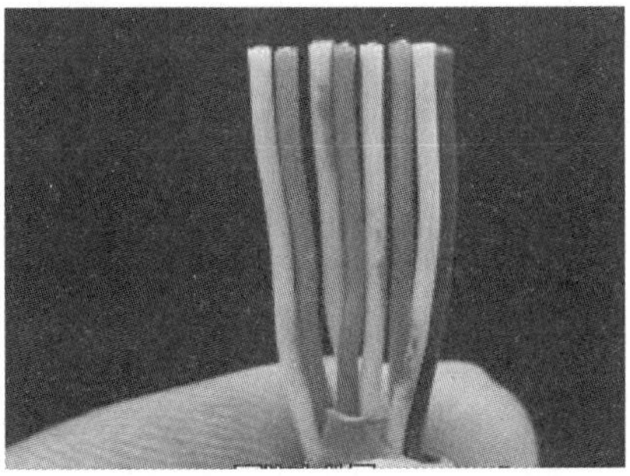

图 2-2-20　整齐线序

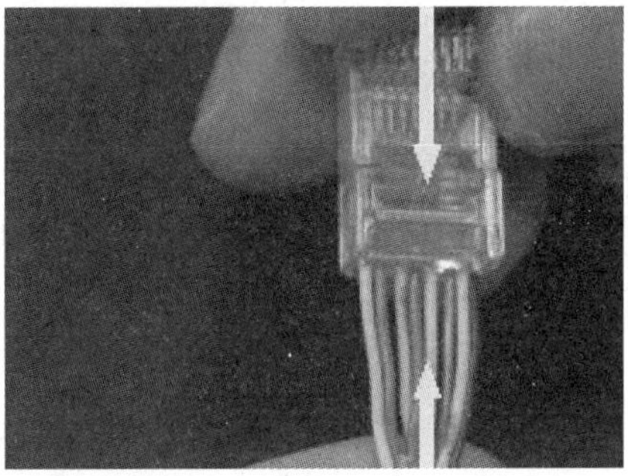

图 2-2-21　插入线槽

第五步　压线。

确认无误后，把水晶头放入网线钳的 8P 压线口（网线压制口），用力把网线钳握紧往下压，听到“啪”的一声就完成了压线，如图 2-2-22 所示。

第六步　重复以上步骤，做好另一端，这样一条直通线便做好了。

第七步　网线测试。

用网线测试仪测试网线是否能正常工作，如图 2-2-23 所示，灯按照从 1 到 8 的顺序亮就说明网线做好了。

3. 任务评价

① 外皮剥离长度适中、整齐、没有划痕；

② 线序排列正确；

③ 网线测试合格。

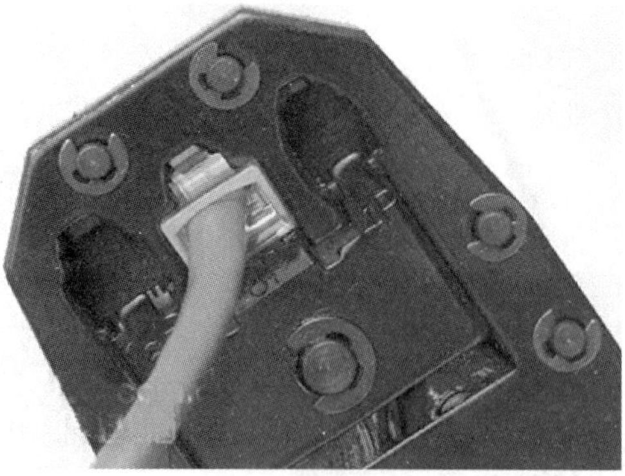

图 2-2-22　压线

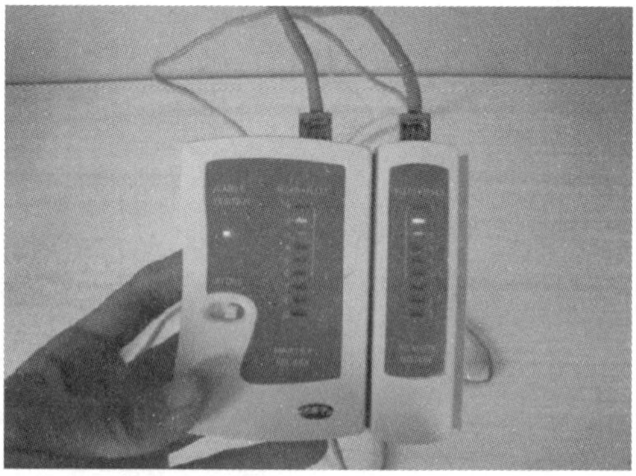

图 2-2-23　网线测试

四、任务拓展

压制网线注意事项如下。

① 在剥除双绞线外皮时，手握压线钳要适当，不要使剥线刃口间隙过小，以防止损伤内部芯线。即使芯线没有被完全剪断，双绞线在经过多次拔插以后也非常容易折断。

② 在排列线序的过程中，要确保各色线排列顺序准确。

③ 在剪线过程中，保留的长度要准确，各色线的切口要整齐。保留的长度过长，外皮无法插入 RJ45 水晶头中，会缩短双绞线的使用寿命；保留的长度过短或切口不整齐，各色线不能完全插入 RJ45 水晶头中，无法保证 RJ45 水晶头的铜片被正常地压入各色线中，也就无法保证网线的连通。

④ 在确定双绞线的每根线是否正确放置时，一是要通过 RJ45 水晶头的前后两面观察各色线是否被整齐插入，如图 2-2-24 所示；二是要观察外皮是否插入 RJ45 水晶头 5 mm 以上，另外还需查看各色线的顺序是否有不合理之处。压线钳在压制 RJ45 水晶头的过程中，一方面将铜片压入各色线中，另一方面将卡榫压断后将外皮与内部芯线压紧。

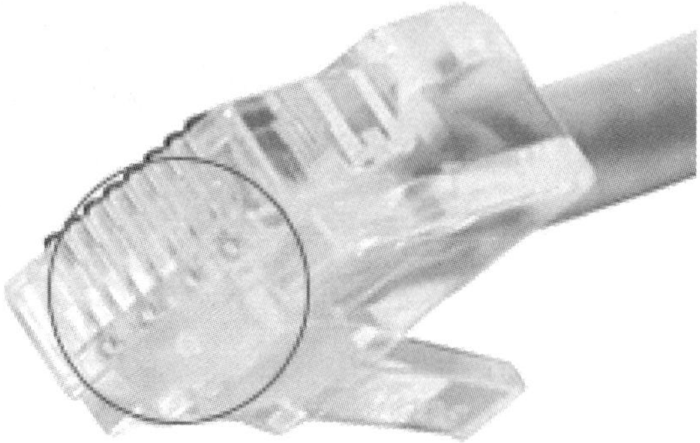

图 2-2-24　从前端检视，各色线均被整齐插入

项目三
机电应用低压配电系统

3

【学习目标】

知识目标：掌握低压配电设备的基本工作原理、电气符号、安装使用方法及其在配电系统中的作用；掌握电气控制绘图的方法；掌握电气识图的方法。

能力目标：能够根据控制要求选择合适型号的低压配电设备；能够使用常见的电工工具；能够动手搭建、调试低压配电系统；能够绘制电气原理图；能够初步识读电气原理图。

【项目任务】

任务 1　工业机器人交流供配电系统搭建

任务 2　工业机器人直流供电系统搭建

任务 3　工业机器人电源监控系统应用

任务 4　工业机器人系统应用电气元件配盘

工业控制的基础是从配电开始的。本项目任务 1 和任务 2 介绍了工业机器人交流供配电系统搭建、工业机器人直流供电应用系统搭建。任务 3 介绍如何监控电源使用情况、如何绘制电气原理图等，引导读者掌握工业机器人电源监控系统的应用。任务 4 介绍工业机器人系统应用电气元件配盘，引导读者掌握识读电气原理图的方法，电气设备安装、敷设走线的方法，实现从电气原理图到实际电气控制线路的转变。

任务1 工业机器人交流供配电系统搭建

一、任务描述

低压配电，顾名思义，就是低压供电分配。低压配电合理对工业机器人工作站的正常运行具有十分重要的意义。

任务要求：① 选择合适的供电系统；② 给指定的交流负载选择合适的低压断路器，并计算出控制负载所需的最小电流；③ 选择合适的电工工具，搭建交流负载供电回路。

典型的交流配电系统如图 3-1-1 所示。

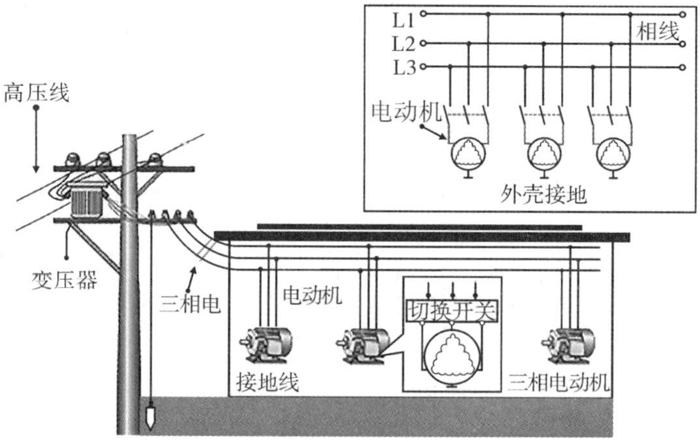

图 3-1-1 典型的交流配电系统

二、相关知识

1. 低压配电系统

低压配电系统分为 IT 系统、TT 系统、TN 系统三种。其中，T 表示电源变压器中性点直接接地或电气设备的外壳直接接地(但和电网的接地系统没有联系)；I 表示电源变压器中性点不接地(或通过高阻抗接地)；N 表示电气设备的外壳与系统的接地中性线相连。TN 系统包括 TN-C 系统、TN-C-S 系统、TN-S 系统三种。TN-S 系统如图 3-1-2 所示。

目前，单独使用变压器供电或配电所距施工现场较近的工地基本上都采用 TN-S 系统。TN-S 系统与逐级漏电保护相配合，可以起到保障施工用电安全的作用，但必须注意以下几个问题。

(1) 保护零线绝对不允许断开，也不允许接入漏电开关，否则若有一台设备内部发生漏电而使该设备外露不带电部分带电，就构不成回路，保护器就不会自动切断电源，从而产生严重后果——与其接同一条保护线的其他完好设备外壳都被动带电，引起大范围的电气设备外壳带电，造成触电事故。

(2) 同一用电系统中的电气设备绝对不允许部分接地、部分接零，否则当保护接地的设备发生漏电时，会使中性点接地线电位升高，造成所有采用保护接零的设备外壳带电。

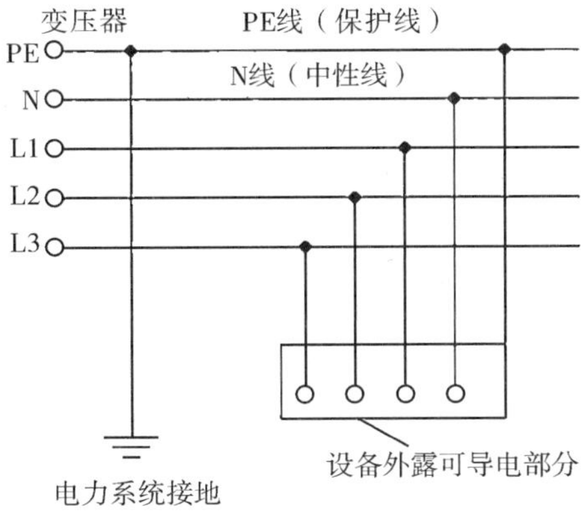

图 3-1-2　TN-S 系统

（3）保护零线的截面积应不小于工作零线的截面积。

（4）与电气设备连接的保护零线应为截面积不小于 2.5 mm^2 的绝缘多股铜线。

（5）保护零线与电气设备连接应采用铜鼻子等可靠连接，不得采用铰接。

（6）电气设备接线柱应镀锌或涂防腐蚀油脂，保护零线在配电箱中应通过端子板连接，在其他地方不得有接头出现。

注意：总零线不得装设熔断器和单独的开关装置，即使通过开关，也应采用 N 线直通型开关；保证 N 线连续可靠不间断地连接，N 线应为截面积不小于 2.5 mm^2 的绝缘铜线；N 线不得重复接地。

2. 低压配电方式

设备的供电方式分为直流供电和交流供电。其中，交流供电分为单相交流供电和三相交流供电。这里仅对交流供电进行介绍。

（1）单相交流供电：主要有单相两线制供电和单相三线制供电。单相两线制由一根火线和一根零线组成，单相三线制由一根火线、一根零线和一根地线组成。单相交流供电主要用于220 V AC电压回路控制。

（2）三相交流供电：相与相之间电压为 380 V AC，三相交流供电主要用于三相电动机供电或其他 380 V AC 用电设备供电。

常见低压配电方式如图 3-1-3 所示。

3. 低压配电电器

低压配电电器能根据外界的信号和要求，手动或自动地接通、断开电路，以实现对电路或非电对象的切换、控制、保护、检测、变换和调节。

低压配电电器主要包括低压断路器、低压熔断器、隔离开关、负荷开关、刀开关、开关电源、变压器等。本任务主要介绍低压断路器。

图 3-1-4 所示为低压配电控制柜，通过控制柜向车间、办公室等供电。

1）低压断路器的功能

低压断路器用来分配电能，控制不频繁启动的异步电动机，对电源线路及电动机等实行保护，当它们发生严重的过载、短路及欠电压等故障时，低压断路器能自动切断电路。

低压断路器是在交流电压 1000 V、直流电压 1200 V 的电路中起通断、控制或保护等作用的电器。低压断路器是工业电器的重要组成部分，在机械行业中是基础配套件。在配电系统中，低压成套开关设备主要由各种低压断路器元件构成，低压断路器的功能及性能对低压成套

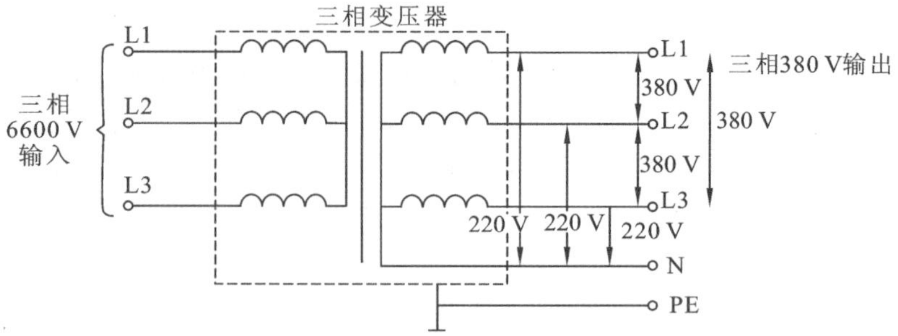

（a）三相五线制供电电源

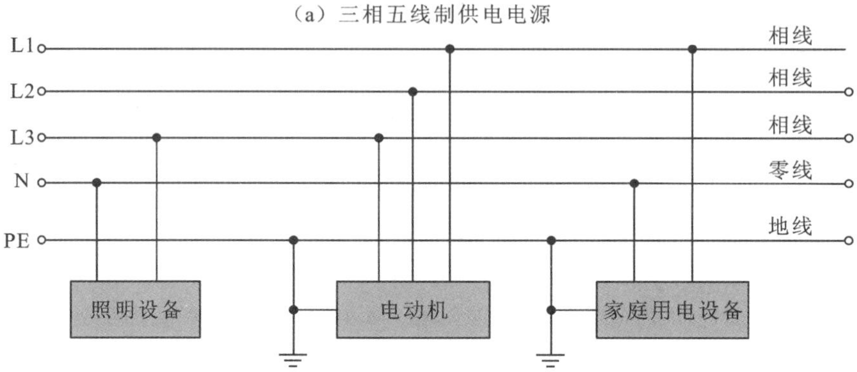

（b）三相五线制用电电路

图 3-1-3　常见低压配电方式

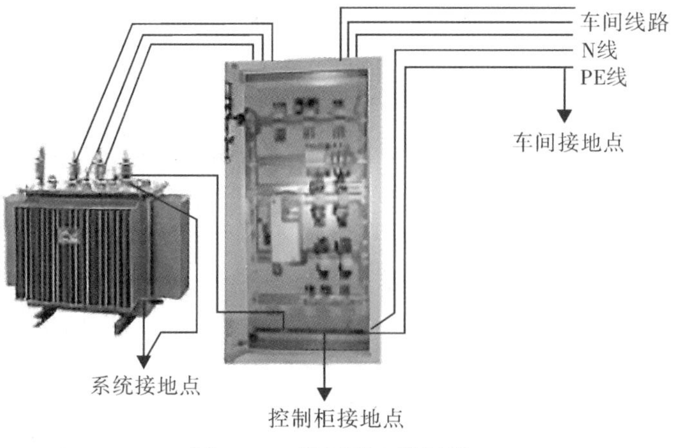

图 3-1-4　低压配电控制柜

开关设备起着至关重要的作用。在工业自动化系统中，也需要由低压断路器构成的各种控制柜、控制台、控制器等产品。

常见的低压断路器如图 3-1-5 所示。

2）低压断路器的结构、工作原理和电气符号

（1）低压断路器的结构。

低压断路器主要由三个基本部分组成，即触头、灭弧系统和脱扣器。脱扣器包括过电流脱扣器、失压脱扣器、热过载脱扣器、分励脱扣器和自由脱扣器。

断路器结构如图 3-1-6 所示。

低压断路器的内部结构如图 3-1-7 所示。

（a）4极微型断路器　（b）2极微型断路器　（c）1极微型断路器　（d）塑壳式断路器　（e）框架式断路器

图 3-1-5　常见的低压断路器

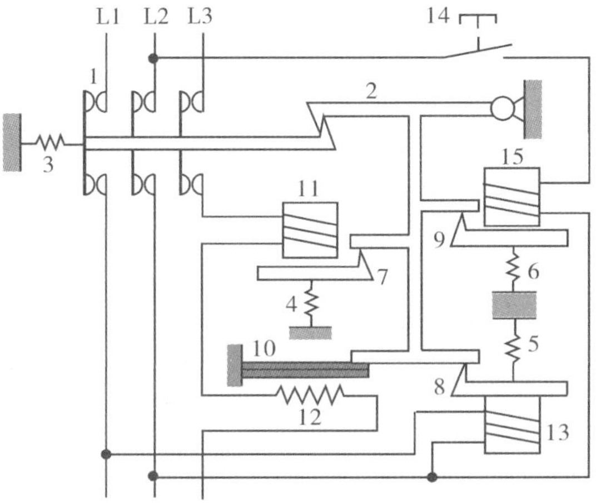

图 3-1-6　断路器结构

1—触头；2—搭钩；3、4、5、6—弹簧；7、8、9—衔铁；10—双金属片；11—过电流脱扣线圈；12—加热电阻丝；13—失压脱扣线圈；14—按钮；15—分励脱扣线圈

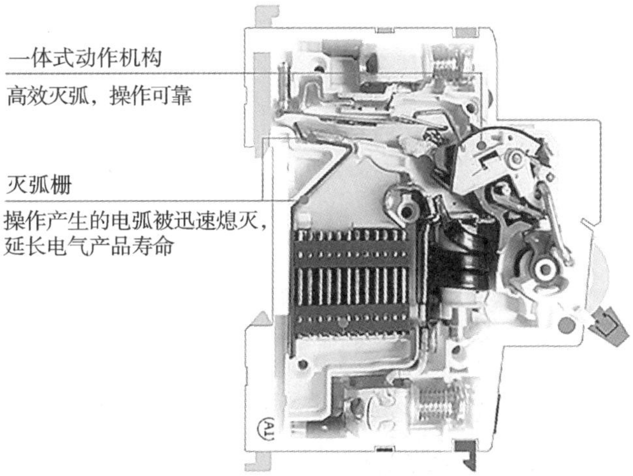

图 3-1-7　低压断路器的内部结构

（2）低压断路器的工作原理。

低压断路器是靠操作机构手动或电动合闸的，触头闭合后，自由脱扣机构将触头锁在合闸

位置上。当电路发生故障时，自由脱扣机构动作，自动跳闸以实现保护功能。

当发生短路时，大电流（一般为正常电路电流的 10～12 倍）所产生的磁场会克服弹簧的反弹力，从而让脱扣器拉动操作机构动作，开关迅速跳闸。

当过载时，电流变大，双金属片会变形到一定的程度，从而推动操作机构动作。

（3）低压断路器的电气符号。

图 3-1-8 所示为 1 极低压断路器和 3 极低压断路器的电气符号。

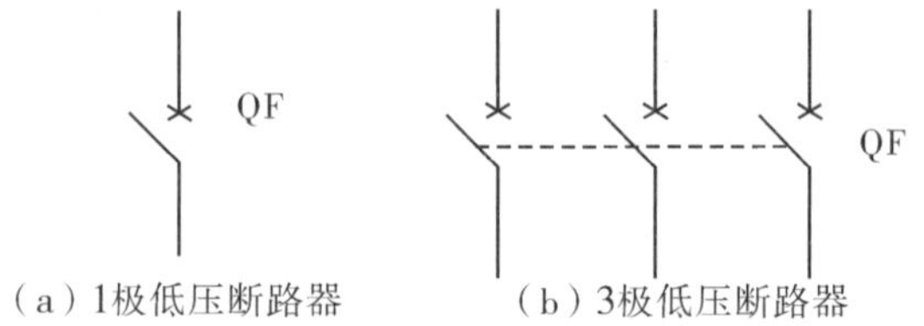

图 3-1-8　低压断路器的电气符号

3）低压断路器的分类

按结构形式分类，低压断路器可分为框架式断路器、塑壳式断路器和微型断路器三类，如图 3-1-9 所示。

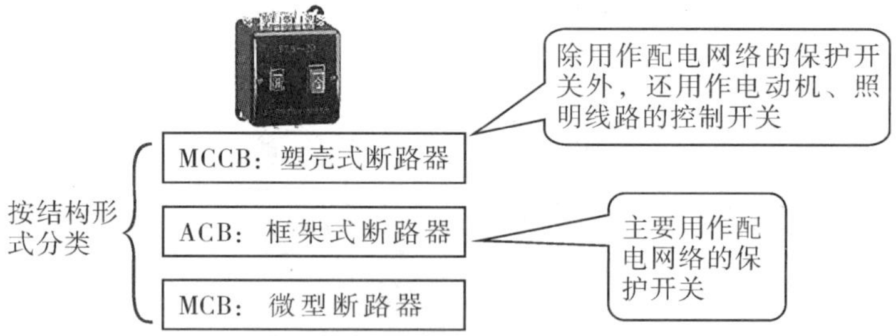

图 3-1-9　低压断路器的类型

（1）框架式断路器。

框架式断路器简称 ACB，所有的零部件都安装在一个绝缘的或金属的框架上，有较大的结构变化、较多的脱扣器、较多的触头，一般供 630 A 以上的大电流选用，主要作为一个系统的总断路器。

框架式断路器如图 3-1-10 所示。

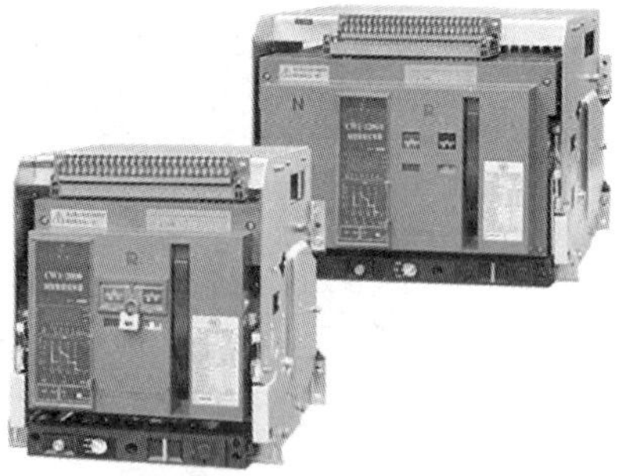

图 3-1-10　框架式断路器

（2）塑壳式断路器。

塑壳式断路器（见图 3-1-11）简称 MCCB，所有的零部件都安装在一个绝缘外壳中。塑壳式断路器结构紧凑、体积小、重量轻、价格较低，并且使用较安全(操作者接触导电部件的可能性小)。MCCB 主要供较大电流(50～630 A)选用。它的分断要求高，可保护精确的负载。

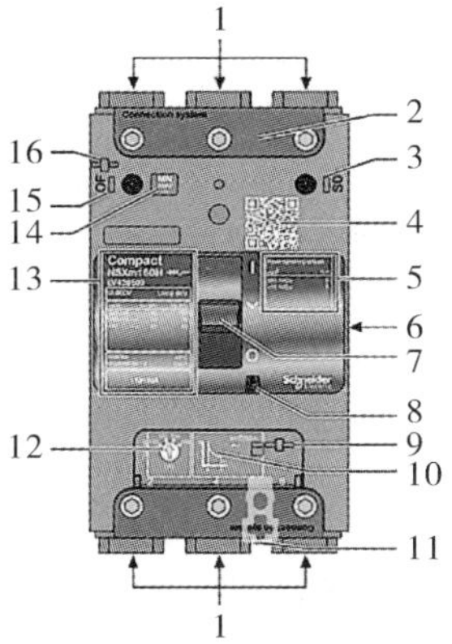

图 3-1-11　塑壳式断路器

1—电源连接件；2—连接系统护盖；3—SD 存在指示器；4—产品信息的对应 QR 代码；5—端子信息；6—产品和附件数据标签；7—拨动手柄；8—脱扣测试按钮；9—设置盖铅封；10—脱扣曲线；11—DIN 导轨锁；12—电流设置按钮(仅限断路器)；13—设备标识和认证标志；14—MN 或 MX 存在指示器；15—OF 存在指示器；16—附件盖铅封

(3) 微型断路器。

微型断路器简称 MCB，一般情况下供小电流(1～63 A)选用。微型断路器常用于分断要求不高的负载，如插座、小容量电动机等。微型断路器属于末端配电设备，在工业现场使用较多，根据电源的类型又可分为 1 极微型断路器、2 极微型断路器、3 极微型断路器、4 极微型断路器。

微型断路器如图 3-1-12 所示。

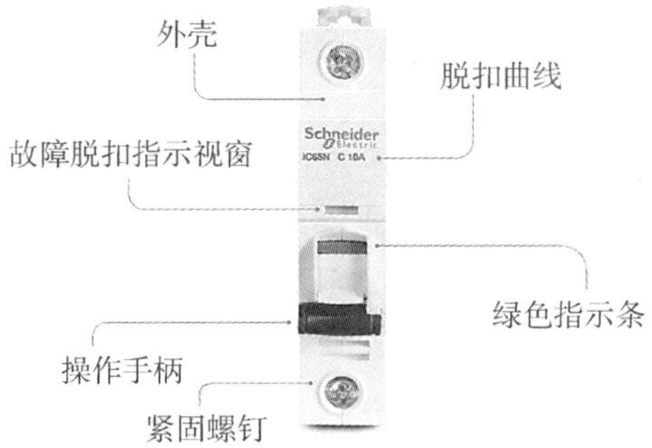

图 3-1-12　微型断路器

① 微型断路器极数选择。

极数是指切断线路导线根数，1 极只切断一根导线，2 极同时切断两根导线，依次类推。对于微型断路器，1P＋N、1P、2P 一般都用于单相用电设备的通断控制，但效果不同。

微型断路器极数如图 3-1-13 所示。微型断路器极数选择说明如表 3-1-1 所示。

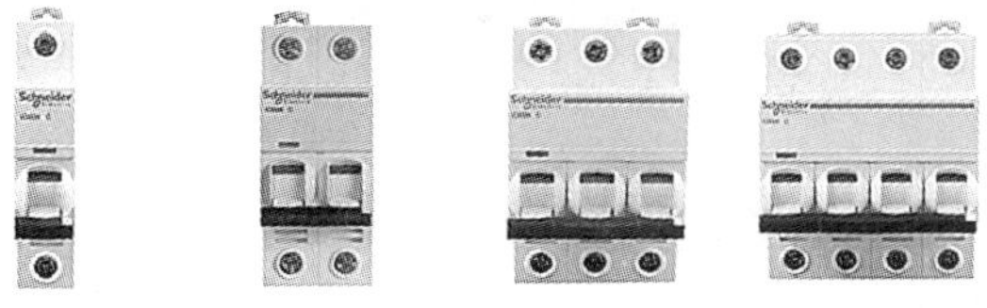

图 3-1-13　微型断路器极数

表 3-1-1　微型断路器极数选择说明

极数	特点
1P	具有热磁脱扣功能，仅控制火线（相线），常用于单相小负荷回路，如室内照明回路。使用 1P 断路器时上级断路器必须有漏电脱扣功能，检修时为了防止火线、零线错乱造成事故，必须切断上级电源
1P+N	同时控制火线、零线，但只有火线具有热磁脱扣功能。为了防止检修时火线、零线错乱，可用 1P+N
2P	同时控制火线、零线，且火线、零线都具有热磁脱扣功能
3P	控制三相电源的通断
4P	4P 是在 3P 的基础上加 N 端，能同时切断三相电和零线，一般用作配电系统的总开关

② 微型断路器脱扣曲线的选择。

微型断路器不同于框架式断路器。微型断路器出厂的时候电流就已经确定好了，选用时按照负荷的特点选用具有 A 型、B 型、C 型或 D 型脱扣曲线的微型断路器，偏重灵敏性选 B 型，馈线回路选 C 型，电动机回路选 D 型。不同脱扣曲线的微型断路器如图 3-1-14 所示。

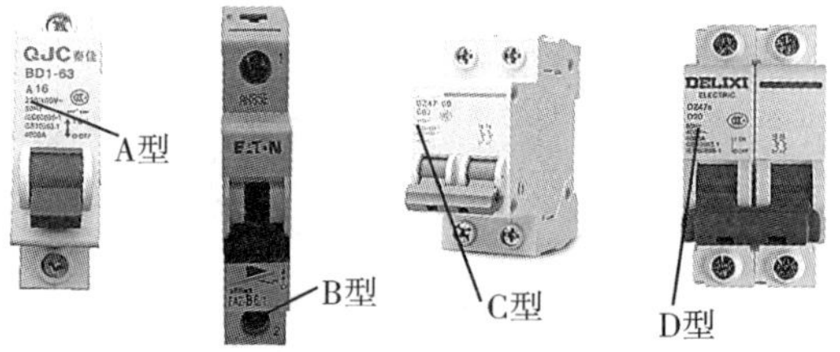

图 3-1-14　不同脱扣曲线的微型断路器

微型断路器脱扣曲线如图 3-1-15 所示。特性曲线带左侧是不脱扣区域，此区域属于正常工作范围，微型断路器闭合承载电流。特性曲线带右侧是脱扣区域，属于非正常工作范围。此时，微型断路器应可靠地分断过电流或短路电流。两条曲线包围的区域是误差区域，不能确定是脱扣还是不脱扣。

4）漏电保护断路器

漏电保护断路器也称剩余电流动作断路器，在人为操作用电的场合使用较多。

（1）漏电保护断路器的功能。

漏电保护断路器适用于交流线路（频率为 50 Hz 或 60 Hz，单相电压 230 V、三相电压 400 V，额定电流为 0～60 A）。当人身触电或电网泄漏电流超过规定值时，漏电保护断路器能在极短的时间内迅速切断故障电源，保护人身及用电设备的安全。

漏电保护断路器如图 3-1-16 所示。

（2）漏电保护断路器的工作原理和电气符号。

漏电保护断路器的主要部件是一个磁环感应器，火线和零线采用并列绕法在磁环上缠绕几圈，在磁环上还有次级线圈。当同一相的火线和零线正常工作时，电流产生的磁通正好抵消，在次级线圈中不会感应出电压。

漏电保护断路器工作原理图如图 3-1-17 所示。

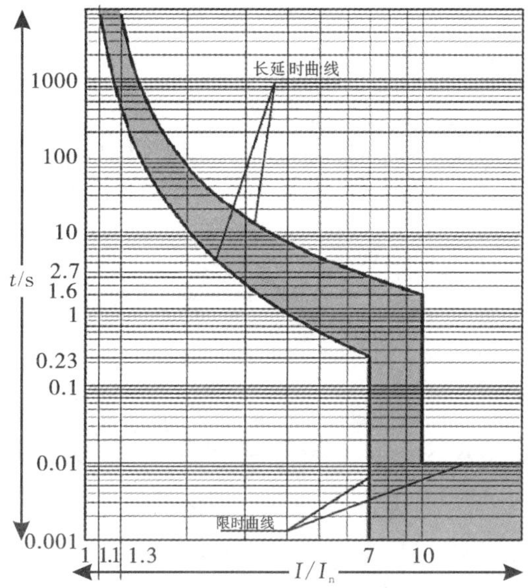

图 3-1-15　微型断路器脱扣曲线

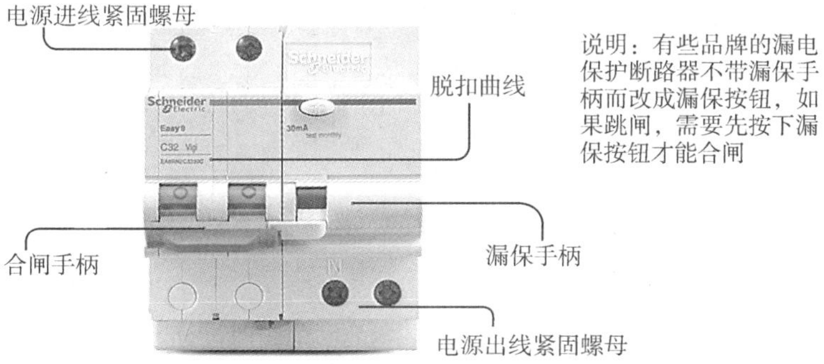

图 3-1-16　漏电保护断路器

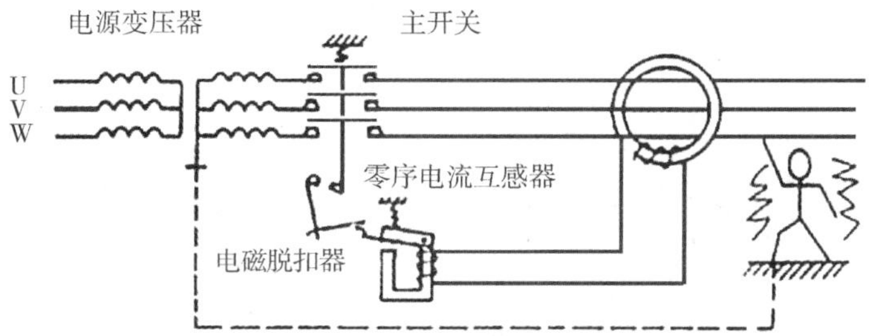

图 3-1-17　漏电保护断路器工作原理图

如果某一线漏电或导致了触电事故，在磁环中通过的火线和零线的电流就会不平衡，从而在次级线圈中感应出电压，通过电磁铁使脱扣器动作跳闸。

图 3-1-18 是漏电保护断路器的电气符号。

4. 低压断路器的安装与接线

1）低压断路器的安装

（1）塑壳式断路器的安装。

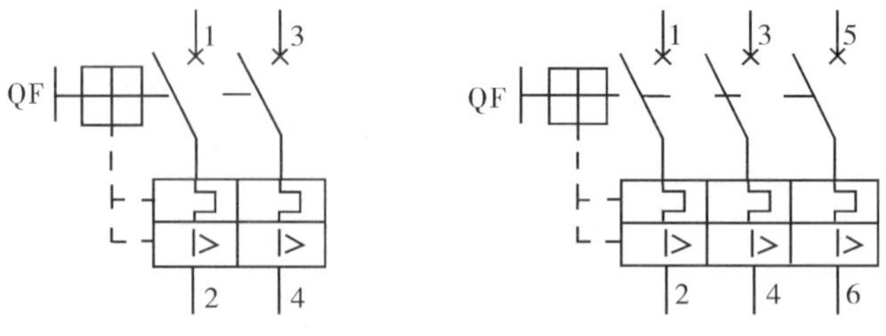

（a）2极漏电保护断路器　　（b）3极漏电保护断路器

图 3-1-18　漏电保护断路器的电气符号

① 轨道式安装。

由于塑壳式断路器重量和尺寸较微型断路器大，因而采用轨道式安装。轨道式安装一般需要使用两条导轨。塑壳式断路器 DIN 导轨安装如图 3-1-19 所示。

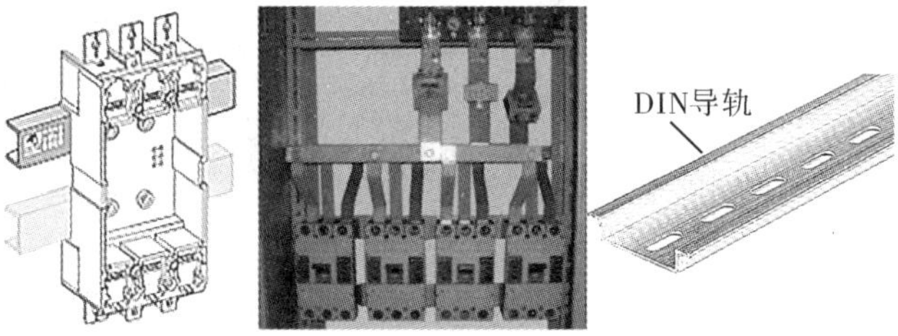

图 3-1-19　塑壳式断路器 DIN 导轨安装

② 底板安装。

底板安装需要使用较长的螺钉，安装后不易拆卸，建议安装在钢板上。塑壳式断路器底板安装如图 3-1-20 所示。

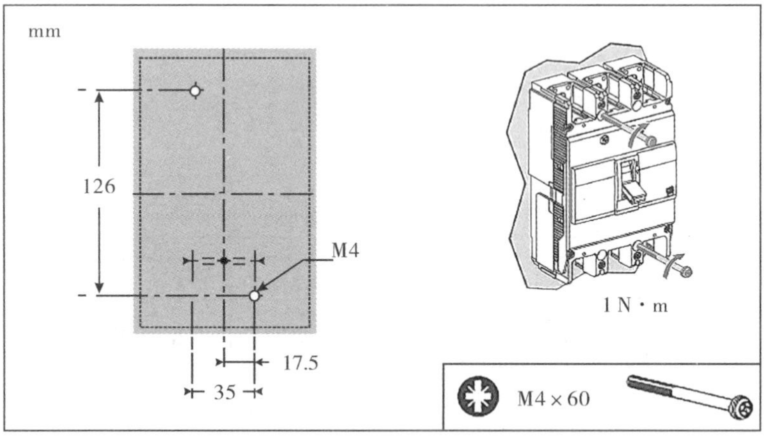

图 3-1-20　塑壳式断路器底板安装

(2) 微型断路器的安装。

微型断路器采用导轨安装，如图 3-1-21 所示，安装的方向可水平或垂直，但需要考虑美观性。如果条件允许，可以在断路器前加面板，这样可以有效增强用电的安全性。

2) 低压断路器的接线

(1) 塑壳式断路器的接线。

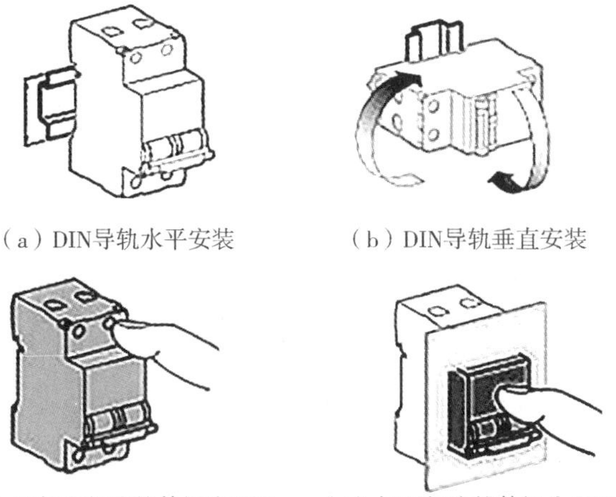

（a）DIN导轨水平安装　（b）DIN导轨垂直安装

（c）不加面板防护等级为IP20　（d）加面板防护等级为IP40

图 3-1-21　微型断路器 DIN 导轨安装

塑壳式断路器的接线可以根据实际条件选择使用接线端子或裸线接线，但是使用塑壳式断路器的地方电流一般都较大，建议使用接线端子接线。使用接线端子接线的时候务必使用压线工具压紧或夹紧线头，以免线头松动造成缺相或引起安全事故。

塑壳式断路器的接线如图 3-1-22 所示。

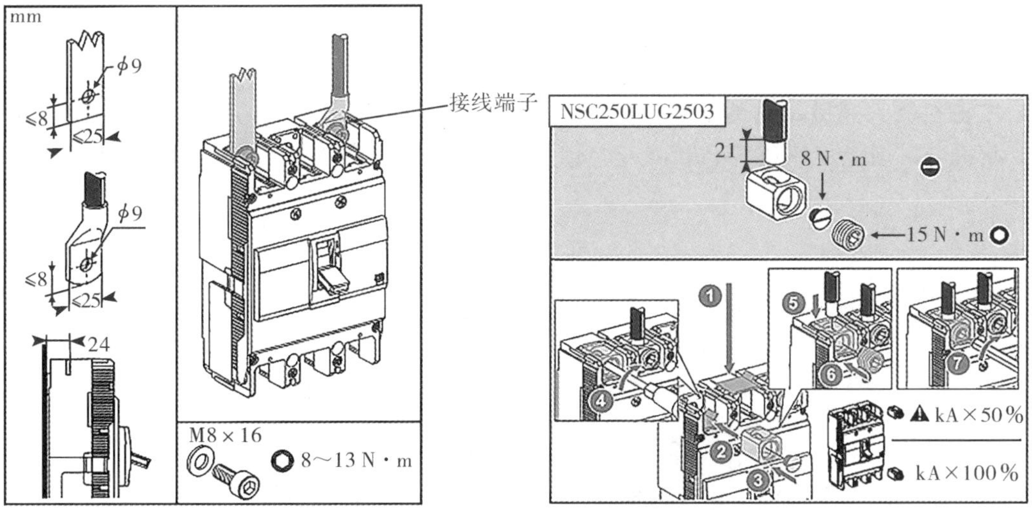

图 3-1-22　塑壳式断路器的接线

(2) 微型断路器的接线。

1 极微型断路器只需要接入火线控制即可；2 极微型断路器按照图 3-1-23 所示接入电源，不可接错；3 极微型断路器对应接入三相 380 V 电源即可；4 极微型断路器在三相380 V电源后面增加零线，三相电源和零线不可接错。

微型断路器接硬铜线时可以直接插入，然后用螺丝刀拧紧；如果接软铜线，可以使用接线端子压紧后接入或直接插入后用螺丝刀拧紧。注意：在使用接线端子接软铜线的情况下，务必使用压线工具压紧线头。

微型断路器的接线方法如图 3-1-24 所示。

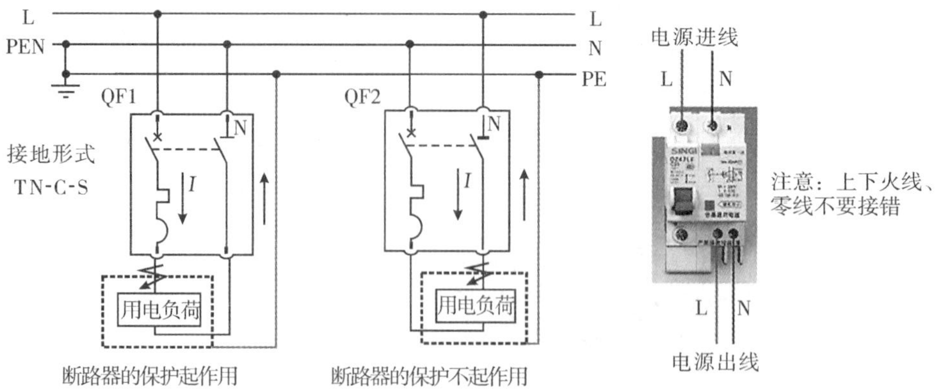

图 3-1-23　2 极微型断路器电源接线

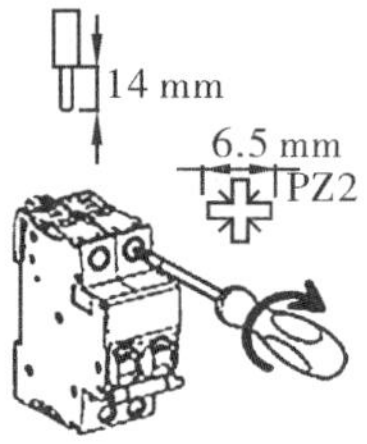

接线

螺钉尺寸	额定扭矩	极限扭矩	国家标准额定扭矩	铜线	
				硬线	软线
1~25 A：M5	2.5 N·m	5.1 N·m	2 N·m	1~25 mm^2	1~16 mm^2
32~63 A：M6.5	3.5 N·m	5.6 N·m	3.5 N·m	1~35 mm^2	1~25 mm^2

图 3-1-24　微型断路器的接线方法

5. 工业机器人搬运工作站配电实例

工业机器人搬运工作站（见图 3-1-25）由 PLC 控制柜、抓手、输送线、工件库和安全栏等部分组成。

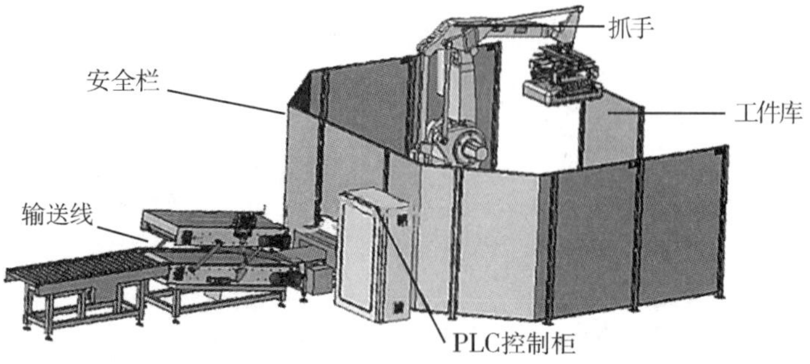

图 3-1-25　工业机器人搬运工作站

1）搬运工作站各模块功率

（1）PLC 控制柜功率为 10.92 kW，供电电源为 380 V、50 Hz；

（2）输送线功率为 5.5 kW，供电电源为 380 V、50 Hz；

（3）安全栏功率为 0.37 kW，供电电源为 220 V、50 Hz；

（4）搬运工作站系统总功率要根据具体情况确定，进线电源为 380 V、50 Hz。

2）搬运工作站配电组成及其作用

（1）总断路器：控制外部供电电源接入工作站的总开关。

（2）各模块断路器：控制工作站各模块供电的开关。

（3）安全栏控制集中到 PLC 控制柜内供电，故而不需要单独使用断路器。

（4）系统配电中电流较大的需选择塑壳式断路器，安装在系统配电箱内。

图 3-1-26 为工业机器人搬运工作站配电组成示意图，进线的零线和地线分别集中到端子排上。

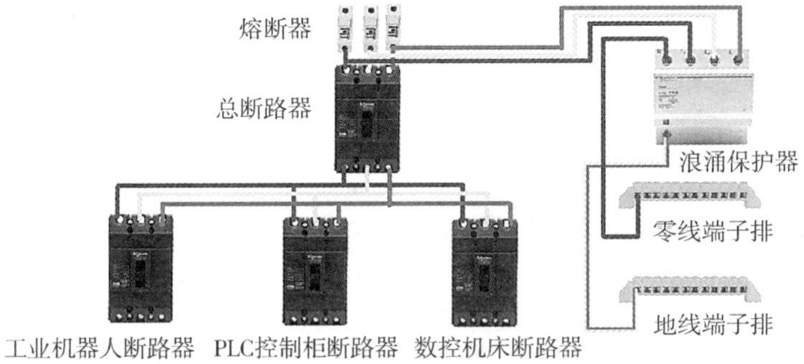

图 3-1-26　工业机器人搬运工作站配电组成示意图

3）工作站系统配电电器选型

（1）总断路器选型。

根据公式算出总断路器工作线路中的最大工作电流。总断路器的最大电流为其工作线路最大工作电流的 1.5 倍左右。断路器的进线电源是 380 V，应该使用 3 极断路器。根据断路器的技术参数表选择相应型号的断路器。表 3-1-2 为正泰 NM1 塑壳式断路器技术参数表。工作站总断路器选择 NM1-125H 额定电流 80 A、3 极塑壳式断路器。

表 3-1-2　正泰 NM1 塑壳式断路器技术参数表

<table>
<tr><th>型号</th><th>壳架等级额定电流/A</th><th>额定电流/A</th><th>额定工作电压/V</th><th>额定绝缘电压/V</th><th>额定极限短路分断能力/kA (400 V/690 V)</th><th>额定运行短路分断能力/kA (400 V/690 V)</th><th>可维护机械寿命/次</th><th>极数</th><th>飞弧距离/mm</th></tr>
<tr><td>NM1-63S</td><td>63</td><td>10、16、20、25、32、40、50、63</td><td>400</td><td>500</td><td>25</td><td>12.5</td><td>20000</td><td>3P</td><td rowspan="11">≤50</td></tr>
<tr><td rowspan="2">NM1-63H</td><td rowspan="2">63</td><td>10、16、20、25、32、40、50、63</td><td rowspan="10">400/690</td><td rowspan="10">800</td><td>50</td><td>25</td><td>20000</td><td>3P</td></tr>
<tr><td>10、16、20、25、32、40、50、63</td><td>50</td><td>25</td><td>20000</td><td>4P</td></tr>
<tr><td rowspan="2">NM1-125S</td><td rowspan="2">125</td><td>16、20、25、32、40、50、63、80、100、125</td><td>35/8</td><td>17.5/4</td><td>20000</td><td>2P、3P</td></tr>
<tr><td>80、100、125</td><td>35/8</td><td>17.5/4</td><td>20000</td><td>4P</td></tr>
<tr><td>NM1-125H</td><td>125</td><td>25、32、40、50、63、80、100、125</td><td>50/10</td><td>25/5</td><td>20000</td><td>2P、3P、4P</td></tr>
<tr><td>NM1-125R</td><td>125</td><td>40、63、80、100、125</td><td>85/20</td><td>42.5/10</td><td>20000</td><td>3P</td></tr>
<tr><td>NM1-250S</td><td>250</td><td>100、125、160、180、200、225、250</td><td>35/8</td><td>17.5/4</td><td>20000</td><td>2P、3P</td></tr>
<tr><td rowspan="2">NM1-250H</td><td rowspan="2">250</td><td>125、160、180、200、225、250</td><td>35/8</td><td>17.5/4</td><td>20000</td><td>4P</td></tr>
<tr><td>100、125、160、180、200、225、250</td><td>50/10</td><td>25/5</td><td>20000</td><td>2P、3P、4P</td></tr>
<tr><td>NM1-250R</td><td>250</td><td>125、160、200、225、250</td><td>85/20</td><td>42.5/10</td><td>20000</td><td>3P</td></tr>
</table>

(2) 工业机器人低压断路器选型。

根据公式算出工业机器人断路器工作线路中的最大工作电流。工业机器人断路器的最大电流为其工作线路最大工作电流的 1.3 倍左右。断路器的进线电源是 380 V,应该使用 3 极断路器。根据表 3-1-2,工业机器人断路器可以选择 NM1-63H 额定电流 16 A、3 极塑壳式断路器。

(3) PLC 控制柜低压断路器选型。

根据公式算出 PLC 控制柜断路器工作线路中的最大工作电流。PLC 控制柜断路器的最大电流为其工作线路最大工作电流的 1.3 倍左右。断路器的进线电源是 380 V,应该使用 3 极断路器。根据表 3-1-2,工业机器人搬运工作站 PLC 控制柜断路器可以选择 NM1-63H 额定电流 32 A、3 极塑壳式断路器。

(4) 输送线低压断路器选型。

根据公式算出输送线断路器工作线路中的最大工作电流。输送线断路器的最大电流为其工作线路最大工作电流的 1.3 倍左右。断路器的进线电源是 380 V,应该使用 3 极断路器。根据表3-1-2,工业机器人搬运工作站输送线断路器可以选择 NM1-63H 额定电流 16 A、3 极塑壳式断路器。

4) 工作站 PLC 控制柜配电电器选型

控制柜各控制单元由变压器、开关电源、柜内控制设备等组成。控制柜配电组成示意图如图 3-1-27 所示。

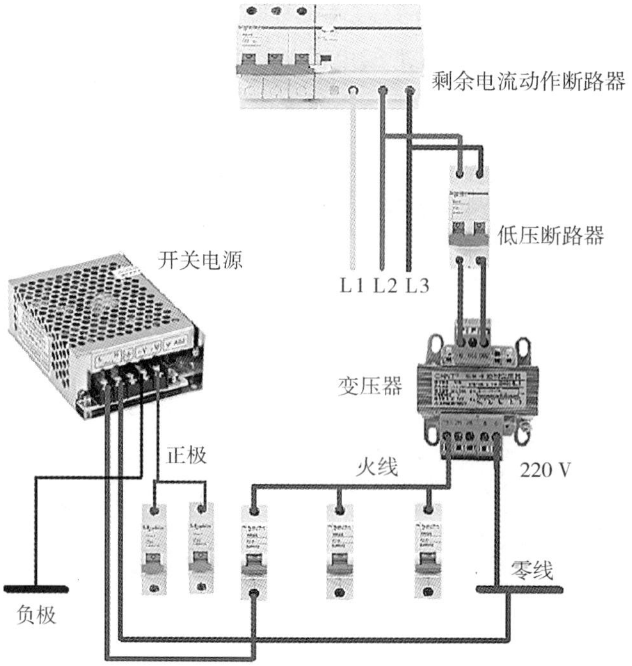

图 3-1-27 控制柜配电组成示意图

(1) 变压器控制低压断路器选型。

变压器控制断路器用于控制变压器电源的通断,其额定电流需要大于或等于变压器的额定电流。由于变压输入的 2 路 380 V 电需要同时控制 2 路的通断,故使用 2 极小型断路器。根据小型断路器的技术参数表选择相应的型号。表 3-1-3 为正泰 NB7 小型断路器技术参数表。变压器控制断路器选择 NB7-32A/2P。

表 3-1-3 正泰 NB7 小型断路器技术参数表

技术参数	参数值
额定电压	230 V/400 V AC(1P),400 V AC(2P、3P、4P)
额定电流/A	1、2、3、4、6、10、16、20、25、32、40、50、63
极数	1P、2P、3P、4P

(2) 开关电源控制低压断路器选型。

开关电源控制断路器用于控制开关电源的通断,其额定电流需要大于或等于开关电源的额定电流 4.5 A。由于开关电源输入 220 V,使用 1 极小型断路器控制火线即可。根据表 3-1-3 所示的正泰 NB7 小型断路器技术参数,选择型号为 NB7-6A/1P。

(3) PLC 控制低压断路器选型。

PLC 控制断路器用于保护 PLC 和控制 PLC 电源的通断,其额定电流需要大于或等于 PLC 的额定电流,工作站 PLC 控制柜配备西门子 1200 PLC 及其扩展模块,总功率为 0.46 kW,根据公式计算出总功耗电流为 2.1 A,可以使用 1 极小型断路器,仅需控制 PLC 的火线。根据表 3-1-3 所示的正泰 NB7 小型断路器技术参数,可选择 NB7-3A/1P。

(4) 安全栏控制低压断路器选型。

安全栏控制断路器用于保护安全栏门锁和控制安全栏门锁电源的通断,其额定电流需要大于或等于安全栏门锁的额定电流,工业机器人搬运工作站 PLC 控制柜配备欧姆龙 D4NS-1AF 安全门锁开关,供电电压为 220 V AC,功率为 0.37 kW,根据公式计算出安全栏控制断路器所需的最大电流为 1.68 A,可以使用 1 极小型断路器。根据表3-1-3所示的正泰 NB7 小型断路器技术参数,可选择 NB7-2A/1P。

三、任务实施

1. 任务说明

本任务要求搭建一个单相交流供电系统,供电系统负载为 100 W 的开关电源。负载可以选用其他电气设备,如灯泡等。

100 W 开关电源负载如图 3-1-28 所示。

交流供电系统

图 3-1-28 100 W 开关电源负载

2. 任务实施步骤

1) 获取单相交流电

参考低压配电方式的相关描述,可以取三相交流电中的任意一根相线和零线组成 220 V 单相交流电，要求手工绘出获取电压的示意图。

2）选择合适的低压断路器

(1) 参考低压配电方式的相关描述，选择适当类型的低压断路器。

(2) 参考工业机器人搬运工作站配电实例，根据公式计算出所需的低压断路器的最小电流。选择微型断路器还需要指明微型断路器的极数、脱扣曲线类型。

(3) 选择低压断路器的品牌，根据厂家所提供的低压断路器技术参数表，选择适当型号的低压断路器，填写表 3-1-4。

表 3-1-4　配电选型配置表

电器名称	数量	计算电流	电器品牌或类型	额定电流	电器型号、规格
低压断路器			正泰微型断路器		

3）搭建配电系统

搭建流程：① 选择合适的电气安装工具，安装并固定好低压断路器；② 选择合适的电气接线工具，搭建配电回路；③ 给系统送电，检查开关电源是否正常工作。

3. 任务目标

本任务要求达到的目标：① 系统搭建好后，低压断路器合闸前使用试电笔测试低压断路器进线侧有无交流电压；② 低压断路器合闸后使用试电笔测试低压断路器出线侧有无交流电压，此时开关电源工作指示灯亮，则证明开关电源开始工作了，此任务目标完成。

四、任务拓展

1. 断路器故障说明

断路器故障说明如表 3-1-5 所示。

表 3-1-5　断路器故障说明

故障设备	故障现象	可能原因及解决方法
低压断路器（塑壳式断路器和微型断路器故障一样）	跳闸后合不上	可能原因：电路短路或线路缺相。 解决方法：① 使用试电笔测量三相进线电源是否均有电，检查三相电是否有缺相的故障；② 排查短路故障，首先断开负载，查找控制接线有没有短路的地方并检查接线端子是否都牢固，然后逐一排查电气设备短路故障；③ 检查断路器是否损坏，更换一个新断路器进行验证
	跳闸后可以再次合上	可能原因：负载过载。 解决方法：① 检查负载是否有轻微短路或接地故障；② 检查低压断路器的额定电流大小是否合适，有可能是用电负载增大引起负载电流增大

续表

故障设备	故障现象	可能原因及解决方法
漏电保护断路器	跳闸后合不上	可能原因：线路短路或漏电。 解决方法：① 对短路的处理方式和低压断路器一样；② 检查设备是否有漏电的地方，使用试电笔检查设备的金属外壳是否带电；③ 漏电保护断路器复位按钮未按下，每次跳闸后复位按钮自动弹出，必须手动按下才能再次使用；④ 检查漏电保护断路器是否损坏，更换一个新断路器进行验证

2. 思考与练习

搭建负载为 200 W 的单相异步电动机的供电系统，要求选择合适的低压断路器。

任务 2　工业机器人直流供电系统搭建

一、任务描述

直流供电具有用电安全、无电容电流、电耗低、相同条件下比交流输送电能的能力强等优点。在工业现场有很多直流设备，如直流继电器、直流电磁阀、直流电动机等。搭建直流供电系统是本任务的目的。

任务要求：① 列出所需电气元件，并手工绘出直流供电系统的示意图；② 安装电气元件并动手搭建线路；③ 合闸前使用万用表测量熔芯的好坏，合闸后使用万用表测量直流供电系统供电是否正确。

直流供电系统典型应用如图 3-2-1 所示。

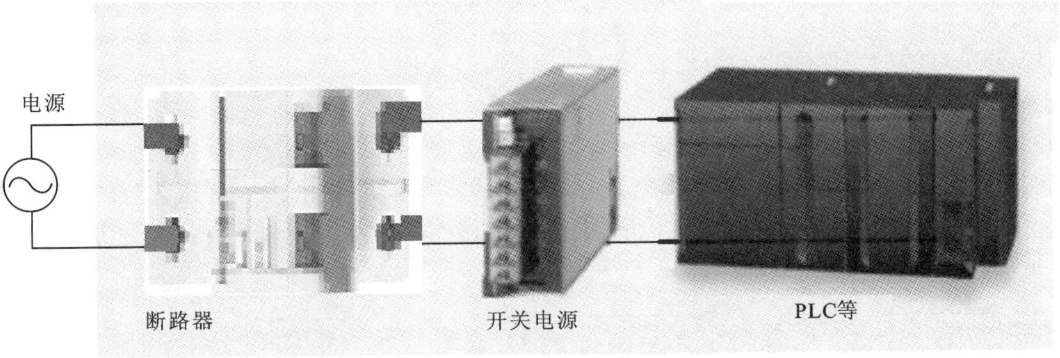

图 3-2-1　直流供电系统典型应用

二、相关知识

直流电源是维持电路中形成稳恒电流的装置，如干电池、蓄电池、直流发电机等。

直流供电是指通过蓄电池（见图 3-2-2）、开关电源等直流电源提供电能。常用的直流电压为 24 V 和 12 V。

直流电源有正、负两个电极，正极的电位高，负极的电位低，当两个电极与电路连通后，能够使电路两端之间维持恒定的电位差，从而在外电路中形成由正极到负极的电流。直流电源是一种能量转换装置。它把其他形式的能量转换为电能供给电路，以维持电流的稳恒流动。

直流电源的电气符号如图 3-2-3 所示。

图 3-2-2　蓄电池

(a) 电池形式　(b) 端子形式

图 3-2-3　直流电源的电气符号

1. 电源转换

1）开关电源

开关电源又称交换式电源、开关变换器，是一种高频化电能转换装置，是电源供应器的一种。开关电源主要是指直流开关电源，其功能是将质量较差的原生态电源（粗电），如市电电源或蓄电池电源，转换成满足设备要求的质量较好的直流电源（精电）。图 3-2-4 所示为市面上较常见的开关电源。

(a) 平板型开关电源　(b) 导轨安装型开关电源　(c) 紧凑型开关电源

图 3-2-4　常见的开关电源

(1) 开关电源的工作原理和电气符号。

① 开关电源结构组成。

开关电源主要电路由防雷电路、输入电磁干扰滤波器、输入整流滤波电路、功率变换电路、脉宽调制（PWM）控制器电路、输出整流滤波电路组成。辅助电路由输入过压、欠压保护电路，输出过压、欠压保护电路，输出过流保护电路，输出短路保护电路等组成。开关电源方框图如图 3-2-5 所示。

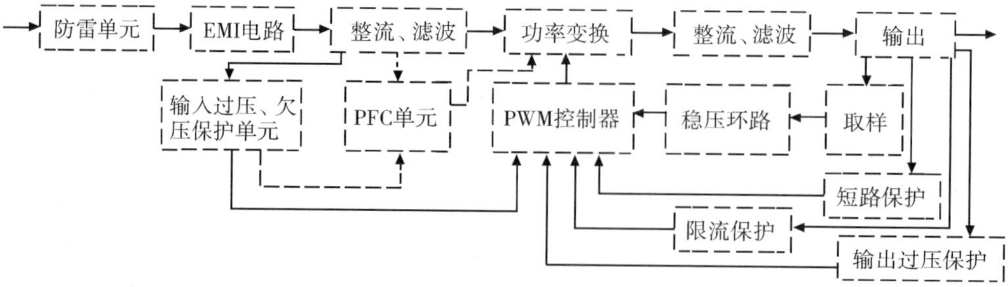

图 3-2-5　开关电源方框图

② 开关电源的工作原理。

a. 220 V 的交流电经交流滤波电路滤除外来的杂波信号，同时防止电源本身产生的高频杂波对电网的干扰，再经二极管桥式整流电路和滤波电路整流滤波后得到 300 V 的直流电，送给功率变换电路进行功率转换。

b. 功率变换电路中的绝缘栅双极晶体管(IGBT)在脉宽调制控制器输出的脉冲控制信号的驱动下，工作在“开”“关”状态，从而将 300 V 直流电切换成宽度可变的高频脉冲电压，然后把高频脉冲电压送给高频变压器，高频变压器的二次侧会感应出一定的高频脉冲交流电，并送给高频整流滤波电路进行整流、滤波。

c. 经高频整流、滤波后便可得到所需的各种直流电压。输出电压下降或上升时，取样电路将取样信号通过光电耦合器送入控制电路，经过其内部调制，由控制电路的输出端将变宽的或变窄的驱动脉冲送到绝缘栅双极晶体管的栅极，变换电路产生的高频脉冲方波也随之变宽或变窄，由此改变输出电压平均值的大小，从而使直流电压基本稳定在所需的电压值上。

③ 开关电源的电气符号。

图 3-2-6 所示为开关电源的电气符号，开关电源输入端为 220 V 交流电压，输出端为直流电压，一般有 48 V、36 V、24 V、12 V 等。

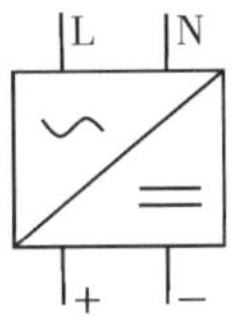

图 3-2-6 开关电源的电气符号

(2) 开关电源的安装。

① DIN 导轨安装。

开关电源安装在 DIN 导轨上时，需要注意设备散热的能力，相隔不能太近。如果要将平板型开关电源安装在 DIN 导轨上，则需要增加导轨安装附件，附件安装在平板型开关电源的背部，注意选用合适的螺钉，螺钉不能突出。

开关电源 DIN 导轨安装如图 3-2-7 所示。

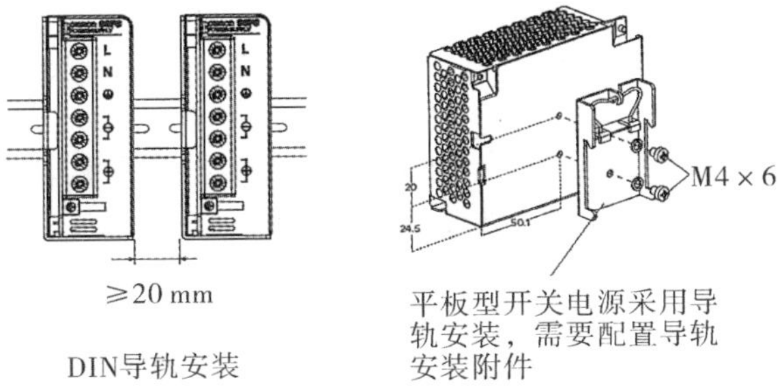

图 3-2-7 开关电源 DIN 导轨安装

② 接线板安装。

开关电源可通过螺钉固定在接线板上，安装方式有图 3-2-8 所示的两种，选用的螺钉要合适，如果没有合适长度的螺钉，可以选择平垫和弹簧垫圈来辅助安装。

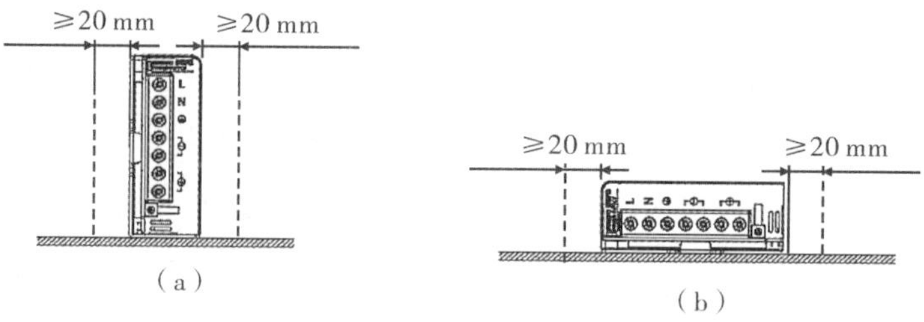

图 3-2-8　开关电源接线板安装

(3) 开关电源的接线。

开关电源的接线端子处都标注有符号，L 代表接火线，N 代表接零线，⏚代表接地线(可以不接，不影响开关电源的使用)，+代表电源正极，—代表电源负极。

开关电源接线如图 3-2-9 所示。

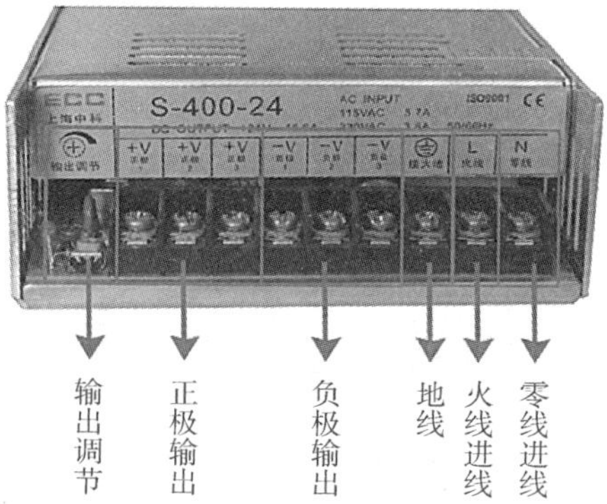

图 3-2-9　开关电源接线

① 单输出。

单输出是指从开关电源正负极引出一组正负极，将正极和负极分别接到接线端子处，通过接线端子间的相互连接实现多设备直流供电。

开关电源单输出如图 3-2-10 所示。

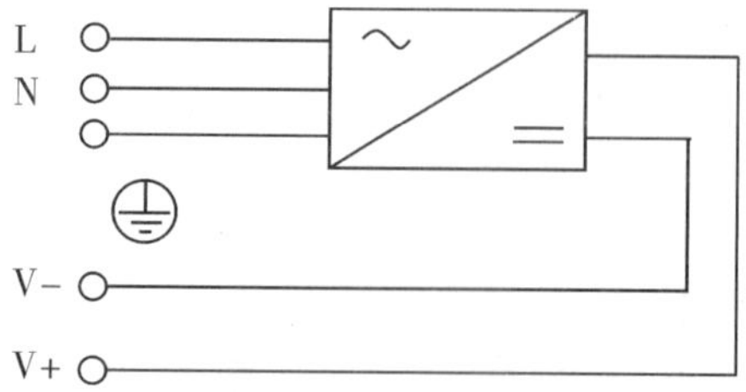

图 3-2-10　开关电源单输出

② 双输出(多输出)。

双输出(多输出)即为所有的直流供电设备均集中在开关电源正负极接线端子处，这对较少的供电设备方便可行。

开关电源双输出如图 3-2-11 所示。

2) 变压器

变压器是利用电磁感应的原理来改变交流电压的装置，主要构件是初级线圈、次级线圈和铁芯(或磁芯)。其主要功能有电压变换、电流变换、阻抗变换、隔离。常见变压器如图 3-2-12 所示。

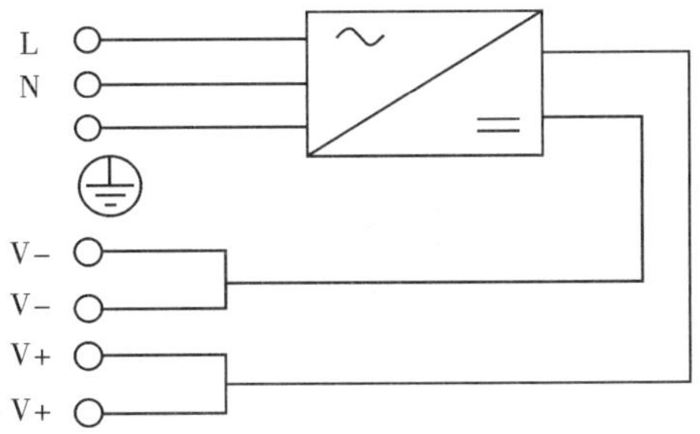

图 3-2-11　开关电源双输出

图 3-2-12　常见变压器

变压器分为单相变压器(用于单相负荷和三相电变单相电)、三相变压器(用于三相电源系统的升、降电压)。

(1) 变压器的工作原理和电气符号。

变压器的工作原理如下:变压器由铁芯(或磁芯)和线圈组成,线圈有两个或两个以上的绕组,其中接电源的绕组叫初级线圈,其余的绕组叫次级线圈。它可以变换交流电压、电流和阻抗。最简单的变压器由一个软磁材料做成的铁芯及套在铁芯上的两个匝数不等的线圈构成。变压器的工作原理如图 3-2-13 所示。

图 3-2-14 所示为变压器的电气符号,其为独立绕组变压器。

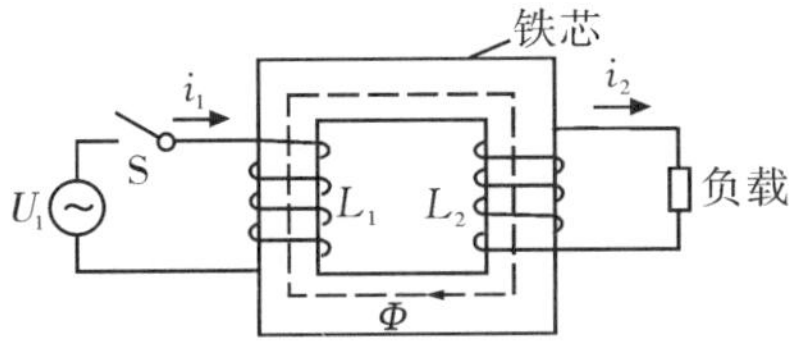

图 3-2-13　变压器的工作原理

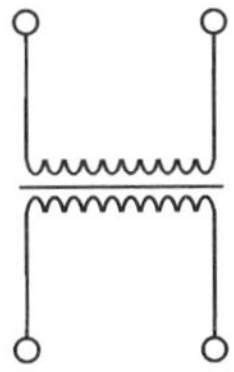

图 3-2-14　变压器的电气符号

(2) 变压器的安装及应用。

变压器通过螺钉固定在接线板(钢板)上。

大多数的变压器都是双线圈,即线圈一次侧和二次侧是分离的,所以变压器具有电气隔离的作用。通常单相交流电是有火线和零线之分的,它们之间有电势差,人站在地上去抓火线会触电;使用变压器(380 V 变 220 V)后,二次侧两个端没有火线和零线之分,人站在地上抓哪个端都不会触电,这就是隔离变压器的意义。图 3-2-15 所示为隔离变压器的实际应用,其中变压器有两个作用:电气隔离和提供 220 V 电压。

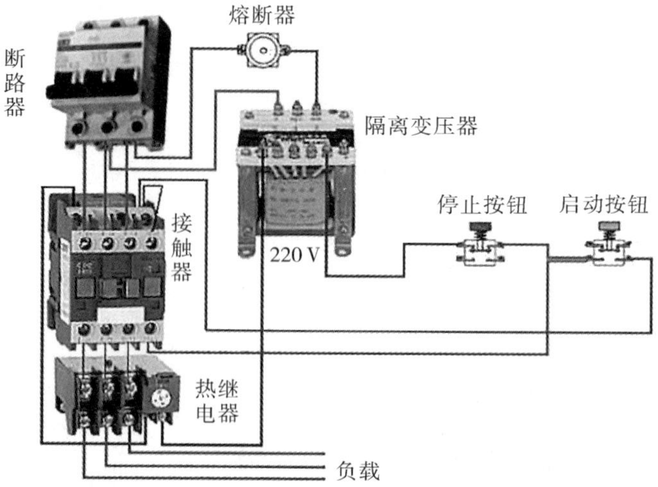

图 3-2-15　隔离变压器的实际应用

2. 电源保护

1）低压熔断器

熔断器是指电流超过规定值时，电流本身产生的热量使熔体熔断，得以断开电路的一种电器，主要起保护电路安全运行的作用。当电路发生故障或者异常时，电流不断升高，有可能损坏电路中的一些重要器件，甚至造成火灾。这时候熔断器就起到很重要的保护电路的作用。

（1）低压熔断器的结构组成和电气符号。

低压熔断器如图 3-2-16 所示。熔体在正常工作时起导通电路的作用，在故障情况下熔体将熔化，从而切断电路，实现对其他设备的保护。底座用于实现各导电部分的绝缘和固定。熔断指示灯用于反映熔体的状态，即完好或已熔断。

低压熔断器的工作过程：① 低压熔断器的熔体因过载或短路而被加热到熔化温度；② 熔体熔化；③ 触点之间的间隙被击穿或产生电弧；④ 电弧熄灭，电路被断开。

低压熔断器的电气符号如图 3-2-17 所示。

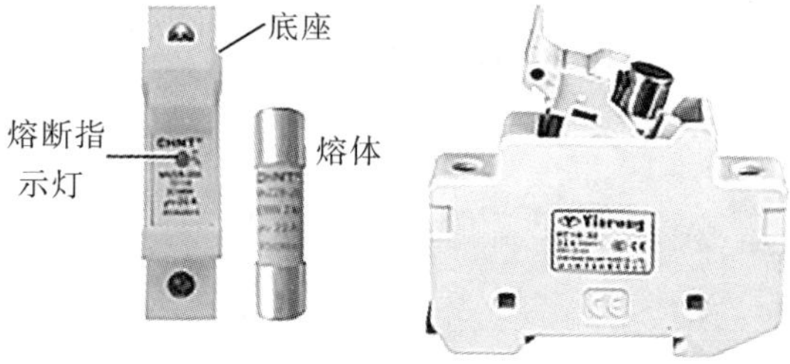

图 3-2-16　低压熔断器

图 3-2-17　低压熔断器的电气符号

（2）低压熔断器的性能参数及选择。

① 低压熔断器的性能参数。

额定电压：保证熔断器能长期正常工作的电压。

额定电流：保证熔断器能长期正常工作的电流。它的等级划分随熔断器结构形式而异。需要注意的是，熔断器的额定电流应大于所装熔体的额定电流。

极限分断电流：熔断器在额定电压下所能断开的最大短路电流。

② 熔断器选择的原则。

a. 根据线路要求和安装条件选择熔断器的型号：容量小的电路选择无填料封闭式熔断器，短路电流大的电路选择有填料封闭式熔断器，半导体元件保护选择快速低压熔断器。

b. 根据负载特性选择熔断器的额定电流：选择的各级熔断器需相互配合，后一级熔断器的额定电流要比前一级小。

(3) 低压熔断器使用注意事项。

① 检查熔管有无破损变形现象，有无放电的痕迹，有熔断信号指示器的熔断器，检查其指示是否保持正常状态。

② 熔体熔断后，应查明原因，排除故障。一般过载保护动作，熔断器的响声不大，熔丝熔断部位较短，熔管内壁没有烧焦的痕迹，也没有大量的熔体蒸发物附在管壁上。变截面熔体在小截面处熔断，一般由过负荷引起。反之，熔丝熔断部位很长，变截面熔体大截面部位熔化，一般为短路引起。

③ 更换熔体时，必须将电源断开，防止触电。更换熔体的规格应和原来的相同，安装熔丝时，不要把它碰伤，也不要拧得太紧。

2) 浪涌保护器

浪涌保护器(见图 3-2-18)的作用是把窜入电力线、信号传输线的瞬时过电压限制在设备或系统所能承受的电压范围内，或将强大的雷电流泄流入地，使被保护的设备或系统不受冲击而损坏。

浪涌保护器的结构因用途不同而有所不同，但它至少应包含一个非线性电压限制元件。用于浪涌保护器的基本元器件有放电间隙、压敏电阻、抑制二极管和扼流线圈等。图 3-2-19 所示为浪涌保护器的电气符号。

图 3-2-18 浪涌保护器

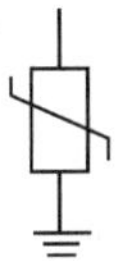

图 3-2-19 浪涌保护器的电气符号

3. 全自动模拟生产线直流供电系统应用实例

全自动模拟生产线控制系统主要分为以下几个部分：主控电柜、机器人本体、搬运码垛模组、视觉跟踪模组、机床上下料模组、远程操作台、安全门等。图 3-2-20 所示为全自动模拟生产线系统配电的电气原理图，为了保证整个系统的用电安全，使用直流电控制交流电的方法。

搭建全自动模拟生产线直流供电系统的操作过程如下。

(1) 选择供电设备。

全自动模拟生产线的直流电源来源于 24 V 开关电源，开关电源的功率为 100 W。为了控制开关电源的进线电源，配置了 2 极低压断路器，根据公式计算出低压断路器控制所需的最大电流 $I=100\ \text{W}/220\ \text{V}=0.45\ \text{A}$，由于使用在控制回路，可以选择 C 型低压断路器，根据低压断路器的选型表可知最低额定电流为 1 A，因此选择 1 A 的 2 极 C 型低压断路器即可。为了避免直流电短路引起的故障造成开关电源损坏，在开关电源的出线侧增加熔断器，根据开关电源转换的最大效率为 80%进行计算，直流输出功率为 80 W，根据公式算出直流侧低压熔断器控制所需的最大电流为 3.3 A，为了方便安装，选择圆筒形帽熔断器加熔断器底座的 DIN 导轨安装方式，根据熔断器选型表选择熔断器即可。表 3-2-1 所示为德力西圆筒形帽熔断器选型表，根据该表可以选择 RT14-4:4 A 低压熔断器。

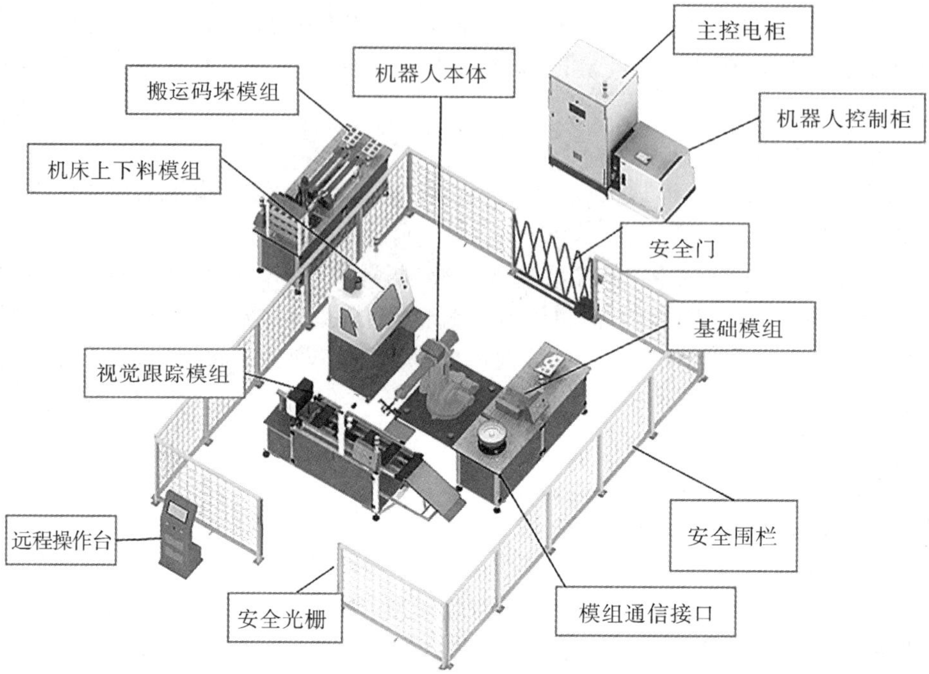

图 3-2-20　全自动模拟生产线系统配电的电气原理图

表 3-2-1　德力西圆筒形帽熔断器选型表

产品名称	外形尺寸	类型	额定电流	
RT14:RT14 型	M1038:10×38	T:熔断体	2:2 A	25:25 A
RT18:RT18 型	M1451:14×51		4:4 A	32:32 A
RT1418:RT14、RT18 型	M2258:22×58		6:6 A	40:40 A
			8:8 A	50:50 A
			10:10 A	63:63 A
			12:12 A	80:80 A
			16:16 A	100:100 A
			20:20 A	125:125 A

（2）获得单相交流电。

从三相交流电中任意取一根相线与交流供电系统零线形成单相交流电。获得单相交流电后将火线接入开关电源的 L 接线端子处，零线接入开关电源的 N 接线端子处。

（3）分配直流电源。

为了保护开关电源，在开关电源的 24 V 正极串入低压熔断器。所有的直流供电设备如指示灯、西门子 1200 PLC、触摸屏等的供电，正极均从熔断器引出，负极回归开关电源负极。全自动模拟生产线系统配电原理图如图 3-2-21 所示。

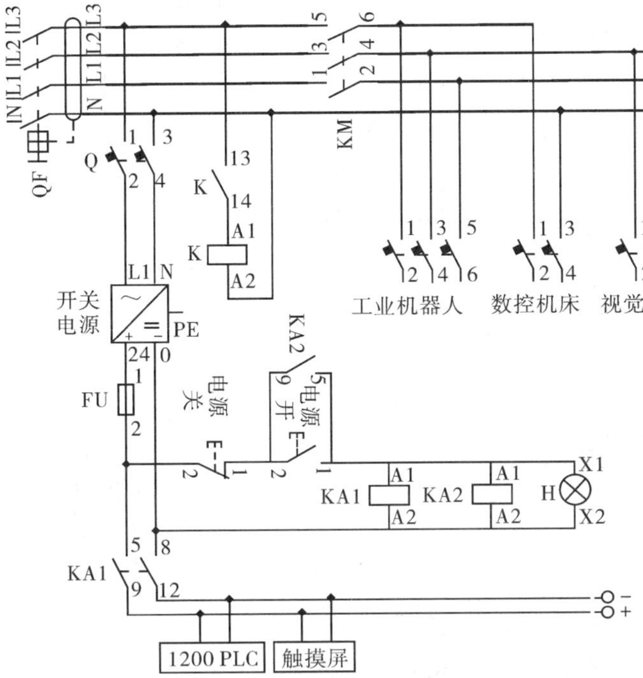

图 3-2-21　全自动模拟生产线系统配电原理图

三、任务实施

1. 任务说明

本任务要求搭建一个直流供电系统，供电系统负载为 10 W 直流警示灯。负载也可选用其他直流供电设备，如 24 V 指示灯。

直流警示灯如图 3-2-22 所示。

直流供电系统

图 3-2-22　直流警示灯

2. 任务实施步骤

(1) 参考全自动模拟生产线直流供电系统应用实例，绘出直流供电系统的走线示意图。

(2) 选择合适的电气设备。

① 参考本任务中全自动模拟生产线直流供电系统应用实例的相关描述，选择合适类型的

低压断路器、低压熔断器，由于负载只有 10 W，选择 10 W 以上的开关电源即可。② 参考本任务中全自动模拟生产线直流供电系统应用实例，根据公式计算出所需的低压断路器的最小电流；选择微型断路器还需要指明微型断路器的极数、脱扣曲线类型；选择低压断路器的品牌，根据厂家所提供的低压断路器技术参数表，选择合适型号的低压断路器。③ 参考本任务中全自动模拟生产线直流供电系统应用实例，根据公式计算出开关电源直流侧所需的低压熔断器的最小电流；选择低压熔断器的品牌，根据厂家所提供的低压熔断器技术参数表，选择合适型号的低压熔断器。填写表 3-2-2。

表 3-2-2　配电选型配置表

电器名称	数量	计算电流	电器品牌或类型	额定电流	电器型号、规格
开关电源	1 个	0.42 A	施耐德	1.5 A	DC 24 V、35 W、ABL2REM24015H
低压断路器			正泰微型断路器		
低压熔断器			正泰圆筒形帽熔断器		

（3）搭建配电系统。

① 选择合适的电气安装工具，安装并固定好低压断路器。② 选择合适的电气接线工具，获取单相电源，搭建配电回路。③ 给系统送电，检查开关电源是否正常工作。

3. 任务目标

1）设备状态测试

（1）熔芯测试：系统搭建好后，通过万用表测试熔断器熔芯的好坏。将万用表打到通断测试挡，将红、黑表笔分别放置在熔芯的两端，如果听到“嘀”的声音，则证明熔芯是好的，反之则是坏的。

（2）直流系统短路测试：将万用表打到通断测试挡，将红、黑表笔分别放置在开关电源正极和负极的接线端子处，听不到“嘀”的声音并且显示有数字阻值，则证明系统没有短路故障，反之则有短路故障，需要查找设备接线问题。

2）合闸前测试

低压断路器合闸前使用试电笔测试低压断路器进线侧有无交流电压，若有，则使用万用表交流 750 V 挡测量低压断路器出线侧电压是否为交流 220～240 V，如果在这个范围内，则可以合闸，反之，则需要检查单相电源获取是否有问题。

3）合闸后测试

低压断路器合闸后可以立马看到开关电源指示灯亮，如果没有亮，则需要检查线路有无问题，并使用万用表测量低压断路器出线侧电压是否为交流 220～240 V，如果均没有问题，则证明开关电源已坏。

4）直流配电系统检验

合闸后开关电源指示灯正常点亮，使用万用表测量开关电源输出电压。具体的测量方法如下：将万用表打到直流 200 V 挡，将红、黑表笔分别放置在开关电源正极和负极的接线端子处，如果万用表显示为 24 V 左右，则证明直流电源供电正常，此任务目标完成。

四、任务拓展

低压熔断器常见故障分析如表 3-2-3 所示。

表 3-2-3 低压熔断器常见故障分析

故障现象	可能原因	解决方法
电动机启动瞬间熔体便熔断	① 熔体电流等级选择太低； ② 电动机侧有短路或接地； ③ 熔体安装时受到机械损伤	① 更换合适的熔体； ② 排除短路或接地故障； ③ 更换熔体
熔体未熔断但电路不通	① 熔体或接线端接触不良； ② 紧固螺钉松动	① 旋紧熔体或接线端； ② 旋紧螺钉

任务3 工业机器人电源监控系统应用

一、任务描述

工业生产过程中，电气设备多且用电量较大，监控并维持电源的电压和电流稳定，对设备的用电安全意义重大。同时对电压和电流进行监控，可以随时掌握设备运行的情况，减小经济损失。例如某工厂物料提升机平时正常运行时电流为 230 A，某次电流突然增加到 270 A，经检测发现物料提升机有轻微的卡料现象，随后及时处理该问题，避免出现更大的设备事故。另外，利用电能表监控用电情况，对工厂能效管理非常重要。三相电流监测如图 3-3-1 所示。

任务要求：① 根据提供的电源监控系统实物接线图，列出电源监控所需的电气元件，并绘制出设备元件表；② 掌握电源监控系统的工作原理，绘制出符合要求的电气原理图。

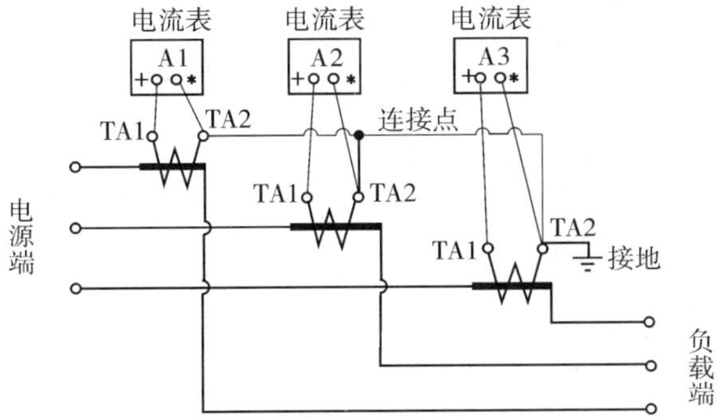

图 3-3-1 三相电流监测

二、相关知识

1. 电气制图

电气原理图是电气工程师的语言，描述了电气系统的工作原理、构成和功能，可以为安装、调试和维护电气设备提供重要信息。既然电气原理图是一种语言，那么就有它的元素和语法。在国家标准和行业标准中对电气制图的图框、幅面大小、字体、符号、线型等都有详细的规定。

1）电气符号

图形符号、文字符号(代号)是电气原理图的主要组成部分，以简图或符号表示电气系统或电气装置的构成、功能、连接方式等。

文字符号是电气原理图中的电气设备、装置、元件的种类字母代码和功能字母代码，分为基本文字符号和辅助文字符号。

基本文字符号分为单字母符号和双字母符号两种。每个单字母符号表示一个电器大类，如 C 表示电容类，R 表示电阻类。双字母符号由一个表示种类的单字母符号和另一个字母组成，第一个字母表示电器大类，第二个字母表示对某电器大类的进一步划分。S 表示控制电路开关，SB 表示按钮，SP 表示压力传感器。

辅助文字符号表示电气设备、装置和元件的功能、状态和特征，用 1～3 个大写字母表示。辅助文字符号可以和单字母符号组合成双字母符号。例如：单字母符号 K(表示继电器、接触器大类)和辅助文字符号 AC(交流)组合成双字母符号 KA，表示交流继电器；单字母符号 M(表示电动机大类)和辅助文字符号 SYN(同步)组合成双字母符号 MS，表示同步电动机。

图形符号是以图形为主要特征的表达一定事物或概念的符号。常用电气文字符号和图形符号如表 3 3 1 所示。

表 3-3-1　常用电气文字符号和图形符号

序号	图形符号	文字符号	名称	序号	图形符号	文字符号	名称
1		SR	操作器件吸合时延时闭合的动合触点	10		SB	手动操作开关
2		SR	操作器件吸合时延时断开的动断触点	11		SE	蘑菇头按钮
3		SR	操作器件释放时延时断开的动合触点	12		SF	脚踏开关
4		SR	操作器件释放时延时闭合的动断触点	13		SG	钥匙开关
5		SQ	机械挡块开关	14		SQ	位置开关动合触点
6		SA	选择开关	15		SQ	位置开关动断触点
7		SQ	接近开关	16		QF	断路器触点
8		SB	自动复位常开按钮	17		QF	单极微型断路器
9		SB	自动复位常闭按钮	18	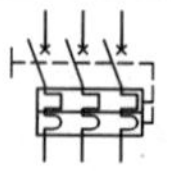	QF	断路器(JB/T 2739)

续表

序号	图形符号	文字符号	名称	序号	图形符号	文字符号	名称
19		FU	熔断器	34		G	发电机
20		FR	热继电器	35		T	单相变压器
21		FR	热继电器动合触点	36		T	三相变压器
22		FR	热继电器动断触点	37		PA	电流表
23		KM	交流接触器触点	38		PV	电压表
24	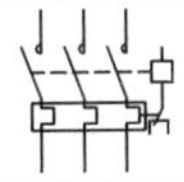	KM	交流接触器（JB/T 2739）	39		XS	连接器插头
25		H	指示灯	40		XP	连接器插针
26		B	扬声器	41		XT	接触端子
27		PE	保护接地	42		PE	接地
28		YV	电磁阀	43		UR	直流电源
29		KM、KA	接触器线圈、继电器线圈	44		C	电容
30		H	日光灯	45		R	电阻
31		E	风扇	46		V	二极管
32		M	直流电动机	47		A	放大器
33		M	交流电动机				

2）电气符号注意事项

① 所有的图形符号，均按无电压、无外力作用的正常状态示出。

② 在图形符号中，某些设备元件有多个图形符号，有优选形、其他形，形式 1、形式 2 等。选

用符号遵循以下原则：尽可能采用优选形；在满足需要的前提下，尽量采用最简单的形式。

③ 符号的大小和图线的宽度一般不影响符号的含义，在有些情况下，为了强调某些方面，或者为了区别不同的用途，允许采用不同大小的符号和不同宽度的图线。

④ 为了保持图面的清晰，避免导线弯折或交叉，在不致引起误解的情况下，可以将符号旋转或镜像放置，但此时图形符号的文字标注和指示方向不得倒置。

⑤ 图形符号一般都画有引线，在绝大多数情况下，引线位置仅用作示例，在不改变符号含义的原则下，引线可取不同的方向。如果引线的位置影响到符号的含义，则不能随意改变，否则会引起歧义。

如图 3-3-2 所示，变压器引线可以改变方向。

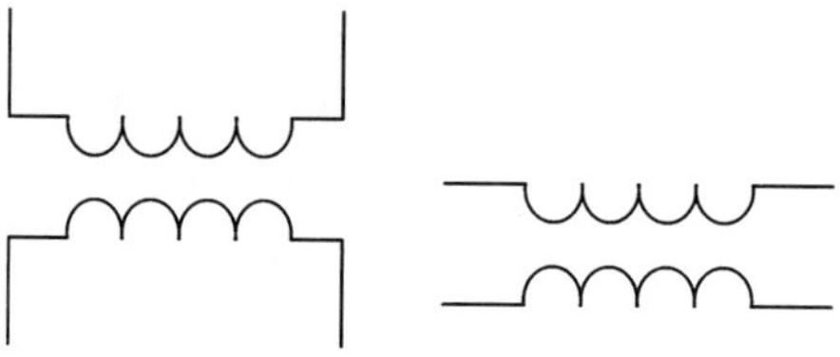

图 3-3-2　变压器引线的方向

如图 3-3-3 所示，电阻引线不可以改变方向，否则意义会发生变化。

图 3-3-3　电阻引线的方向

⑥ 图形符号中，一般不会有端子符号。在特殊情况下，如果端子符号是图形符号的一部分，则端子符号一定要画出。图 3-3-4 所示为断路器、接触器触点及三相电动机接线端子符号示意图。

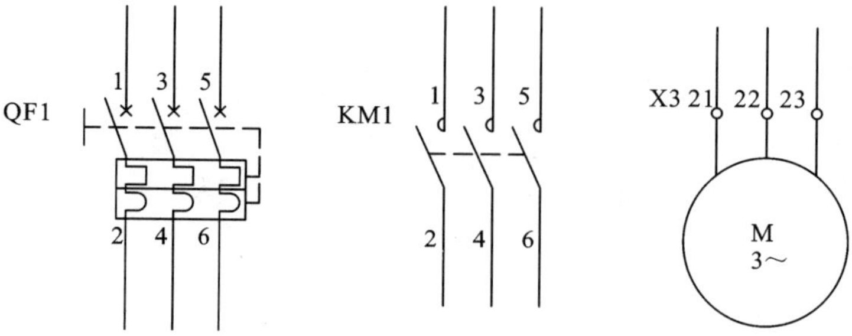

图 3-3-4　断路器、接触器触点及三相电动机接线端子符号示意图

⑦ 当需要在图中显示出某一部分所表示的是功能单元、结构单元或项目组时，可以用点画线围框表示。为了使图面清晰，围框的形状可以是不规则的。

围框线不应与元件符号相交，插头插座和端子符号除外，它们可以在围框线上，或在围框线内，或者可以被省略。围框线以内或围框线上的符号，是该单元的组成部分。

当用围框表示一个单元时，若在围框内给出了可查阅更详细资料的标记，则其内部的电路可以用简化的形式表示。

如果表示一个单元的围框内含有不属于该单元的元件符号，则应对这些符号加双点画线围框，并加注代号或注解(见图 3-3-5)。

图 3-3-5　围框

当屏蔽线或接地线围绕着整个结构单元时，边界线(点画线)应省略。

⑧ 一个元件的多个端子可以用不同的端子代号表示，尤其是在系统图中，端子代号可以用逗号隔开。如果端子连续编号且不会引起混乱，可以只标示第一个代号和最后一个代号，用圆点分开，如图 3-3-6 所示。

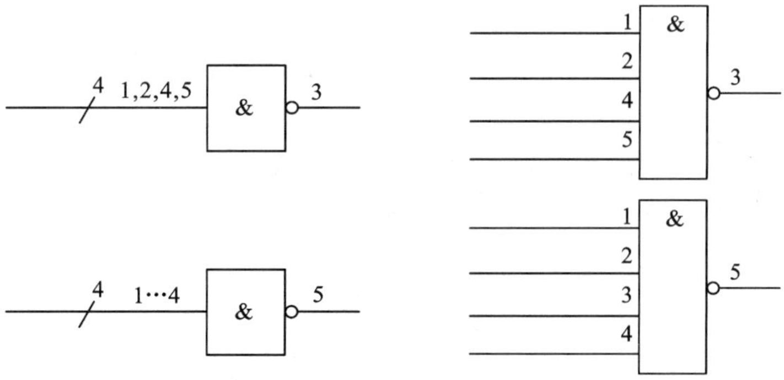

图 3-3-6　多个端子的表示方法

3) 电气元件在图纸上的表示方法

电气元件在图纸上可以采用集中法或分开法表示，如图 3-3-7 所示。利用分开法表示，有利于图面接线布置。

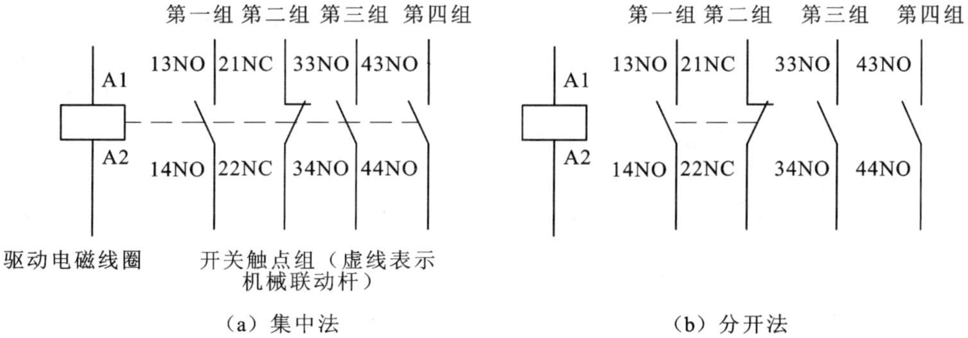

图 3-3-7　电气元件表示方法

同一个元件分开时，为了方便查找，一般会在元件的文字符号下面标示其他部分所在图纸的分区号和图纸页码。

① 同一张图纸内，直接用分区号标示。如图 3-3-8 所示，对接触器 KM1 采用分开法把其线圈及触点与线路中的各元件进行连线绘制。其触点位置的分区号(C5、A6)按图示进行标示。

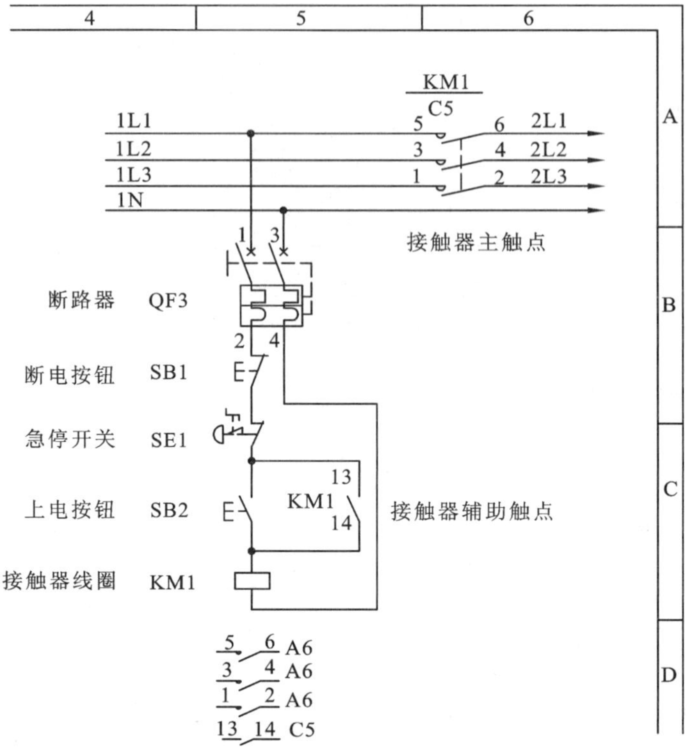

图 3-3-8　分区表示方法

② 由于电气原理图允许同一图号跨页绘制，因此同一图号有可能产生几张页码连续的图纸。在这种情况下，按图 3-3-9 所示进行标示。接触器 KM1 的主触点在第 1 张图纸，线圈在第 2 张图纸 D6 区内，则在第 1 张图纸的元件 KM1 主触点旁标记 2/D6。

4）绘制电气原理图的步骤

绘制电气原理图应遵循电气制图的一般规则，同时要考虑到电气原理图的有关画法规定。现以图 3-3-10 所示的低频放大电路为例，说明绘制电气原理图的步骤。

① 电气原理图一般是由若干单元电路按信号的正常流向逐级相连的，作图时，应先以各单元电路的主要元件(如变压器、三极管、集成电路等)为中心，将全图分成若干段。各主要元件尽量排列在同一条水平线或垂直线上，如图 3-3-11 所示。

② 分别画出各级电路之间的连接线及有关元件。作图时，应使同类元件尽量在横向或纵向上对齐，并从全局出发对各级布置的不当之处适当加以调整，使全图布置均匀、清晰，如图 3-3-12所示。

③ 画出其他附加电路及元件(见图 3-3-13)，标注文字符号、端子代号及有关注释。

④ 检查全图的连接是否有误、布局是否合理，最后完成全图。

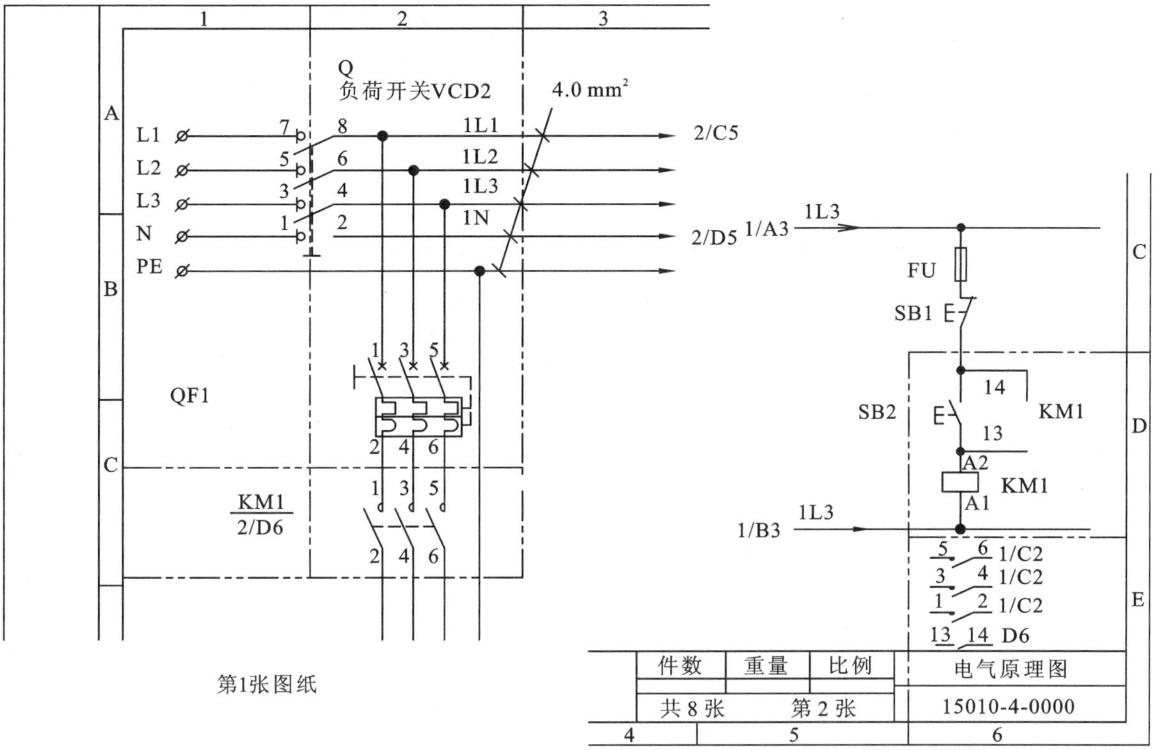

第1张图纸

第2张图纸

图 3-3-9 分图纸表示方法

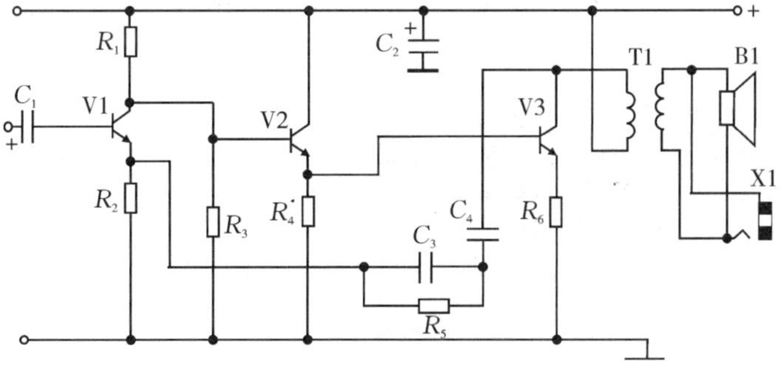

图 3-3-10 低频放大电路

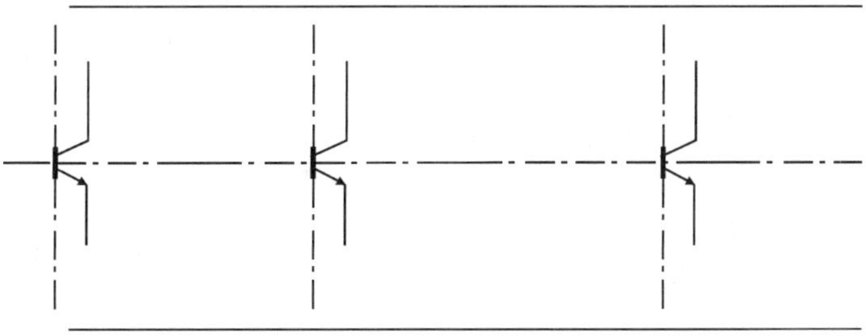

图 3-3-11 将全图分段

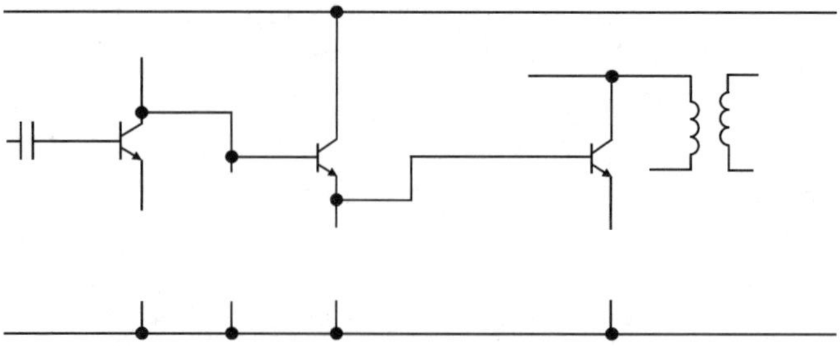

图 3-3-12　绘制各个单元电路

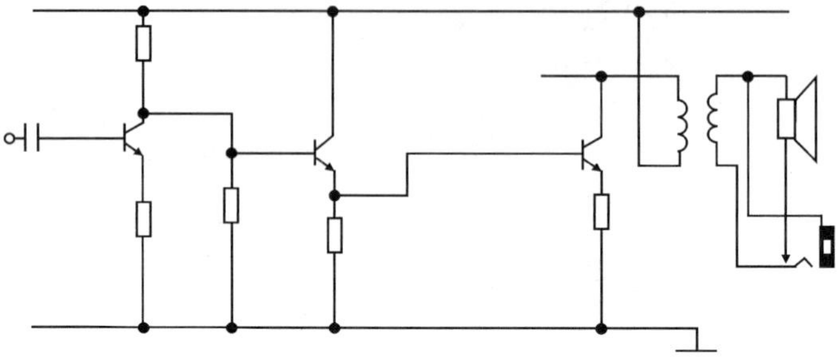

图 3-3-13　完成各个单元电路

2. 电气制图软件

目前使用较多的电气制图软件是 CAD 制图软件，这里推荐一款可以快速制图的软件 CADe_SIMU（见图 3-3-14），这款软件可以完全满足电气制图的要求。

CADe_SIMU 的特点：① 所有的电气元件可以直接调用，绘制电气原理图非常快捷方便。② 具有电气仿真功能，绘制完电气原理图后可以检查控制过程是否正确，非常实用。③ 不需要安装。④ 满足所有电气制图的要求。

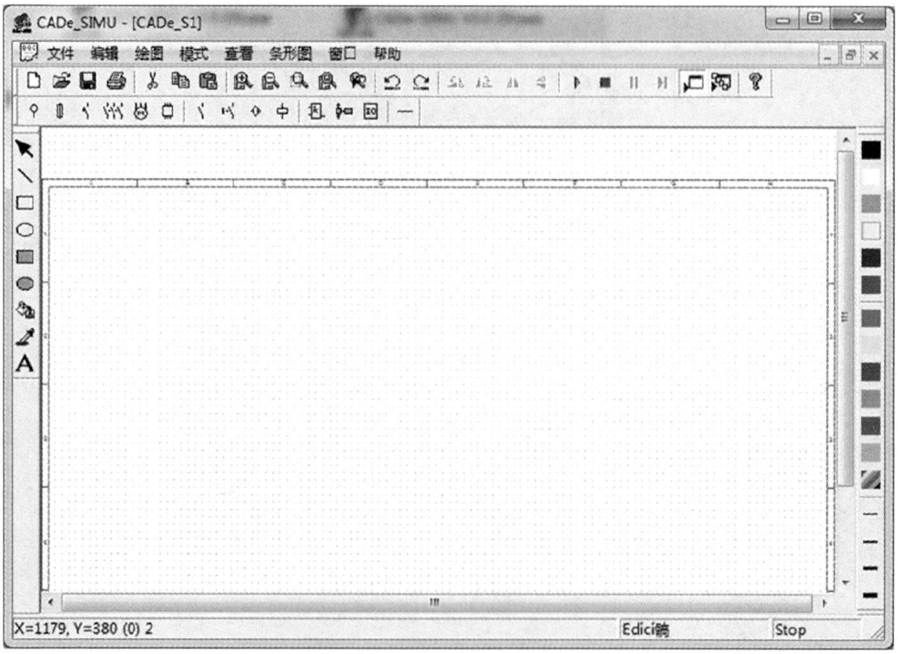

图 3-3-14　CADe_SIMU 制图软件

三、任务实施

1. 任务说明

本任务要求搭建一个简易直流电源监控系统，并为此系统绘制符合电气规范的电气原理图。

（1）直流电源监控系统电气元件组成如表 3-3-2 所示。

表 3-3-2　直流电源监控系统电气元件组成

元件名称	数量	规格	备注
开关电源	1 个	直流 24 V	
微型断路器	3 个	1 极	可以使用其他自锁开关代替
指示灯	3 个	直流 24 V	
低压断路器	1 个	2 极，1 A	可以使用漏电保护断路器代替
电流表	1 个	直流 0.6 A/3 A	可以使用万用表的电流挡代替
电工工具	若干	螺丝刀、万用表、斜口钳等	
导线	若干	红色和黑色	

（2）系统负载为 3 路电源指示灯，系统使用 1 个电流表检测每一路电流的大小，并观察 3 路电流是否平衡。图 3-3-15 为直流电源监控系统接线示意图。

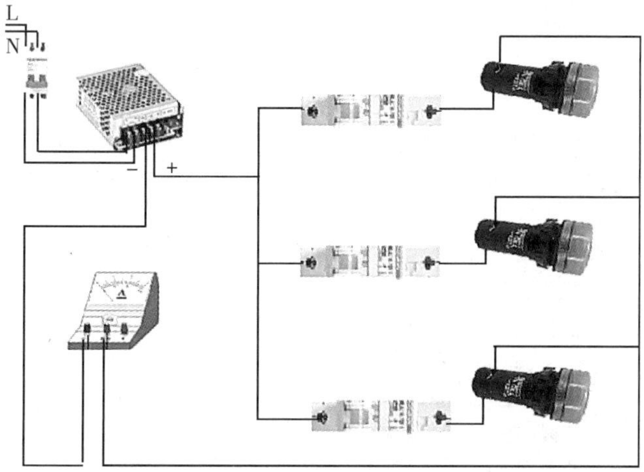

图 3-3-15　直流电源监控系统接线示意图

2. 任务实施步骤

（1）根据直流电源监控系统接线示意图，读懂直流电源监控系统的控制要求。参考相关知识中的绘图实例，条理清晰地描述直流电源监控系统的控制过程。

（2）绘制电气原理图：① 打开制图软件 CADe_SIMU 或其他电气制图软件，根据表 3-3-2 列出的电气元件，选择对应的电气符号，对于相同的电气符号，需要加数字编号以示区别，并将其放在合适的位置；② 根据直流电源监控系统接线示意图和控制过程，连接电气元件，注意电源正极用红线，负极用黑线；③ 绘制完成后，需要根据控制过程确认接线是否正确。

（3）根据实际情况和电气元件的情况搭建直流电源监控系统：① 选择合适的电气安装工

具，安装并固定好电气元件；② 选择合适的电气接线工具，搭建电源监控回路；③ 合闸前先测试设备状态，使用万用表检查直流供电回路有没有短路故障；④ 验证电源监控系统的功能。

3. 任务目标

本任务要求达到的目标：① 电气原理图绘制符合电气规范，电气符号选择正确，接线正确、规范；② 实物接线正确，系统功能验证正确，功能具体包括指示灯可以正常点亮，电流表能准确测量出每一路的电流并且测量过程中可以保持指示灯长亮。

四、任务拓展

1. EPLAN 电气制图软件

EPLAN 可面向图形和面向对象进行设计，界面和操作方式友好，可以高效、准确地完成项目设计，一键式全自动生成报表。EPLAN 的 PLC 处理如图 3-3-16 所示。

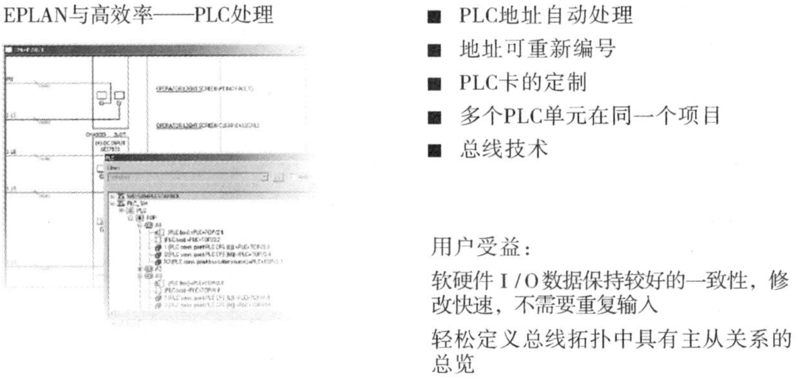

图 3-3-16　EPLAN 的 PLC 处理

EPLAN Pro Panel 是一款面向机箱、机柜等柜体的设计软件。值得说明的是，EPLAN Pro Panel 把威图机柜的产品目录和产品手册集成在软件里，用户可以直接在软件中进行选型，非常方便。

EPLAN 的自动报表如图 3-3-17 所示。

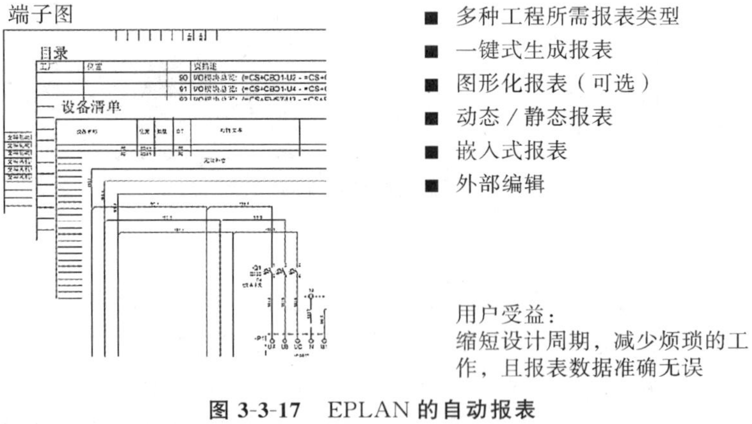

图 3-3-17　EPLAN 的自动报表

2. 思考与练习

参考图 3-3-18，完成指示灯直流电源配电控制的电气原理图绘制。

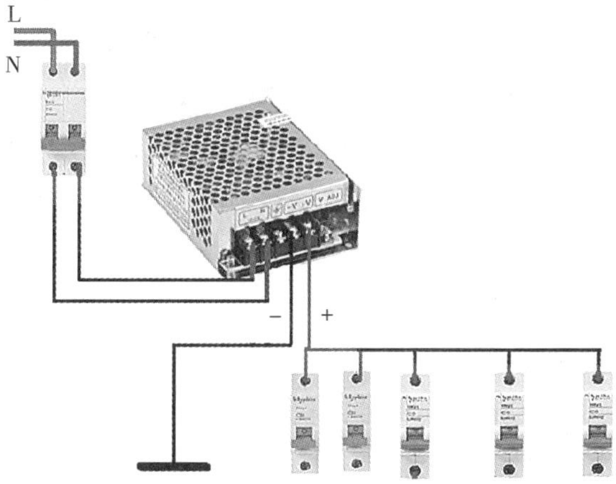

图 3-3-18 指示灯直流电源配电控制接线示意图

任务 4 工业机器人系统应用电气元件配盘

一、任务描述

各类机械设备离不开电气控制，把设计好的电气原理图转换为实物接线，并装接成功能齐全、外观美观的电气控制柜，是工业机器人系统应用必不可少的步骤。本任务通过电气元件的配盘模拟从电气原理图到实际电气控制接线的操作过程。

任务要求：① 根据电气原理图，读懂其工作原理；② 根据任务说明，绘制出电气元件布置图和接线图；③ 根据电气元件布置图和接线图，选择合适的电缆和剥线、接线工具，完成电气元件配盘任务。

电气控制柜如图 3-4-1 所示。

图 3-4-1 电气控制柜

二、相关知识

1. 如何快速读懂电气原理图

看懂电气原理图，首先要具备电工基础知识，熟悉各种电气设备的工作原理，掌握各种电气设备的运行、控制方法（熟知几类典型的控制线路很有必要）；其次要掌握电气“工程文字”，即各种电气图形符号、文字符号等。

电动机启动控制电气原理图如图 3-4-2 所示。

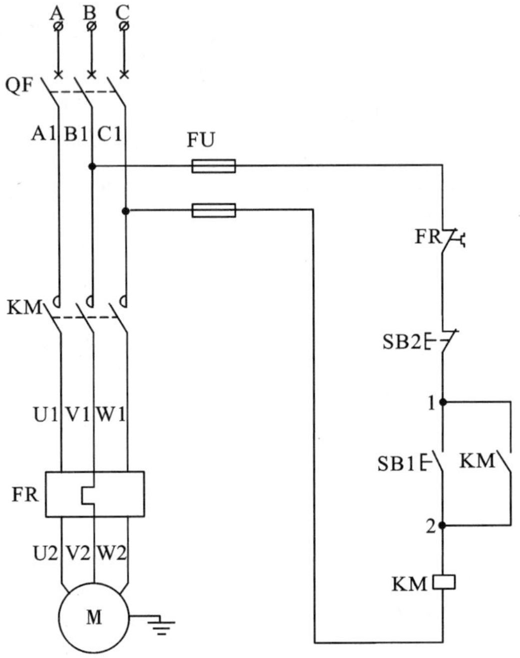

图 3-4-2　电动机启动控制电气原理图

电路中常用的术语如下。

① 支路：电路中的每个分支即为一条支路，一条支路流过一个电流。图 3-4-3 中有 3 条支路。

② 节点：两条以上支路的连接点称为节点。图 3-4-3 中，*c*、*d* 不算节点。

③ 回路：由一条或多条支路构成的闭合路径称为回路。沿回路绕行一周时，回路中的节点只经过一次。图 3-4-3 中有 3 条回路，即 *abca*、*adba* 和 *adca*。

1）主回路和控制回路

电气原理图包括主回路（一次回路）和控制回路（二次回路）。主回路就是连接电源、控制设备、用电设备的回路，它受控于控制回路。控制回路用来控制主回路，按照人们的意图实现各项功能。

主回路和控制回路如图 3-4-4 所示。

2）图纸的结构及反映的内容

（1）图幅。

工程图纸的图幅分为 0 号（A0）、1 号（A1）、2 号（A2）、3 号（A3）、4 号（A4）。两个 A4 图幅为一个 A3 图幅，两个 A3 图幅为一个 A2 图幅，两个 A2 图幅为一个 A1 图幅，两个 A1 图幅为一个 A0 图幅，如图 3-4-5 所示。电气原理图最常见的图幅为 A4 图幅和 A3 图幅。

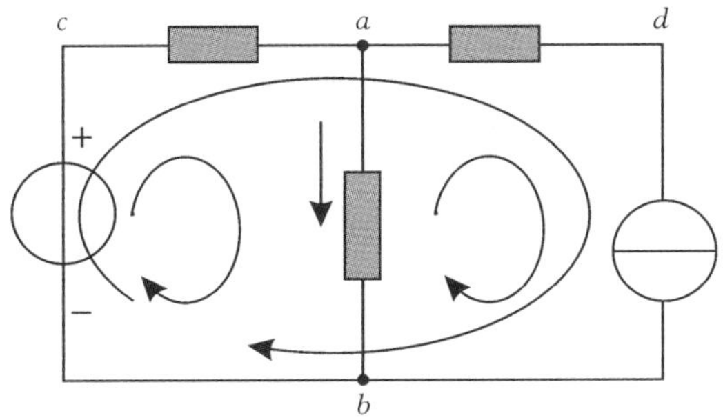

图 3-4-3 电路

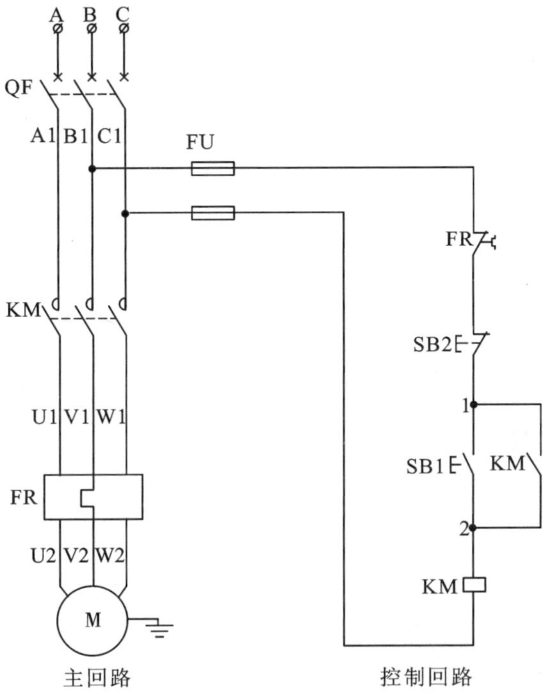

图 3-4-4 主回路和控制回路

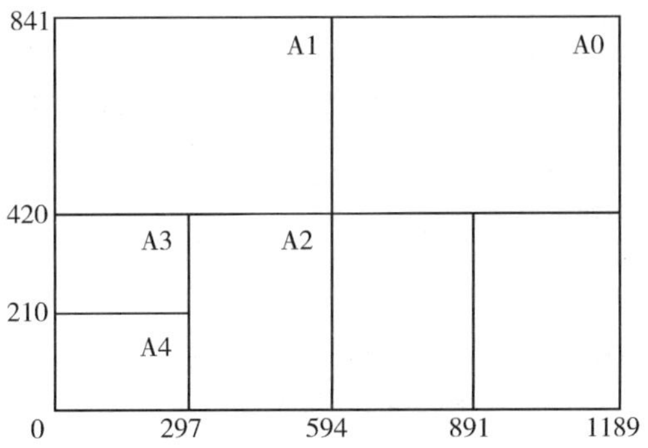

图 3-4-5 图幅的种类

（2）图纸功能区划分。

整个图幅分为外框分区、图纸绘制区、技术说明区、材料表区、标题栏五个部分，如图 3-4-6 所示。

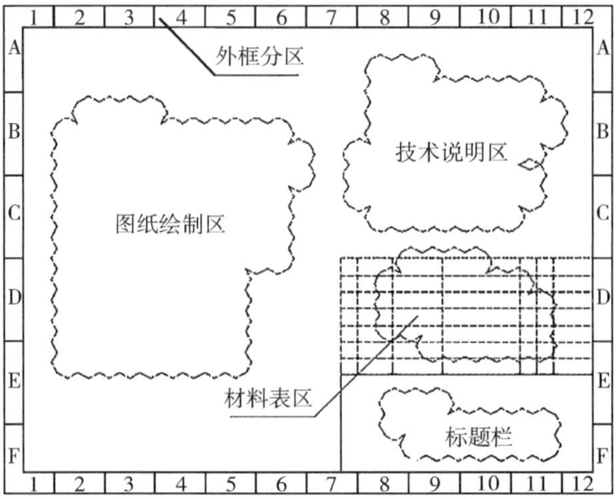

图 3-4-6 图幅分区

① 外框分区：外框分区是为了方便图纸上元件的查找定位而设置的。

② 图纸绘制区：该区域用于完整、全面地运用“工程文字”表现工程所要表达的内容，是图纸的核心区域。绝大多数电气原理图都是示意性的简图，不涉及设备和元件的尺寸，即不存在按比例绘图的问题(印刷线路板的绘制除外)，只要求图形符号、文字符号、线条等“布局合理、排列均匀、图面清晰、便于看图”。因此，不可根据电气原理图中设备、元件的形状来判断其大小、位置等。

③ 技术说明区：补充图纸(“工程文字”)不能表达的内容，如工程说明、技术要求、注意事项等。技术说明区如图 3-4-7 所示。

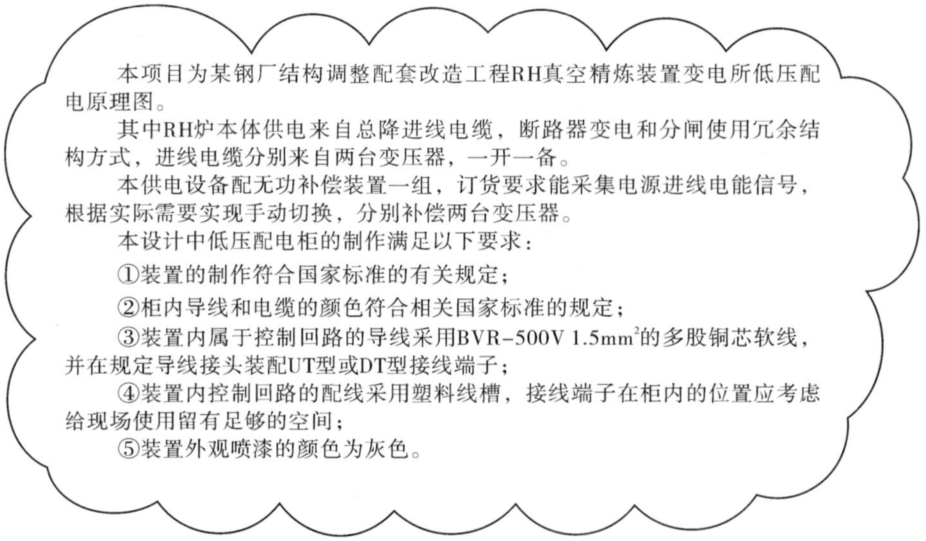
本项目为某钢厂结构调整配套改造工程RH真空精炼装置变电所低压配电原理图。

其中RH炉本体供电来自总降进线电缆，断路器变电和分闸使用冗余结构方式，进线电缆分别来自两台变压器，一开一备。

本供电设备配无功补偿装置一组，订货要求能采集电源进线电能信号，根据实际需要实现手动切换，分别补偿两台变压器。

本设计中低压配电柜的制作满足以下要求：

①装置的制作符合国家标准的有关规定；

②柜内导线和电缆的颜色符合相关国家标准的规定；

③装置内属于控制回路的导线采用BVR-500V 1.5mm^{2}的多股铜芯软线，并在规定导线接头装配UT型或DT型接线端子；

④装置内控制回路的配线采用塑料线槽，接线端子在柜内的位置应考虑给现场使用留有足够的空间；

⑤装置外观喷漆的颜色为灰色。

图 3-4-7 技术说明区

④ 材料表区：标明电气元件的名称、型号、数量等信息。

⑤ 标题栏：主要说明工程名称、图名、图号和页数等信息。

3) 看图技巧

识读电气原理图的步骤如下。

① 阅读设备说明书，了解设备的机械结构、电气传动控制方式以及设备和元件的分布等。

② 认真阅读图纸说明,了解设计内容和施工要求,以便抓住识读电路图的要点。

③ 认真查阅标题栏,了解电气原理图的名称及标题栏中的内容,了解该电气原理图的相关内容。

④ 识读电路图。

识读电路图的一般步骤如下。

① 看主回路:从下往上看,即先从用电设备开始,经电气元件,按顺序往电源端看。

② 看控制回路:从上往下看,从左向右看,要注意控制回路右侧的功能标注。结合主回路和控制回路,动态地将控制回路和主回路的动作顺序关系搞清楚。

识读电气原理图的基本要求如下。

① 从简单到复杂、循序渐进地看图:从看简单的电路开始,搞清每一个电气符号的含义,明确每一个电气元件的作用,理解电路的工作原理,为看复杂的电气原理图打下基础。

② 应掌握相关的基础知识:掌握电动机、变压器、开关等电气元件的原理。

③ 要熟记和会用电气图形符号和文字符号:电气原理图是由图形符号和文字符号组成的。图形符号和文字符号很多,只有熟记各种图形符号和文字符号,才能读懂更多的电路图。

④ 熟悉各类电气原理图的典型电路:典型电路认识多了,可以触类旁通、举一反三。

⑤ 了解涉及电气原理图的有关标准和规程:识读电气图的目的是指导施工、安装、运行、维修和管理。相关技术要求不一定都在图纸上标注出来,而是按国家标准或技术规程规范做出明确规定。

2. 从电气原理图到实际电气控制线路

电气原理图明确了电气控制线路的工作原理,根据电气原理图可以梳理出该控制线路中所要用到的各种主要的电气元件。根据电气元件布置图可以画出控制线路的安装接线图,购置各种电气元件,制作安装箱体和支架,最终完成设备的电气控制线路的接线。下面以电动机正反转控制线路为例,说明从电气原理图到实际电气控制线路的一系列转变。

电动机正反转电气原理图如图 3-4-8 所示。

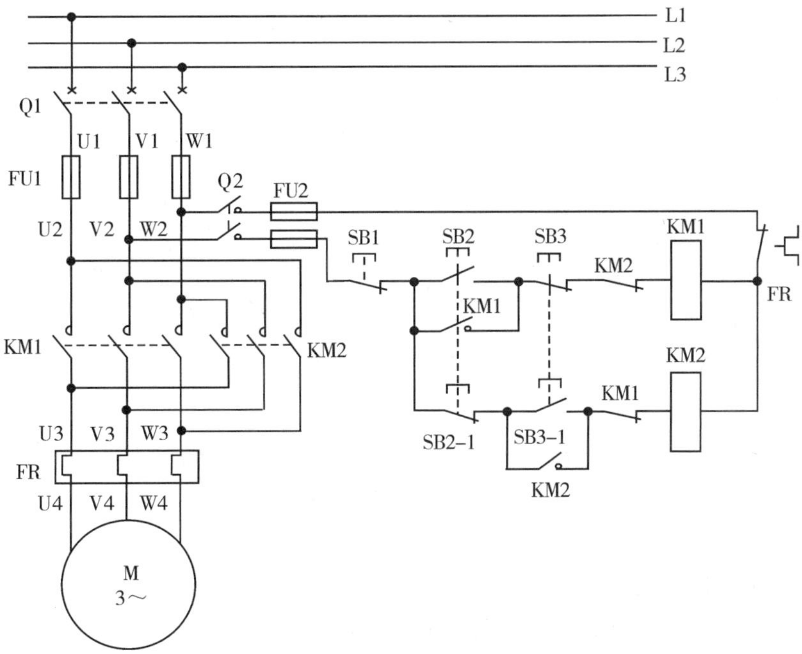

图 3-4-8　电动机正反转电气原理图

在电气原理图中，出现了几个按钮和触点之间用虚线连接的情况，这代表这几个电气元件联动，如 SB2、KM1 的动合触点、SB2-1，其中 SB2 与 SB2-1 是复合按钮，三个元件联动表示当按下 SB2 时，SB2 闭合的同时，复合按钮 SB2-1 断开，继而 KM1 的动合触点闭合。

1）电气元件布置图

根据电气原理图中绘出的电气元件，结合安装板的大小绘制出电气元件布置图。绘制电气元件布置图时需要注意以下几点。

① 从上到下按配电电器、控制电器、执行电器的顺序布置，主令电器根据需要安装在设备柜门面板上或现场设备上。

② 相同类型的电气元件放置在一起。

③ 电气元件间要留有散热距离，具体可以参考相关电气设备的安装说明书。

电气元件布置图如图 3-4-9 所示。

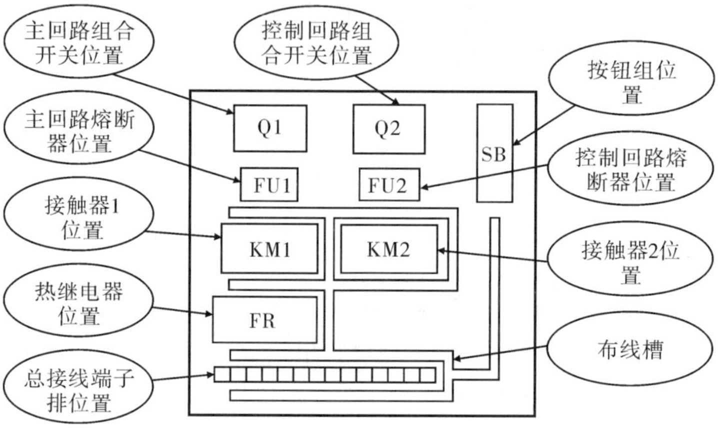

图 3-4-9　电气元件布置图

2）安装接线图

安装接线图反映设备接线的详细情况，可以具体到单个设备的接线螺钉，如图 3-4-10 所示。

3）实际接线

实际接线注意事项：① 接线顺序是先接大容量粗线后接细线，先接交流后接直流；② 走线的时候注意交流电和直流电尽可能分开走，例如交流电可以全部走控制柜的左侧，直流电全部走控制柜的右侧。

实物接线图如图 3-4-11 所示。

三、任务实施

1. 任务说明

本任务要求把图 3-4-12 所示的电气元件配盘电气原理图转换为实物接线，并在元件配盘上安装电气元件，安装线槽，选择电缆并接线、走线，经测试后送电验证指示灯功能。

1）电气元件组成

电气元件是以负载为基础选择的，本任务中负载主要有 2 个 24 V 的指示灯、1 个 100 W 的灯泡。24 V 的指示灯需要使用开关电源才能点亮，2 个指示灯的功率加起来才4 W，可以选择10 W 左右的开关电源，但是实际上没有那么小的开关电源，可以根据实际需要来确定选多大功率的开关电源。确定开关电源后，确定控制开关电源的低压断路器，选择方法是根据公式计算出所需的最小电流，同理算出控制灯泡的断路器所需的最小电流，总断路器 QF1 的最小电流是 QF2 和 QF 的最小电流之和的 1.5 倍。

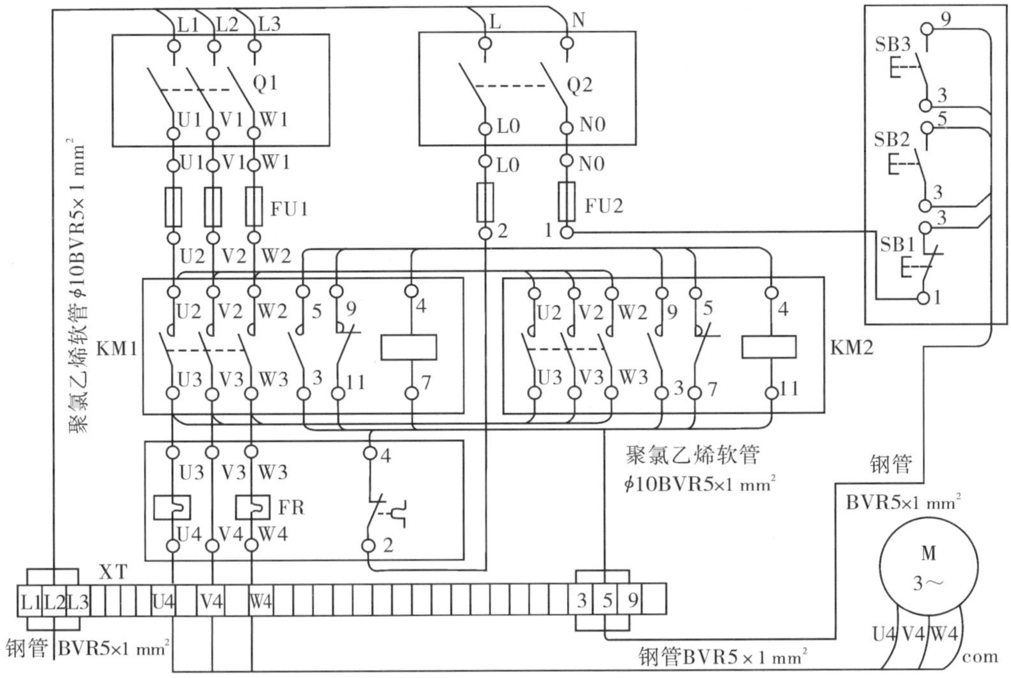

图 3-4-10 安装接线图

图 3-4-11 实物接线图

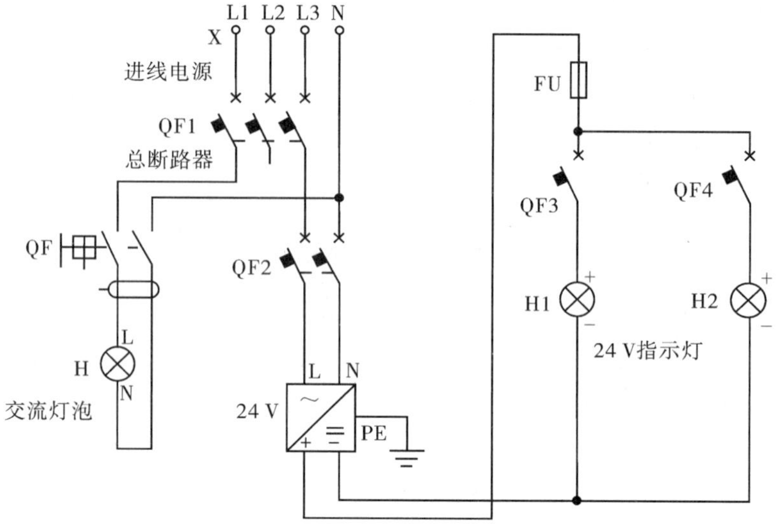

图 3-4-12　电气元件配盘电气原理图

电气元件组成如表 3-4-1 所示。

表 3-4-1　电气元件组成

元件名称	数量	规格	备注
低压断路器	1 个	5 A,3 极	导轨安装
低压断路器	1 个	2 A,2 极	导轨安装
低压断路器	2 个	1 A,1 极	导轨安装
漏电保护断路器	1 个	2 A,2 极	导轨安装
开关电源	1 个	100 W	使用螺钉固定在配盘上
低压熔断器	1 个	圆筒形帽熔断器,3 A	带导轨安装底座
指示灯	2 个	直流 24 V,2 W	可采用按钮盒安装
灯泡	1 个	交流 220 V,100 W	带灯泡底座
线槽	4 m	20 mm×15 mm	使用螺钉或铆钉固定在配盘上
导线	若干	红色、黑色、棕色、蓝色	使用时注意导线的颜色
DIN 导轨	4 条	35 mm	DIN 导轨使用螺钉固定在配盘上
电工工具	若干	螺丝刀、万用表、斜口钳等	

注:以上电气元件规格不一定要一样,可以选择规格相近的电气元件,如没有 2 极 2 A 的低压断路器,使用 2 极 1 A 或 3 A 的低压断路器也可行,首先是因为负载很小,其次是因为如果发生短路,短路电流至少在 10 A 以上。

2）配盘元件布置图要求

① 同一类型的电气元件安装在一起,低压断路器、漏电保护断路器等不经常操作的电气元件放在最上面。

② 开关电源、熔断器放在一起,灯泡和指示灯放在一起,便于观察。

③ 电缆走线时注意交流和直流不要随意交叉,交流电走配盘左侧,直流电走配盘右侧。

④ 布置图一般根据元件的大小和形状绘制出简图并标明元件名称。

图 3-4-13 所示为配盘元件布置图。

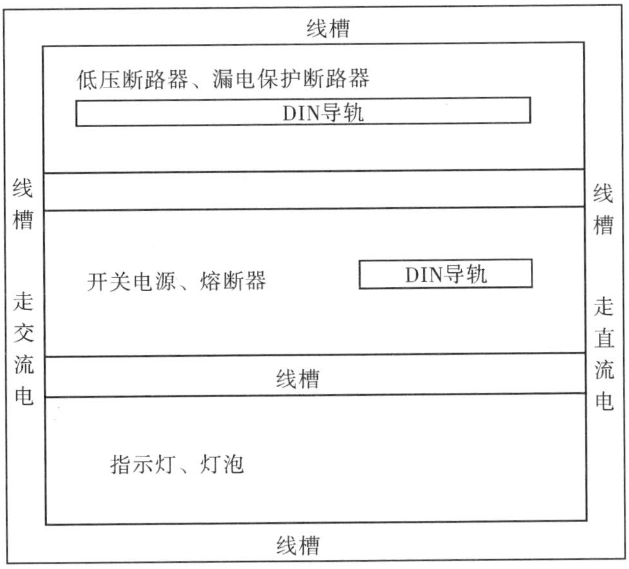

图 3-4-13 配盘元件布置图

图 3-4-14 所示为需要安装电气元件的电气配盘，绘制布置图的时候需要先测量电气配盘的长度和宽度。

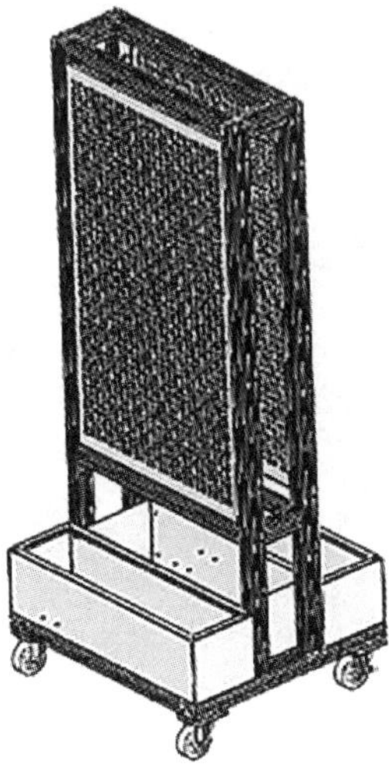

图 3-4-14 电气配盘

3）配盘元件接线图要求

在配盘元件布置图的基础上增加元件的接线端子。

2. 任务实施步骤

(1) 根据电气元件配盘电气原理图，条理清晰地描述系统控制过程。

(2) 绘制配盘元件布置图和接线图。

布置图绘制流程：① 参考图 3-4-13 绘制线槽，确定线槽距离，确定 DIN 导轨安装位置；② 打开制图软件 CADe_SIMU 或其他电气制图软件，根据表 3-4-1 提供的电气元件，绘制电气元件的方框图并标明元件名称，对相同的电气元件增加编号以示区别，并将其放在合理的位置；③ 绘制完成后需要根据元件实际大小，重新确定安装距离是否合适，元件间的散热是否符合散热条件。

接线图绘制流程：① 在布置图的基础上，删去线槽和导轨部分，根据每个电气元件实际的接线点增加接线的位置标号；② 根据电气原理图绘制接线，绘制接线的顺序是先交流后直流，直流和交流分开走；③ 绘制的线要求横平竖直、走线美观。

（3）搭建电气实物。

搭建流程：① 根据布置图选择合适的电气安装工具，在配盘上安装固定好电气元件、线槽和 DIN 导轨；② 根据接线图选择合适的接线工具，搭建电源控制回路；③ 总断路器合闸前设备状态测试，具体方法为使用万用表交流 750 V 挡测量三相电源的电压是否为 380～420 V，使用万用表通断测试挡测试开关电源的正负极有没有短路故障；④ 低压断路器 QF2 合闸后使用万用表直流 200 V 挡测量开关电源的电压是否为直流 24 V；⑤ 验证开关电源控制的功能，具体包括合闸 QF 灯泡亮、合闸 QF3 指示灯 1 亮、合闸 QF4 指示灯 2 亮。

3. 任务目标

本任务要求达到的目标：① 电气控制过程描述正确，配盘元件布置图和接线图正确；② 实物接线正确，系统功能验证正确。

四、任务拓展

1. 导轨式接线端子

工业现场的电气控制柜安装固定在电气室，现场控制箱安装固定在机械设备或墙壁上，通过接线端子可以很好地解决设备间的电气连接问题，使用最多的是导轨式接线端子（见图 3-4-15）。

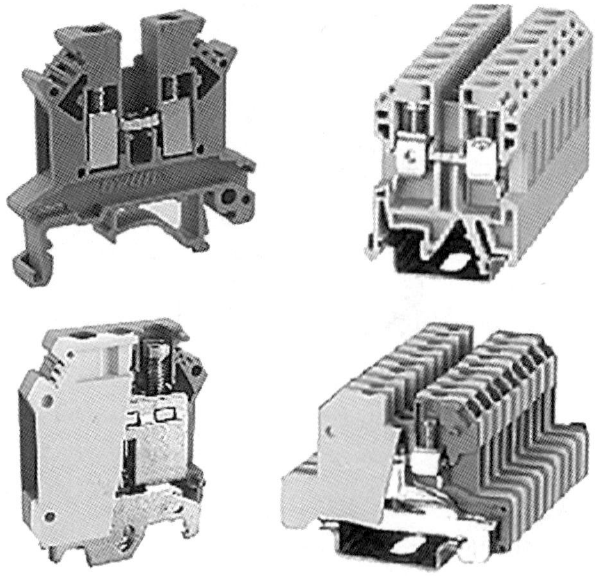

图 3-4-15　导轨式接线端子

导轨式接线端子可以按以下方式分类。

① 按线缆截面积大小分为 2.5 mm^2 接线端子、10 mm^2 接线端子等，其中 2.5 mm^2 接线端子可以接 0.5～2.5 mm^2 的导线。

② 按电缆类别分为普通接线端子和接地端子，其中接地端子直接和 DIN 导轨相连，连接到控制柜内电气设备的接地线。

导轨式接线端子配合数字标条（见图 3-4-16），可以区分每个接线端子，在绘图和接线的时候非常有用。

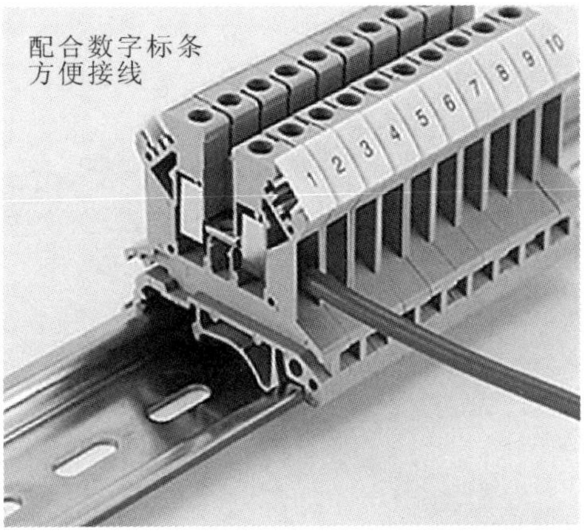

图 3-4-16　导轨式接线端子配合数字标条

2. 思考与练习

根据图 3-4-17 完成照明配电箱电气元件配盘。

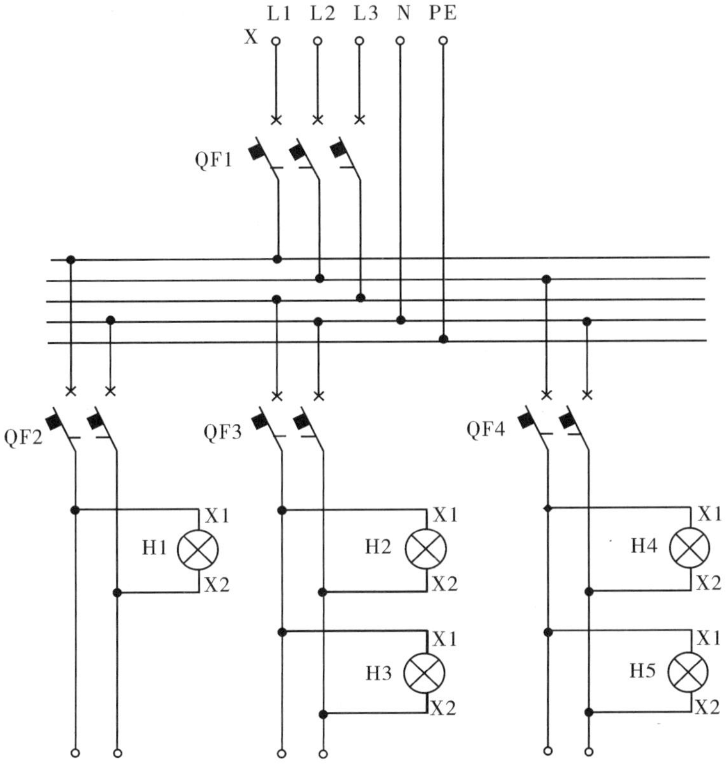

图 3-4-17　照明配电箱电气原理图

项目四
机电应用预执行件

【学习目标】

知识目标：掌握控制电器的基本工作原理、电气符号、安装使用方法及其在工业机器人系统中的作用；掌握常见典型控制电路的电气原理图。

能力目标：能够根据控制要求选择合适型号的控制电器；能够根据控制要求绘制电气原理图，能完成相应的实物接线并动手调试。

【项目任务】

任务 1　工业机器人应用系统启停控制

任务 2　工业机器人应用系统顺序控制

任务 3　工业机器人系统机床运动控制

任务 4　工业机器人焊接冷却水循环控制

本项目包括四个任务。本项目主要介绍控制电器的使用以及典型的控制回路，首先介绍电磁继电器的应用控制和典型的控制电路，如自锁控制，然后介绍时间继电器的应用控制和典型的延时控制，接着介绍交流接触器及其控制，如正反转控制等，最后介绍液位继电器和计数继电器的使用及其控制，熟悉这些控制电器对日后的学习、工作有很大帮助。

任务1　工业机器人应用系统启停控制

一、任务描述

工业自动化控制过程中，启停控制是必须要实现的功能之一。实现按下启动按钮后，系统完成启动并保持运转是本任务的目的。

任务要求：① 结合系统启停控制的电气原理图，理解并掌握电磁继电器的自锁控制原理；② 根据提供的系统布置图，完成电气设备的安装和电气接线；③ 调试并验证系统控制功能。

工业机器人控制柜如图 4-1-1 所示。

图 4-1-1　工业机器人控制柜

二、相关知识

1. 电磁继电器

电磁继电器是一种电子控制器件，具有控制系统（又称输入回路）和被控制系统（又称输出回路），通常应用于自动控制电路中。它实际上是一种用较小的电流、较低的电压去控制较大的电流、较高的电压的“自动开关”。电磁继电器在电路中起着自动调节、安全保护、中间转换等作用。

电磁继电器如图 4-1-2 所示。

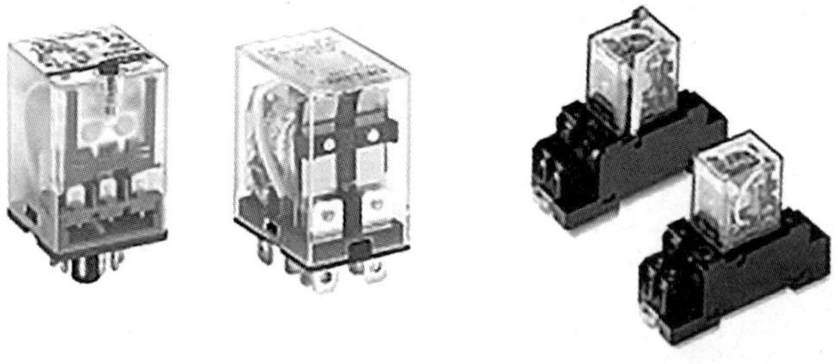

（a）电磁继电器　　（b）电磁继电器和安装底座

图 4-1-2　电磁继电器

电磁继电器的主要作用如下。

① 当其他继电器的触头数量或触头容量不够时，可借助电磁继电器来增加触头数量或增大触头容量，起到中间转换(传递、放大、翻转、分路和记忆等)作用。

② 电磁继电器触头的额定电流比其线圈电流大得多，所以可以用来放大信号。

电磁继电器的主要技术参数如下。

① 额定工作电压：继电器正常工作时线圈所需要的电压。根据继电器型号的不同，可以是直流电压，如 12 V、24 V、48 V 等，也可以是交流电压，如 110 V、220 V、380 V。

② 触点切换电压和电流：继电器触点允许加载的电压和电流。它决定了继电器能控制的电压和电流大小，使用时不能超过此值，否则很容易损坏继电器的触点。最大容量是交流 10 A、250 V，直流 10 A、48 V。

1) 电磁继电器的结构原理和电气符号

电磁继电器工作时，电磁铁 D 和 E 通电产生磁性，把衔铁吸下来，使 B 和 C 接触、A 和 B 断开，工作电路闭合；电磁铁断电时失去磁性，弹簧把衔铁拉起来，切断工作电路，如图 4-1-3 所示。因此，电磁继电器就是利用电磁铁控制工作电路通断的开关。

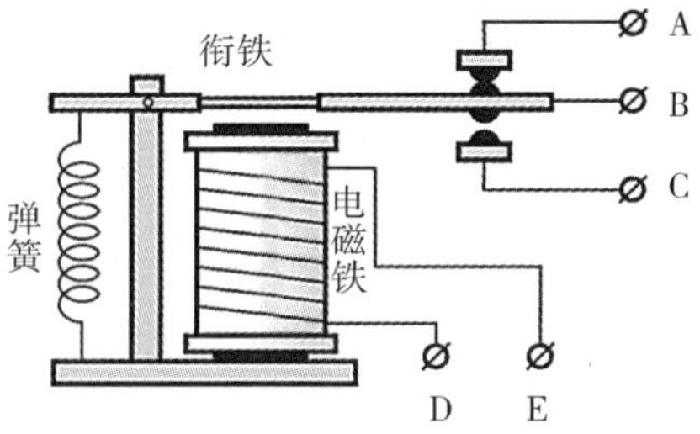

图 4-1-3 电磁继电器的结构原理

对电磁继电器的常开触点、常闭触点，可以这样来区分：继电器线圈未通电时处于断开状态的静触点称为常开触点，处于接通状态的静触点称为常闭触点。图 4-1-4 所示为电磁继电器的电气符号。

(a) 线圈 (b) 常开触点 (c) 常闭触点

图 4-1-4 电磁继电器的电气符号

2) 电磁继电器的使用

在控制电路中给电磁继电器线圈两端加上电压，线圈中就会流过一定的电流，从而产生电磁效应，衔铁就会在电磁力的吸引作用下克服弹簧的拉力吸向铁芯，从而带动衔铁的动触点与静触点(常开触点)吸合，工作电路接通；当线圈断电后，电磁力消失，衔铁就会受到弹簧的拉力而返回原来的位置，常开触点断开，工作电路断开。图 4-1-5 所示为电磁继电器使用原理图。

3) 电磁继电器的安装与接线

电磁继电器由电磁继电器本体和底座组成，底座的作用是把电磁继电器本体引脚引到底座接线端子上，方便接线。电磁继电器一般安装在导轨上，如图 4-1-6 所示。

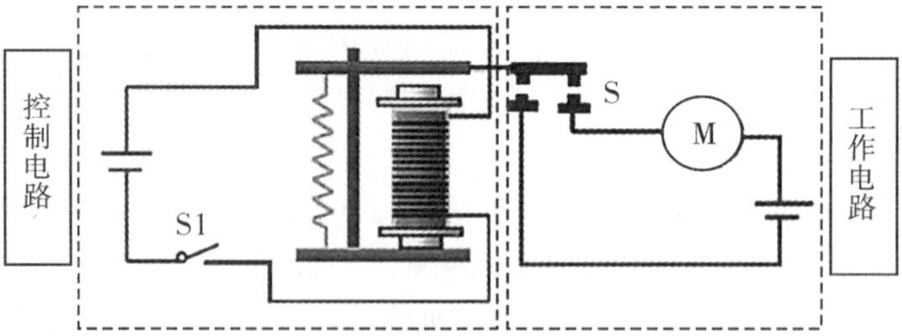

图 4-1-5　电磁继电器使用原理图

图 4-1-6　电磁继电器的安装

电磁继电器主要分为 8 脚电磁继电器和 14 脚电磁继电器，其中 8 脚电磁继电器有 2 组常开常闭触点，14 脚电磁继电器有 4 组常开常闭触点，如图 4-1-7 所示。其中 8 脚的含义如下：① 1-5-9 是一组常开常闭触点，1-9 是常闭触点，5-9 是常开触点，9 是公共端。② 4-8-12 是另外一组常开常闭触点，4-12 是常闭触点，8-12 是常开触点，12 是公共端。③ 13-14 如果是直流线圈供电，14 是正极，13 是负极，正负极千万不能接错；如果是交流线圈供电，则不区分正负极。14 脚的解读方法一样，只是多了 2 组常开常闭触点。在电磁继电器底座的每个螺钉接线处附近都标有引脚号，接线的时候需仔细观察。

电磁继电器的典型接线图如图 4-1-8 所示。

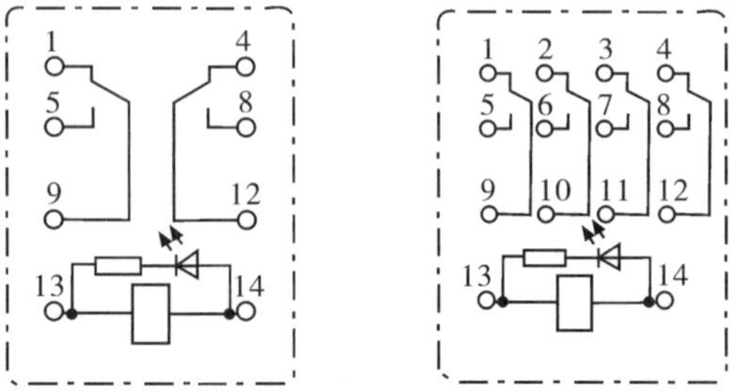

（a）8脚　　（b）14脚

图 4-1-7　电磁继电器引脚

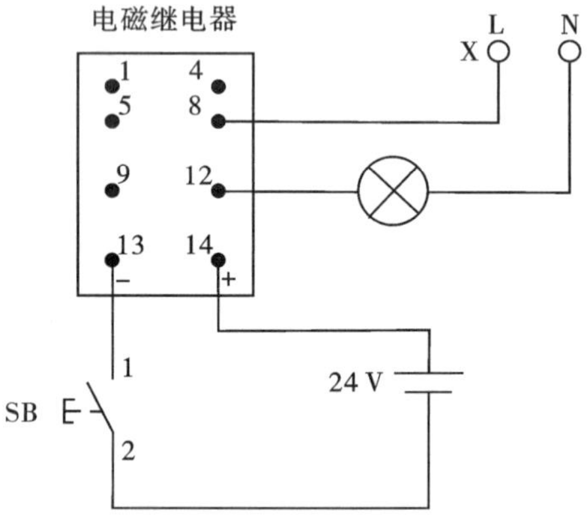

图 4-1-8　电磁继电器的典型接线图

4）电磁继电器的选用

电磁继电器的选用方法如下：① 根据控制电路的电源电压选择线圈电压，通常选择直流 24 V 或者交流 220 V；② 根据被控制电路中的电压和电流进行选择，如果被控制电路电流超过 10 A，则应该采用其他方式来实现控制；③ 根据控制需要的触点组数进行选择，一般有 2 组和 4

组可供选择。

使用电磁继电器时应注意以下几点：① 电磁继电器控制线圈通电的回路，除了串联接入触点通断类型的元件（如按钮、开关等），不得串联其他任何元件（如指示灯、其他电磁继电器线圈），否则会造成电磁继电器线圈电压被分压而不能实现吸合控制；② 如果要控制两个或两个以上的电磁继电器线圈，需采用两个线圈并联的方式实现控制，如图 4-1-9 所示。

5）固态继电器

固态继电器（SSR）是一种没有机械运动、不含运动零件的继电器，但其具有与电磁继电器本质上相同的功能。固态继电器是一种全部由固态电子元器件组成的无触点开关元件。它利用电子元器件的电、磁和光特性来完成输入与输出的隔离；利用大功率三极管、场效应管、单向可控硅整流器或双向可控硅整流器等器件的开关特性，无触点、无火花地接通和断开被控制电路。

固态继电器如图 4-1-10 所示。

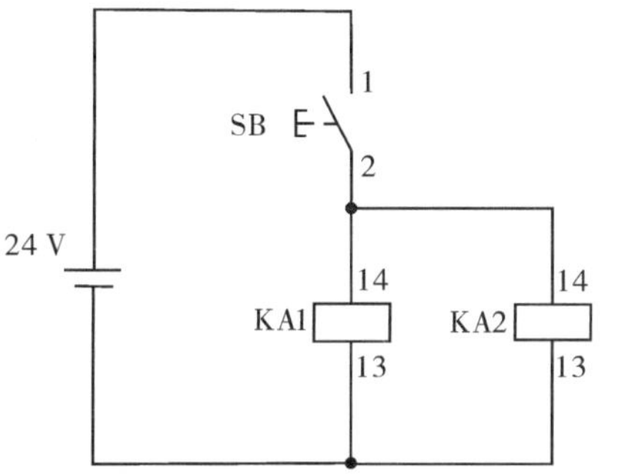

图 4-1-9　电磁继电器线圈的并联控制

图 4-1-10　固态继电器

固态继电器具有以下特点：敏捷度高、控制功率小、寿命比较长、切换速度快。大多数交流输出固态继电器是一个零电压开关，在零电压处导通、零电流处关断，减少了电流波形的突然间断，从而减弱了开关瞬态效应。因为管压降大，导通后的功耗和发热量也大，大功率固态继电器的体积远大于同容量的电磁继电器，成本也较高。

固态继电器接线图如图 4-1-11 所示。

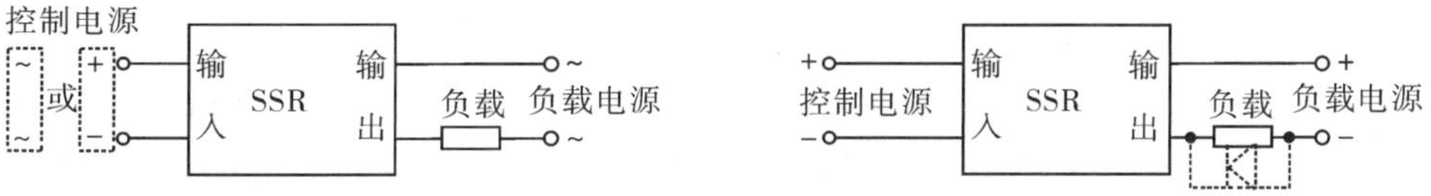

（a）交流输出固态继电器接线图　（b）直流输出固态继电器接线图

图 4-1-11　固态继电器接线图

2. 点动控制

电磁继电器的点动控制是指按下启动按钮后，电磁继电器的线圈立马得电，同时触点吸合（常开触点闭合，常闭触点断开）；当松开按钮后，电磁继电器的线圈立马失电，同时其触点断开。图 4-1-12 所示为点动控制的电气原理图。

电磁继电器点动控制仿真视频

点动控制原理：① 合闸低压断路器 QF，开关电源开始工作，提供直流 24 V 电源；② 当按下按钮 SB 后，电磁继电器的线圈 14-13 两端有 24 V DC 电压，电磁继电器吸合；③ 电磁继电器吸合后其常开触点 5-9 闭合，指示灯 H

两端有 24 V DC 电压，指示灯被点亮；④ 当松开按钮 SB 后，电磁继电器的线圈失电，同时其触点 5-9 断开，指示灯熄灭。

3. 自锁控制

电磁继电器的自锁控制是指按下启动按钮后，电磁继电器的线圈立马得电，同时触点吸合（常开触点闭合，常闭触点断开）；当松开按钮后，电磁继电器的线圈不失电并可保持，同时其触点不断开并可保持。图 4-1-13 所示为自锁控制的电气原理图。

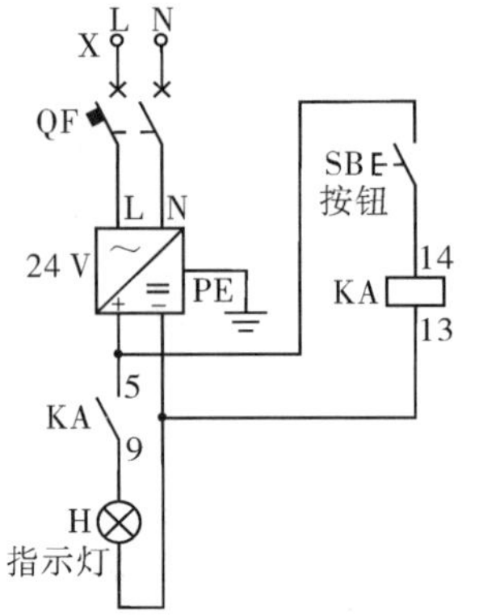

图 4-1-12　点动控制的电气原理图

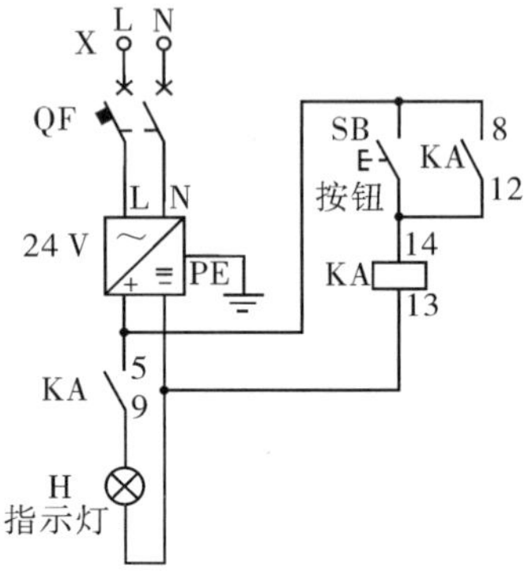

图 4-1-13　自锁控制的电气原理图

电磁继电器自锁控制仿真视频

自锁控制原理：① 合闸低压断路器 QF，开关电源开始工作，提供直流 24 V 电源；② 当按下按钮 SB 后，电磁继电器的线圈 14-13 两端有 24 V DC 电压，电磁继电器吸合；③ 电磁继电器吸合后，其常开触点 5-9 闭合，指示灯 H 两端有 24 V DC 电压，指示灯被点亮，同时电磁继电器的另外一组常开触点 8-12 闭合，形成自锁；④ 当松开按钮 SB 后，电流从电磁继电器的触点 8-12 经过，电磁继电器线圈仍然得电。

4. 启保停控制

电磁继电器的启保停控制是指按下启动按钮后，电磁继电器的线圈立马得电，同时触点吸合（常开触点闭合，常闭触点断开）；当松开启动按钮后，电磁继电器的线圈不失电并可保持，同时其触点不断开并可保持；当按下停止常闭按钮后，电磁继电器的线圈立马失电，同时其触点断开。图 4-1-14 所示为启保停控制的电气原理图。

电磁继电器启保停控制仿真视频

启保停控制原理：① 合闸低压断路器 QF，开关电源开始工作，提供直流 24 V 电源；② 当按下启动按钮 SB2 后，电磁继电器的线圈 14-13 两端有 24 V DC 电压，电磁继电器吸合；③ 电磁继电器吸合后，其常开触点 5-9 闭合，指示灯 H 两端有 24 V DC 电压，指示灯被点亮，同时电磁继电器的另外一组常开触点 8-12 闭合，形成自锁；④ 当松开启动按钮 SB2 后，电流从电磁继电器的触点 8-12 经过，电磁继电器线圈仍然得电；⑤ 当按下停止常闭按钮 SB1 后，电磁继电器线圈失电，同时其两组触点 5-9 和 8-12 均断开。

三、任务实施

1. 任务说明

本任务要实现直流 24 V 电压对交流 220 V 灯泡的启停控制，根据电气原理图，在元件配盘上安装电气元件，经测试后验证系统灯泡被点亮的功能。系统使用电磁继电器实现启保停控制，开关电源提供直流配电，低压断路器实现交流配电和电源保护功能，低压熔断器作为直流供电的短路保护。

系统启停控制电气原理图如图 4-1-15 所示。

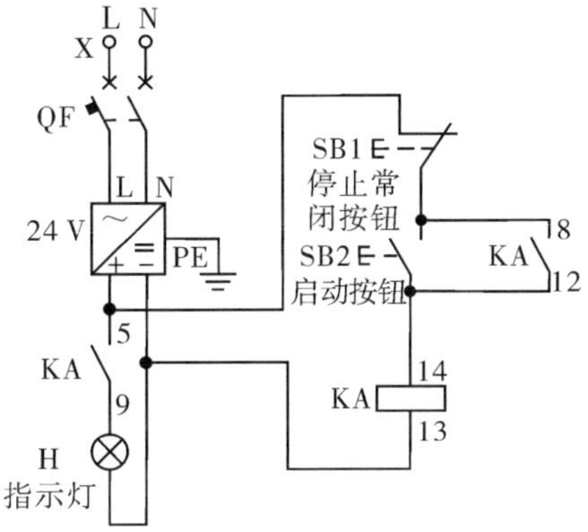

图 4-1-14　启保停控制的电气原理图

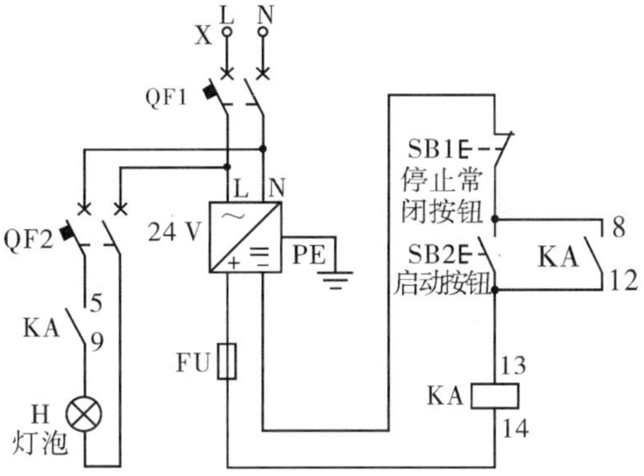

图 4-1-15　系统启停控制电气原理图

电气元件组成如表 4-1-1 所示。

表 4-1-1　电气元件组成

元件名称	数量	规格	备注
低压断路器	2 个	1 A，2 极	也可采用漏电保护断路器
开关电源	1 个	100 W	
低压熔断器	1 个	圆筒形帽熔断器，3 A	带导轨安装底座
电磁继电器	1 个	直流线圈 24 V，8 脚	带底座
灯泡	1 个	交流 220 V，100 W	带灯泡底座
按钮	2 个	ϕ22，常开、常闭自复位各 1 个	使用按钮盒安装
线槽	4 m	20 mm×15 mm	使用螺钉或铆钉固定在配盘上
导线	若干	红色、黑色、棕色、蓝色	使用时注意导线的颜色
DIN 导轨	4 条	35 mm	DIN 导轨使用螺钉固定在配盘上
电工工具	若干	螺丝刀、万用表、斜口钳等	

注：对于低压断路器和低压熔断器，可以寻找近似的规格来灵活处理；电磁继电器如果没有 8 脚的，使用 14 脚的也是可行的；如果没有交流灯泡，可以使用直流灯泡来替代，但是需要注意使用直流电源。

2. 任务实施步骤

（1）结合系统启停控制电气原理图，条理清晰地描述控制过程，注意描述自锁控制回路。

（2）搭建电气实物。

搭建流程：① 选择合适的电气安装工具，在配盘上安装固定好电气元件、线槽和 DIN 导轨；② 根据电气原理图选择合适的电气接线工具，搭建控制回路。

（3）系统启停控制功能验证。

验证流程：① 总断路器 QF1 合闸前，使用万用表交流 750 V 挡测量单相电源的电压是否为 220～240 V，使用万用表的通断测试挡测试开关电源的正负极有没有短路故障；② 按下启动按钮，观察电磁继电器的触点有没有吸合（电磁继电器吸合，指示灯会亮并且伴有清脆的响声），松开启动按钮，注意观察电磁继电器有没有断开；③ 按下停止常闭按钮，注意观察电磁继电器触点有没有断开，如果前三步均正确，则进行第④步；④ 低压断路器 QF2 合闸后使用万用表的交流 750 V 挡测量输出电源的电压是否为 220 V；⑤ 按下启动按钮，观察灯泡能否发光，松开启动按钮，注意观察灯泡能否持续发光；⑥ 按下停止常闭按钮，观察灯泡是否熄灭。

3. 任务评价

评价标准如下：① 元件安装布局合理，线路连接正确、整齐、美观、安全，无短路、断路等问题；② 能正确描述自锁控制和启保停控制过程；③ 系统运行后，能实现控制要求；④ 现场 6S 符合要求。

四、任务拓展

电磁继电器的常见故障分析如表 4-1-2 所示。

表 4-1-2 电磁继电器的常见故障分析

故障现象	可能原因	解决方法
线圈不吸合	① 控制电源出现问题； ② 接线错误； ③ 线圈烧毁	① 使用万用表测量电源电压，并检查线路； ② 对照电气原理图，仔细检查每一根线接线是否正确，必要时拆下重新接线； ③ 使用万用表通断测试挡测量电磁继电器线圈，一般线圈有较小的电阻值，如果显示电阻值很大，可以确定是线圈烧毁，需要更换电磁继电器
线圈吸合，但触点不吸合	① 线圈电压小于线圈额定电压的 85%； ② 触点弹簧松动	① 使用万用表测量线圈电压，并检查线路； ② 出现此种问题说明电磁继电器已经损坏，需要更换电磁继电器

任务 2　工业机器人应用系统顺序控制

一、任务描述

在工业控制系统中，顺序控制的应用非常广泛，例如搬运机械手的运动控制、包装生产线的控制、交通信号灯的控制等。顺序控制的典型应用为：第一台设备启动后，间隔一定的时间第二台设备才能启动，对后面的设备可以依次类推。顺序控制可以有效减少设备启动对电网的冲击，可以有效防止多台设备启动瞬间系统电流过大而引起系统跳闸。在工业生产控制中，这是一种非常有必要的控制方式。

任务要求：① 结合系统顺序控制的电气原理图，理解并掌握时间继电器的延时控制；② 在电气配盘上完成电气设备的安装和电气接线；③ 调试并验证系统控制功能。

自动顺序控制生产流水线如图 4-2-1 所示。

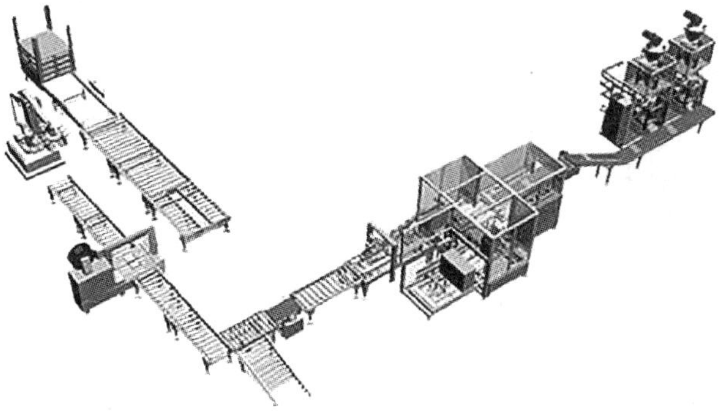

图 4-2-1　自动顺序控制生产流水线

二、相关知识

1. 时间继电器

时间继电器是指加入(或去掉)输入的动作控制信号后,其输出电路需经过规定的准确时间才产生跳跃式变化(或触头动作)的一种继电器。它是一种使用在较低电压、较小电流的电路中,用来接通或切断较高电压、较大电流电路的电气元件。

时间继电器是电气控制系统中一种非常重要的元器件。在许多控制系统中,需要使用时间继电器来实现延时控制。时间继电器是一种利用电磁原理或机械动作原理来延迟触头闭合或分断的自动控制电器。其特点是自线圈得到信号起至触头动作,中间有一段延时。时间继电器一般用于以时间为函数的电动机启动过程控制。

时间继电器如图 4-2-2 所示。

(a) 8脚时间继电器　(b) 导轨式时间继电器　(c) 数字时间继电器

图 4-2-2　时间继电器

1) 时间继电器的分类

根据延时方式的不同,时间继电器可分为通电延时型时间继电器和断电延时型时间继电器两种。

① 通电延时型时间继电器在获得输入信号后立即开始延时,需待延时完毕,其执行部分才输出信号以操纵控制电路;当输入信号消失后,继电器立即恢复到动作前的状态。

② 断电延时型时间继电器恰恰相反,当获得输入信号后,执行部分立即输出信号。而在输入信号消失后,继电器却需要经过一定的延时,才能恢复到动作前的状态。

2) 时间继电器的结构原理和电气符号

① 通电延时型时间继电器:当线圈通电时,铁芯吸引使得衔铁和托板下移,瞬间动作触点接通或断开。活塞受阻尼作用影响缓慢下降,一定时间后,活塞下降到一定的位置,便通过杠杆推动延时动作触点发生动作,常开触点闭合,常闭触点断开。通电延时型时间继电器的延时时

间是线圈通电到延时动作触点完成动作的时间。当线圈断电时，继电器依靠弹簧的恢复而复原。

② 断电延时型时间继电器：当线圈通电时，铁芯吸引使得衔铁和托板上移，瞬间动作触点和延时动作触点均瞬间动作。当线圈断电时，弹簧反作用力使得衔铁和托板下移复位，瞬间动作触点瞬间复位，而活塞受阻尼作用影响缓慢下降，一定时间后，活塞下降到一定的位置，便通过杠杆推动延时动作触点复位。断电延时型时间继电器的延时时间是线圈断电到延时动作触点复位完成的时间。

空气式时间继电器结构原理图如图 4-2-3 所示。

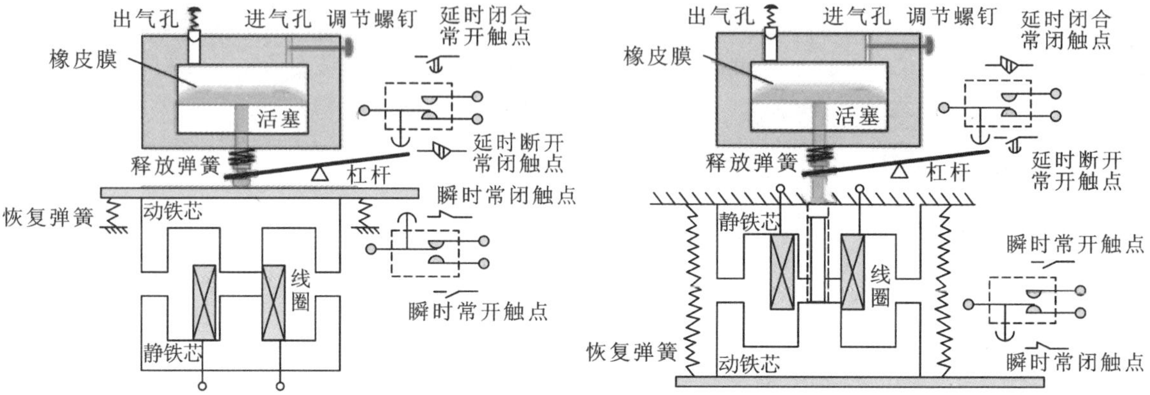

(a) 通电延时型空气式时间继电器结构原理图　　(b) 断电延时型空气式时间继电器结构原理图

图 4-2-3　空气式时间继电器结构原理图

图 4-2-4 所示为时间继电器的电气符号，文字符号用 KT 表示。

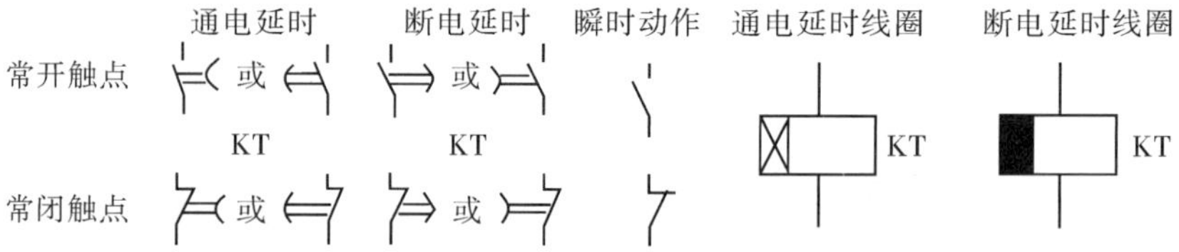

图 4-2-4　时间继电器电气符号

3）时间继电器的安装与接线

时间继电器安装图解如图 4-2-5 所示。其中，面板式安装为(a)—(b)—(c)—(d)—(e)—(f)，导轨式安装为(a)—(g)—(h)—(i)，装置式安装为(a)—(j)—(k)—(l)。

无底座的时间继电器的特点是较有底座的时间继电器体积小巧，方便在控制柜内紧凑安装。导轨式时间继电器及其控制接线如图 4-2-6 所示。

4）时间继电器的应用

时间继电器的典型应用如图 4-2-7 所示。通过开关控制时间继电器线圈的通断，线圈得电后时间继电器开始工作，定时时间到后触点 6-8 接通，灯泡被点亮；开关断开后，时间继电器线圈失电，触点断开，灯泡熄灭。

通电延时型时间继电器一般可以通过断开时间继电器的线圈电源实现时间继电器的复位，再次上电即可重新开始计时；断电延时型时间继电器采用断电自复位方式复位，即时间到后自动复位。

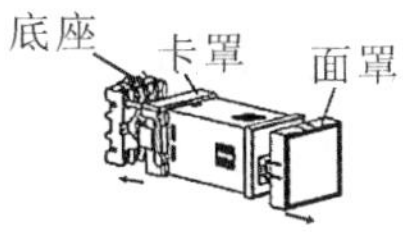

（a）先取下面罩和底座，然后取下卡罩

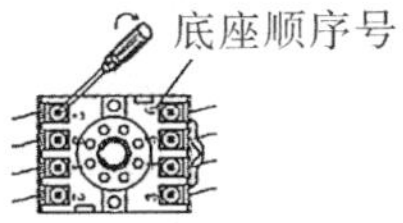

（b）按底座顺序号接上导线并拧紧接线螺钉

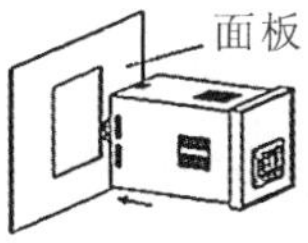

（c）将继电器装入面板

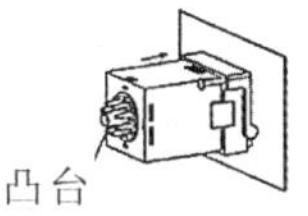

（d）装上卡罩，卡罩与面板应卡紧

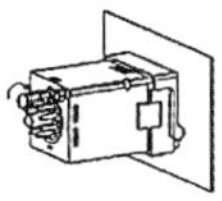

（e）如果卡罩无法卡紧，可用螺丝刀将螺钉与面板拧紧

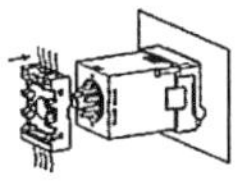

（f）装上底座，上插的凸台应对准底座的凹槽

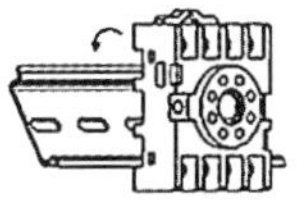

（g）将底座扣入导轨

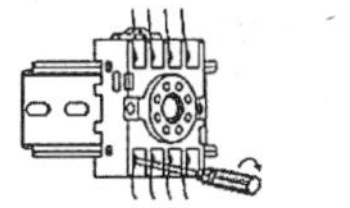

（h）按底座顺序号接上导线并拧紧接线螺钉

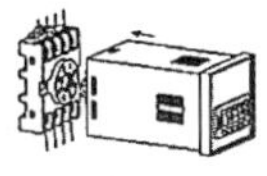

（i）装上继电器，上插的凸台应对准底座的凹槽

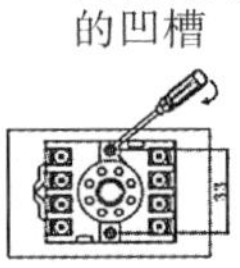

（j）拧紧安装螺钉

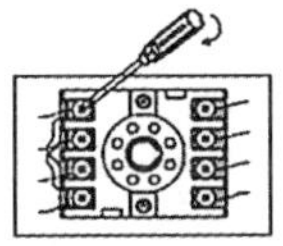

（k）按底座顺序号接上导线并拧紧接线螺钉

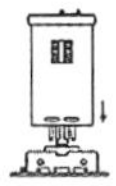

（l）装上继电器，上插的凸台应对准底座的凹槽

图 4-2-5 时间继电器安装图解

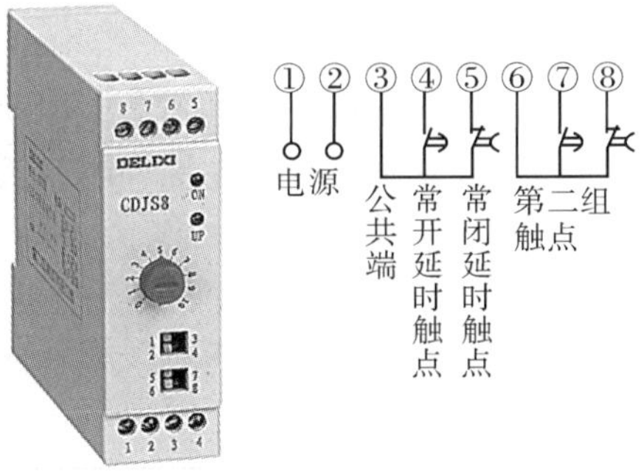

图 4-2-6 导轨式时间继电器及其控制接线

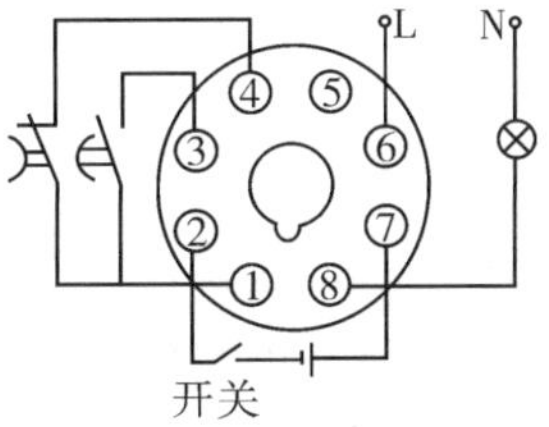

图 4-2-7 时间继电器的典型应用

5）时间继电器的选用

时间继电器的选用方法如下：① 根据时间继电器线圈电压进行选择，如直流 24 V、交流 220 V、交流 380 V 等；② 根据系统的控制方式选择通电延时型时间继电器或断电延时型时间继电器，需要注意两种时间继电器定时的复位方式不一样，应谨慎选择；③ 根据定时时间长短和定时时间精度合理选择时间继电器的类型和型号，在定时时间精度要求不高的场合可以选用空气阻尼式时间继电器，在精度要求较高的场合可以选用电子式时间继电器。

2. 延时点动控制

1）通电延时点动控制

通电延时点动控制如图 4-2-8 所示。按下启动按钮后，时间继电器开始计时，时间到后时间继电器延时常开触点接通，指示灯立马被点亮；松开按钮后指示灯立马熄灭。

通电延时点动控制原理：① 合闸低压断路器 QF，开关电源开始工作，提供直流 24 V 电源；② 当按下按钮 SB 后，时间继电器的线圈 7-2 两端有 24 V DC 电压，时间继电器线圈吸合；③ 时间继电器线圈吸合后开始计时，定时时间到，时间继电器常开触点 6-8 闭合，指示灯 H 两端有 24 V DC电压，指示灯被点亮；④ 当松开按钮 SB 后，时间继电器的线圈失电，同时其触点 6-8 断开，指示灯熄灭。

2）断电延时点动控制

断电延时点动控制如图 4-2-9 所示。按下启动按钮后，时间继电器触点立马动作，指示灯立马被点亮；当松开按钮后时间继电器开始计时，时间到后时间继电器触点断开，指示灯立马熄灭。

延时点动控制仿真视频

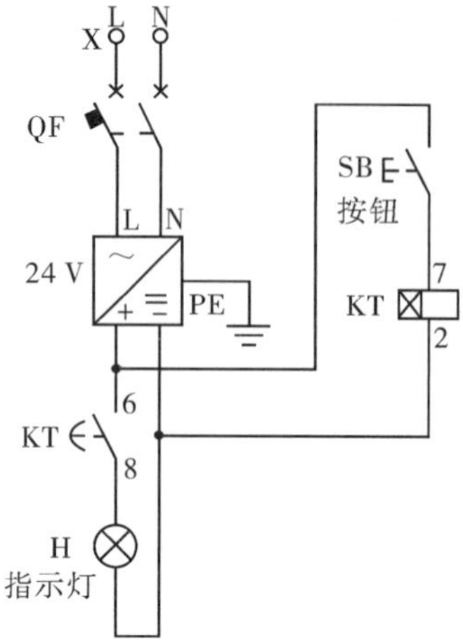

图 4-2-8　通电延时点动控制

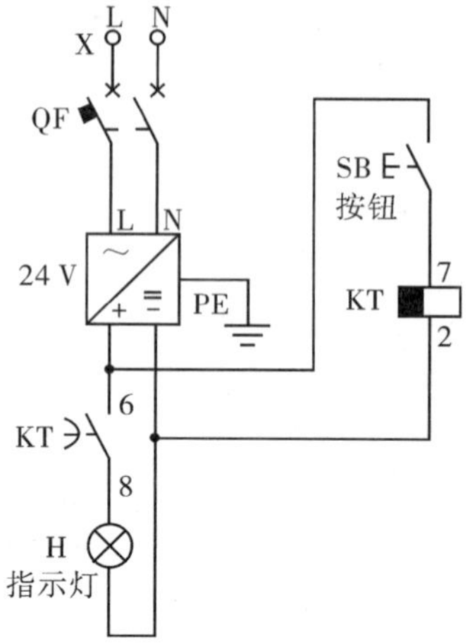

图 4-2-9　断电延时点动控制

断电延时点动控制原理：① 合闸低压断路器 QF，开关电源开始工作，提供直流 24 V 电源；② 当按下按钮 SB 后，时间继电器的线圈 7-2 两端有 24 V DC 电压，时间继电器线圈吸合；③ 时间继电器线圈吸合后，时间继电器常开触点 6-8 立即闭合，指示灯 H 两端有 24 V DC 电压，指示灯被点亮；④ 当松开按钮 SB 后，时间继电器的线圈失电，开始计时，定时时间到后其触点 6-8 断开，指示灯熄灭。

3. 延时启保停控制

时间继电器以通电延时型使用较多，此处以通电延时型时间继电器为例说明时间继电器自锁控制。时间继电器的自锁控制有以下两种方式。

① 通过时间继电器本身的触点来实现自锁，这是因为这种时间继电器有 2 种触点，分别是延时触点和普通触点。普通触点和电磁继电器的触点一样，线圈得电，触点立马动作，线圈失电，触点立马复位。延时触点在线圈通电或断电后要经过定时时间才能动作或者复位。

② 与电磁继电器配合使用实现自锁控制。

有 2 种触点的时间继电器如图 4-2-10 所示。

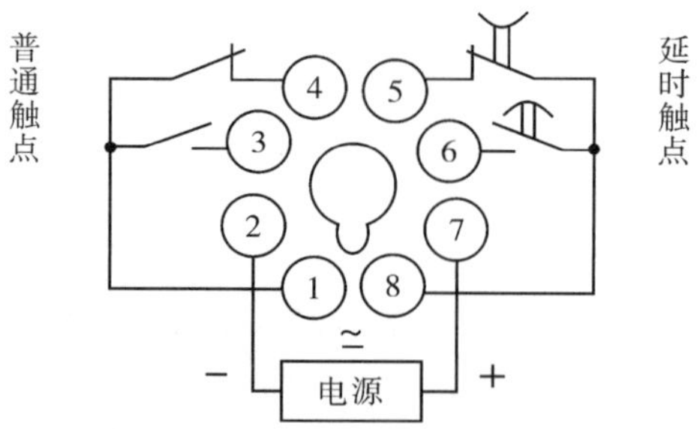

图 4-2-10　有 2 种触点的时间继电器

1）通过时间继电器本身的触点实现启保停控制

通过时间继电器本身的触点实现启保停控制是指按下启动按钮后时间继电器开始计时，定时时间到，其触点动作并可以保持住，直至按下停止按钮，如图 4-2-11 所示。

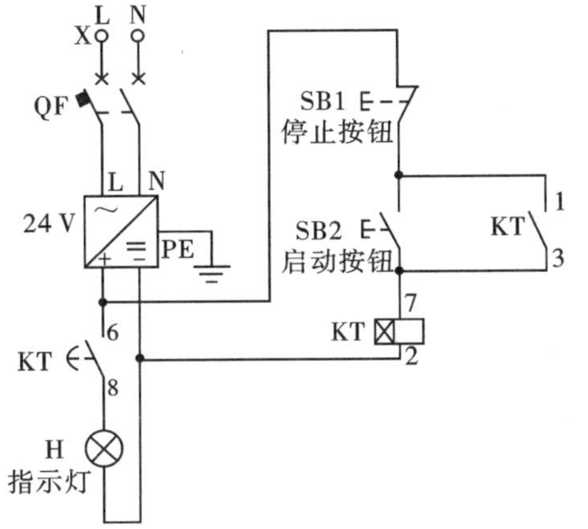

图 4-2-11 通过时间继电器本身的触点实现启保停控制

控制原理如下：① 合闸低压断路器 QF，开关电源开始工作，提供直流 24 V 电源；② 当按下启动按钮 SB2 后，时间继电器的线圈 7-2 两端有 24 V DC 电压，时间继电器线圈吸合；③ 时间继电器线圈吸合后，时间继电器的常开触点 1-3 立即闭合，当启动按钮松开后，电流经过 1-3，时间继电器线圈仍然得电，系统形成自锁；④ 时间继电器线圈吸合的同时，时间继电器开始计时，定时时间到，时间继电器常开触点 6-8 闭合，指示灯 H 两端有 24 V DC 电压，指示灯被点亮；⑤当按下停止按钮 SB1 后，时间继电器的线圈失电，同时其普通触点 1-3 和延时触点 6-8 均断开，指示灯熄灭。

2）与电磁继电器配合使用实现启保停控制

与电磁继电器配合使用实现启保停控制是指按下启动按钮后，电磁继电器和时间继电器线圈均得电，电磁继电器实现自锁功能，时间继电器实现延时功能，直至按下停止按钮，系统控制停止，如图 4-2-12 所示。

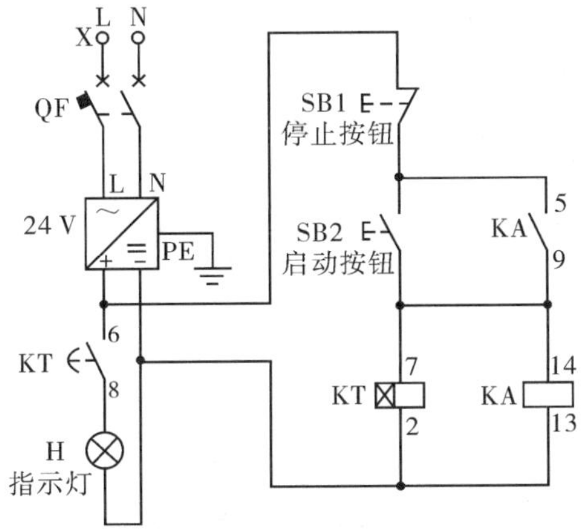

图 4-2-12 与电磁继电器配合使用实现启保停控制

时间继电器延时启保停控制仿真视频

控制原理如下：① 合闸低压断路器 QF，开关电源开始工作，提供直流 24 V 电源。② 当按下启动按钮 SB2 后，时间继电器的线圈 7-2 两端有 24 V DC 电压，时间继电器线圈吸合；电磁继电器的线圈 14-13 两端有 24 V DC 电压，电磁继电器线圈吸合。③ 电磁继电器线圈吸合后，电磁继电器的常开触点 5-9 立即闭合，当启动按钮松开后，电流经过 5-9，时间继电器线圈和电磁继电器线圈仍然得电，系统形成自锁。④ 时间继电器线圈吸合后，时间继电器开始计时，定时时间到，时间继电器常开触点 6-8 闭合，指示灯 H 两端有 24 V DC 电压，指示灯被点亮。⑤当按下停止按钮 SB1 后，电磁继电器线圈失电，同时其触点复位，自锁消失；时间继电器的线圈失电，同时其延时触点 6-8 断开，指示灯熄灭。

4. 双灯延时控制

双灯延时控制是指按下启动按钮后，指示灯 1 立即被点亮，并保持住，经过一定的时间后指示灯 2 被点亮，并保持住，当按下停止按钮后所有的指示灯均熄灭，如图 4-2-13 所示。

双灯延时控制
仿真视频

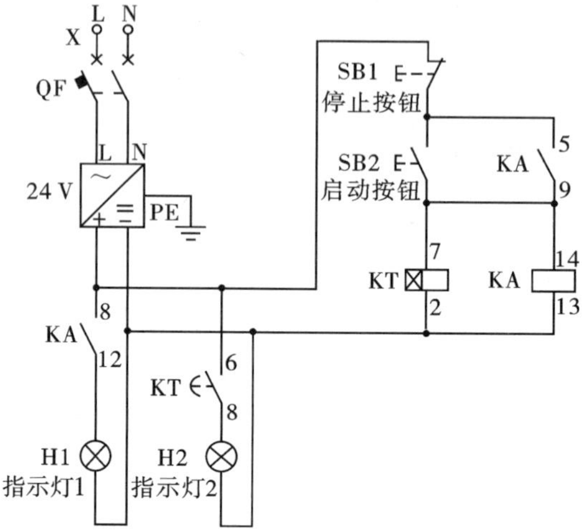

图 4-2-13　双灯延时控制

双灯延时控制原理如下：① 合闸低压断路器 QF，开关电源开始工作，提供直流 24 V 电源。② 当按下启动按钮 SB2 后，时间继电器的线圈 7-2 两端有 24 V DC 电压，时间继电器线圈吸合；电磁继电器的线圈 14-13 两端有 24 V DC 电压，电磁继电器线圈吸合。③ 电磁继电器线圈吸合后，电磁继电器的常开触点 5-9 和另一组常开触点 8-12 立即闭合，当启动按钮松开后，电流经过 5-9，时间继电器线圈和电磁继电器线圈仍然得电，系统形成自锁；另一组触点 8-12 闭合，指示灯 1 两端有 24 V DC 电压，指示灯 1 被点亮。④ 时间继电器线圈吸合后，时间继电器开始计时，定时时间到，时间继电器常开触点 6-8 闭合，指示灯 2 两端有 24 V DC 电压，指示灯 2 被点亮。⑤当按下停止按钮 SB1 后，电磁继电器线圈失电，同时其触点复位，自锁消失并且指示灯 1 熄灭；时间继电器的线圈失电，同时其延时触点 6-8 断开，指示灯 2 熄灭。

三、任务实施

1. 任务说明

本任务要求实现按下启动按钮后 3 个指示灯依次被点亮，按下停止按钮后 3 个灯均熄灭的控制，根据系统顺序控制电气原理图，明确系统控制原理和控制方式，并将系统顺序控制电气原理图转换为实物接线，在元件配盘上安装电气元件和线槽，选择合适的电缆接线、走线，经测试后送电验证系统功能。系统使用电磁继电器实现启保停控制，使用 2 个时间继电器来延时控制 3 个指示灯依次被点亮，使用开关电源提供直流配电，使用低压断路器实现交流配电和电源保护，使用低压熔断器作为直流供电的短路保护。

注意：2 个时间继电器要实现顺序控制，即第 1 个时间继电器定时时间到，启动第 2 个时间继电器的线圈，使其开始计时。

系统顺序控制电气原理图如图 4-2-14 所示。

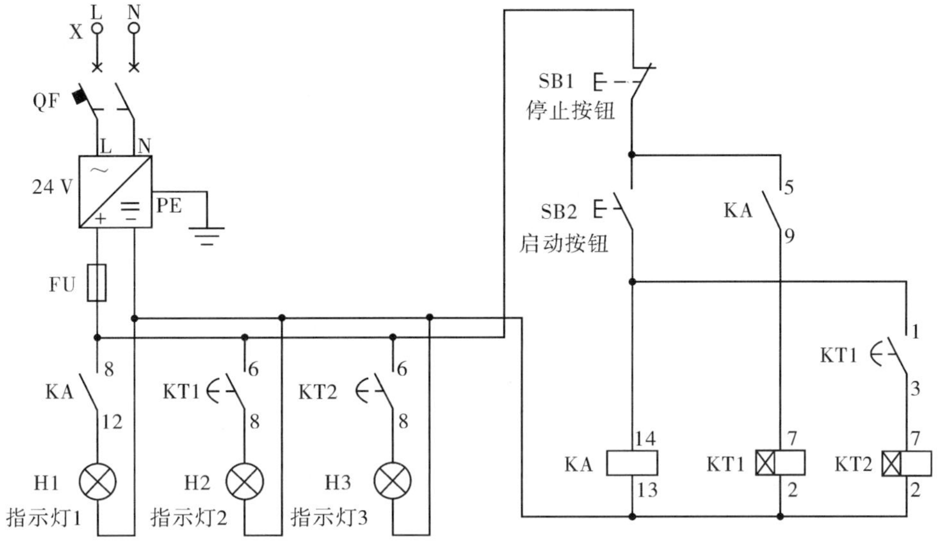

图 4-2-14 系统顺序控制电气原理图

系统顺序控制电气元件组成如表 4-2-1 所示。

表 4-2-1 系统顺序控制电气元件组成

元件名称	数量	规格	备注
低压断路器	1 个	1 A,2 极	也可采用漏电保护断路器
开关电源	1 个	100 W	额定电流 1 A 以上均可
低压熔断器	1 个	圆筒形帽熔断器,3 A	带导轨安装底座
电磁继电器	1 个	直流线圈 24 V,8 脚	带底座
时间继电器	2 个	通电延时型,直流线圈 24 V,8 脚	带底座
指示灯	3 个	直流 24 V,2 W	可采用按钮盒安装
按钮	2 个	ϕ22,常开、常闭自复位各 1 个	使用按钮盒安装
线槽	4 m	20 mm×15 mm	使用螺钉或铆钉固定在配盘上
导线	若干	红色、黑色、棕色、蓝色	使用时注意导线的颜色
DIN 导轨	4 条	35 mm	DIN 导轨使用螺钉固定在配盘上
电工工具	若干	螺丝刀、万用表、斜口钳等	

注:对于低压断路器和低压熔断器,可以寻找近似的规格来灵活处理;电磁继电器如果没有 8 脚的,使用 14 脚的也是可行的;时间继电器也可以使用断电延时型时间继电器,完成 3 个指示灯依次熄灭的控制任务。

2. 任务实施步骤

(1) 结合系统顺序控制电气原理图,条理清晰地描述控制过程,注意描述自锁控制回路、2 个时间继电器的启动过程和启动顺序。如果是完成指示灯依次熄灭的控制任务,则需要说明启动过程和停止顺序。

(2) 搭建电气实物。

搭建流程:① 选择合适的电气安装工具,在配盘上安装固定好电气元件、线槽和 DIN 导轨;

② 根据电气原理图选择合适的电气接线工具，搭建控制回路。

(3) 系统顺序控制功能验证。

验证流程：① 低压断路器 QF 合闸前，使用万用表交流 750 V 挡测量单相电源的电压是否为 220～240 V，使用万用表的通断测试挡测试开关电源的正负极有没有短路故障；② 低压断路器合闸后，使用万用表直流 200 V 挡测量开关电源输出电压是否为 24 V；③ 按下启动按钮，观察指示灯 1 有没有被点亮，松开启动按钮，观察指示灯 1 是否可以保持点亮的状态；④ 如果指示灯 1 成功被点亮并可以保持，待时间继电器 1 设定的时间到后，注意观察指示灯 2 可否被点亮；⑤ 待时间继电器 2 设定的时间到后，注意观察指示灯 3 可否被点亮；⑥ 等待一段时间，观察所有的灯是否均能保持点亮的状态；⑦ 按下停止按钮，观察 3 个指示灯是否均熄灭。

3. 任务评价

评价标准如下：① 元件安装布局合理，线路连接正确、整齐、美观、安全，无短路、断路等问题；② 能正确描述延时启保停控制过程；③ 系统运行后，能实现控制要求；④ 现场 6S 符合要求。

四、任务拓展

时间继电器可以分为电子式时间继电器、空气阻尼式时间继电器、直流电磁式时间继电器、电动机式时间继电器等。

1. 电子式时间继电器

电子式时间继电器（见图 4-2-15）是利用电磁阻尼特性获得延时的，具有延时精度高、体积小、调节方便等特点。电子式时间继电器是目前使用最为广泛的时间继电器。

2. 空气阻尼式时间继电器

空气阻尼式时间继电器（见图 4-2-16）又称气囊式时间继电器，其通过调节延时螺钉，调节进气孔的大小，从而得到不同的延时时间。进气孔大，气量大，延时时间就短；进气孔小，气量小，延时时间就长。其缺点是延时误差较大、调节比较困难。空气阻尼式时间继电器在早期机床等需要时间控制的场合使用，其结构简单，价格相对较低。

图 4-2-15　电子式时间继电器

图 4-2-16　空气阻尼式时间继电器

3. 直流电磁式时间继电器

直流电磁式时间继电器（见图 4-2-17）的特点是结构简单、价格较便宜，但其只有释放延时动作，且延时较短（一般只有 15 s），精度不高。它一般使用在直流电源控制系统中。

4. 电动机式时间继电器

电动机式时间继电器（见图 4-2-18）是利用微型同步电动机带动减速齿轮系获得延时的。其特点是延时范围宽（可达 72 h），延时精度高，且延时时间不受电压波动和环境温度变化的影响。电动机式时间继电器的延时范围与精度是其他时间继电器无法比拟的，其缺点是结构复杂、体积大、寿命短、价格高、延时精度受电源频率影响。

图 4-2-17 直流电磁式时间继电器

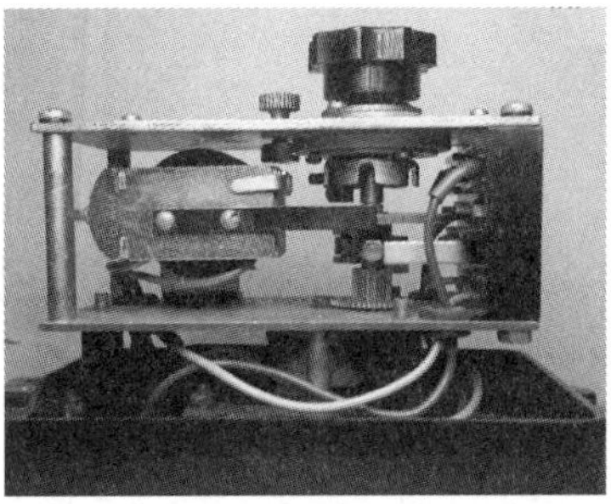

图 4-2-18 电动机式时间继电器

任务3 工业机器人系统机床运动控制

一、任务描述

工业机器人系统机床运动控制在实际应用中非常常见，如主轴的启停及正反转控制、钻床钻头的正反转控制等。使用交流接触器控制电动机的正反转是这一部分的重要任务。

任务要求：① 根据机床运动控制的电气原理图，理解并掌握交流接触器的正反转控制、自锁控制和互锁控制；② 在电气配盘上完成电气设备的安装和电气接线；③ 调试并验证系统控制功能。

钻床如图 4-3-1 所示。

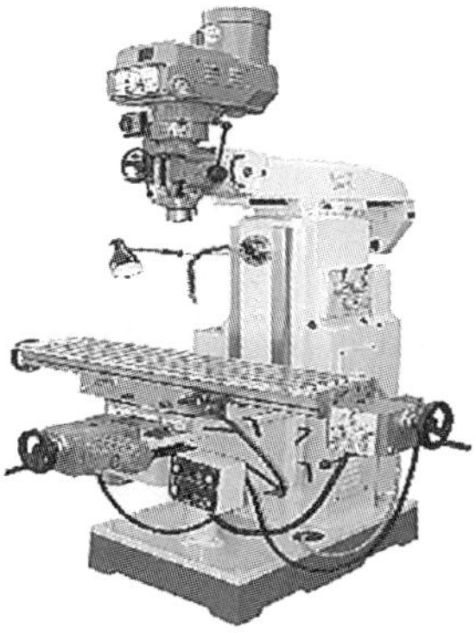

图 4-3-1 钻床

二、相关知识

1. 交流接触器

接触器分为交流接触器和直流接触器，如图 4-3-2 所示。交流接触器不仅能接通和切断电路，而且具有低电压释放保护作用。

1）交流接触器的组成、工作原理和电气符号

（1）交流接触器的组成。

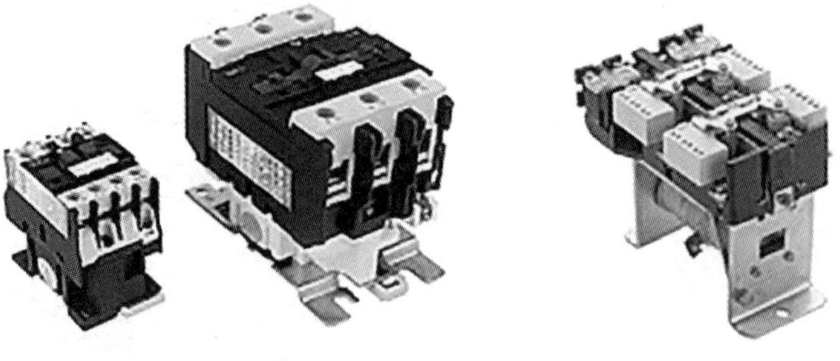

（a）交流接触器　　（b）直流接触器

图 4-3-2　接触器

交流接触器由电磁机构和触点系统组成。电磁机构由线圈、铁芯、衔铁组成。触点系统由主触点和辅助触点组成，主触点用于主回路中，辅助触点用于控制回路中，辅助触点包括常开辅助触点和常闭辅助触点。图 4-3-3 所示为交流接触器的组成。

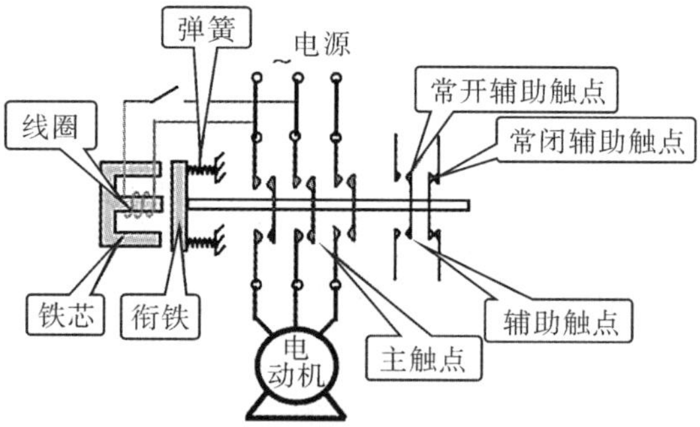

图 4-3-3　交流接触器的组成

（2）交流接触器的工作原理。

当交流接触器线圈通电时，铁芯被磁化，吸引衔铁向左运动，主触点闭合，电源接通，同时常闭辅助触点断开，常开辅助触点闭合。当线圈断电时，磁力消失，在弹簧的作用下，衔铁回到原来的位置，主触点恢复到原来的状态，切断电源，辅助触点也恢复到原来的状态。

（3）交流接触器的电气符号。

图 4-3-4 所示为交流接触器的电气符号，文字符号用 KM 表示。常开触点一般用 NO（normal open）表示，常闭触点一般用 NC（normal close）表示。

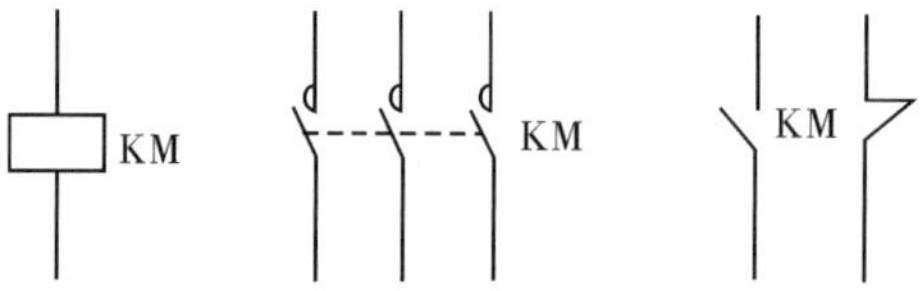

（a）线圈　　（b）主触点　　（c）常开/常闭辅助触点

图 4-3-4　交流接触器电气符号

2）交流接触器的基本参数

（1）线圈额定电压：线圈额定电压也称为线圈控制电压，是交流接触器正常工作时线圈上所加的电压。一般线圈额定电压为交流 24 V、交流 36 V、交流 110 V、交流 220 V、交流 380 V，较常用的是交流 220 V、交流 380 V。

(2) 额定电流:交流接触器触点在额定工作条件下的电流。常用额定电流为 5 A、10 A、20 A、40 A、60 A、100 A、150 A、250 A、400 A、600 A。

(3) 通断能力:通断能力包括最大接通电流和最大分断电流两个指标。最大接通电流是指触点闭合时不会造成触点熔焊的最大电流,最大分断电流是指触点断开时能可靠灭弧的最大电流。一般通断能力是额定电流的 5～10 倍。

(4) 动作电压:动作电压分为吸合电压和释放电压。吸合电压是指交流接触器吸合前,缓慢增加线圈两端的电压,交流接触器可以吸合的最小电压。释放电压是指交流接触器吸合后,缓慢降低线圈两端的电压,交流接触器可以释放的最大电压。

(5) 操作频率:交流接触器在吸合瞬间,线圈需消耗比额定电流大 5～7 倍的电流,如果操作频率过高,则会使线圈严重发热,直接影响交流接触器的正常使用。为此,规定了交流接触器的允许操作频率,即每小时允许操作次数的最大值。

(6) 寿命:寿命包括电气寿命和机械寿命。目前交流接触器的机械寿命已达 1000 万次,电气寿命是机械寿命的 5%～20%。

3) 交流接触器的选择

(1) 选择线圈额定电压。

线圈额定电压根据控制回路灵活选择,通常使用较多的是 220 V AC 和 380 V AC,如果没有要求或规定,优先选择线圈额定电压为 220 V AC 的交流接触器,因为在用电过程中,380 V 交流电的电压比 220 V 交流电高,使用更加危险。

(2) 选择额定电流。

在选择交流接触器的额定电流时,要计算控制负载所需的最小电流。

对于单相交流电,根据公式(4-3-1)计算:

$$P=U\cdot I\cdot 0.7 \tag{4-3-1}$$

式中:$U=220$ V;P——负载功率。

对于三相交流电,根据公式(4-3-2)计算:

$$P=\sqrt{3}\cdot U\cdot I\cdot 0.7 \tag{4-3-2}$$

式中:$U=380$ V;P——负载功率。

(3) 选择辅助触点。

交流接触器自带的辅助触点有三种形式:1 组常开辅助触点、1 组常闭辅助触点、常开辅助触点和常闭辅助触点各 1 组。选择时可以根据需要选择任何一种形式。如果辅助触点不够,可以额外增加辅助触点。交流接触器辅助触点如图 4-3-5 所示。

4) 交流接触器的安装

交流接触器安装在 DIN 导轨上,如图 4-3-6 所示。卡进去之后,最好摇动一下,避免虚装。

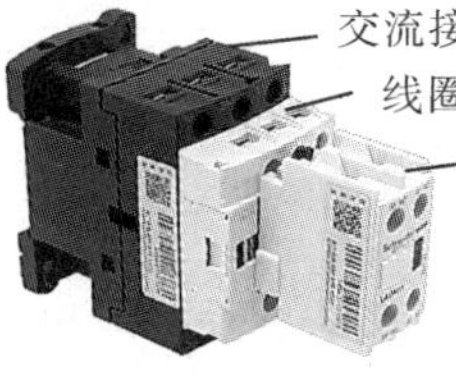

图 4-3-5 交流接触器辅助触点

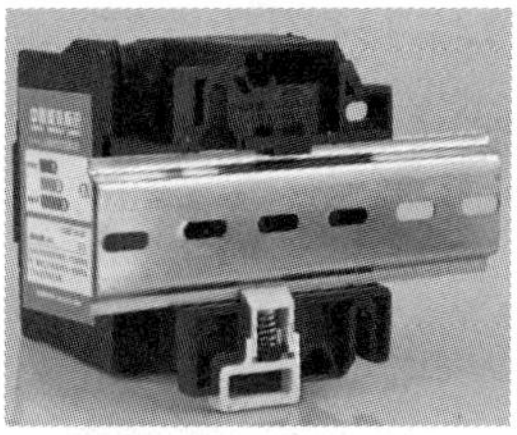

图 4-3-6 交流接触器的安装

2. 热过载继电器

1）热过载继电器的功能

热过载继电器是用于防止线路或电气设备长时间过载的低压保护电器。它特别适用于电动机的过载保护，因为电动机在实际运行中经常会遇到过载情况。只要过载不严重、时间短，这种过载是允许的。但如果过载严重、时间长，则会加速电动机的老化，缩短电动机的使用年限，甚至烧毁电动机。因此，常用热过载继电器对电动机进行过载保护。有的热过载继电器还可以用于电动机的断相保护及短路保护。

热过载继电器如图 4-3-7 所示。热过载继电器上面有一个调节旋钮，旋钮的长轴通到热过载继电器内部，与触发装置相连，转动该旋钮就能改变触发装置的动作条件，从而改变热过载继电器的整定值。热过载继电器电流整定如图 4-3-8 所示。

（a）独立式热过载继电器　　（b）组合式热过载继电器

图 4-3-7　热过载继电器

发热元件受热弯曲，推动触发装置使热过载继电器动作，主回路电流被切断。双金属片一边散热一边恢复原状，这是需要时间的。热过载继电器复位有两种方式，即手动和自动。手动复位一般不小于 2 min，自动复位不大于 5 min。图 4-3-9 所示为热过载继电器手动复位设备。

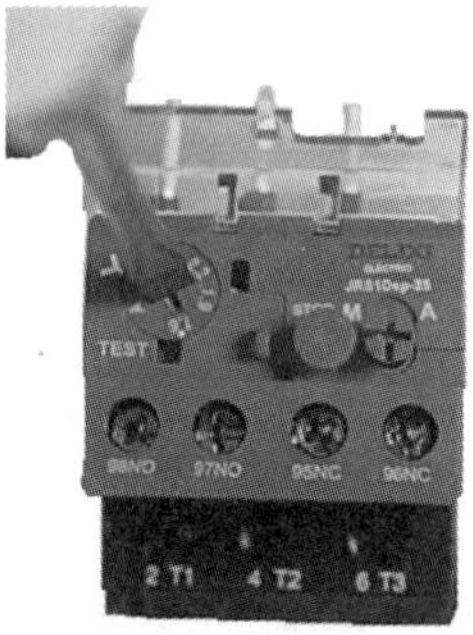

图 4-3-8　热过载继电器电流整定

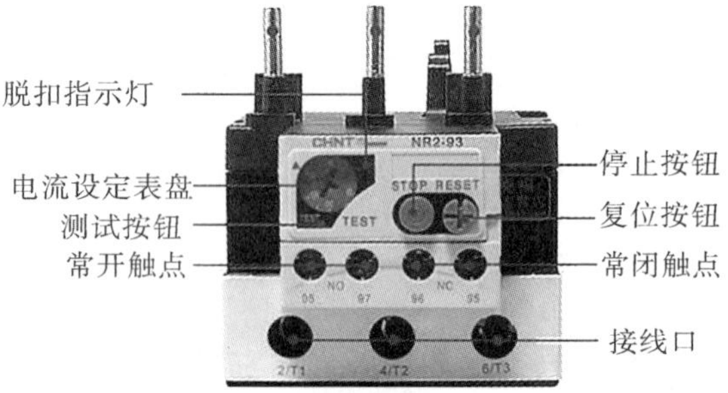

图 4-3-9　热过载继电器手动复位设备

2）热过载继电器的结构原理和电气符号

热过载继电器结构原理图如图 4-3-10 所示。热过载继电器的发热元件通电发热后，双金属片受热向左弯曲，推动导板向左运动，从而使执行机构运动。电流越大，执行机构的运动幅度也越大。当电流大到一定程度时，执行机构发生跃变，即触点动作从而切断主回路。

热过载继电器的电气符号如图 4-3-11 所示，文字符号为 FR。绘制电气原理图时需要注意，热过载继电器一般使用常闭触点来控制保护负载，很少采用常开触点来控制。

3）热过载继电器的安装

独立安装的热过载继电器通过螺钉安装在金属板上，需要注意安装方向，不可装反，如图 4-3-12 所示。组合安装的热过载继电器直接安装在交流接触器主触点出线螺钉上，如图 4-3-13 所示。

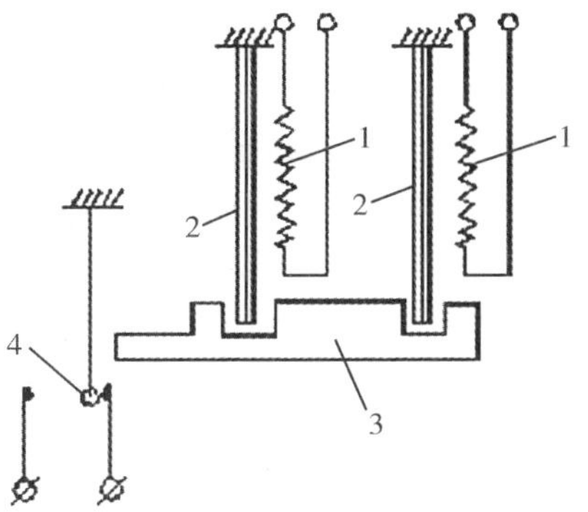

图 4-3-10 热过载继电器结构原理图

1—发热元件；2—双金属片；3—导板；4—触点

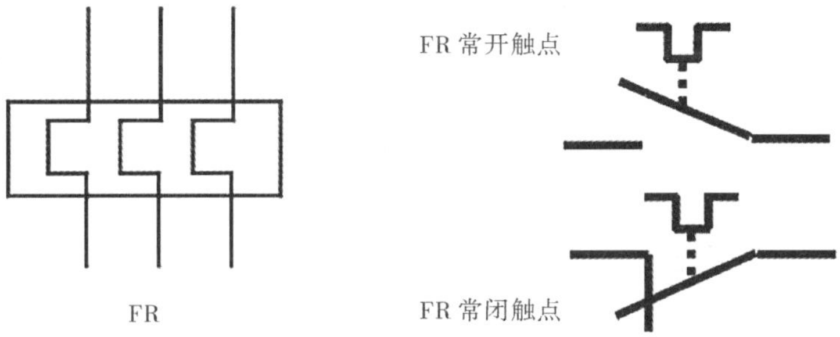

图 4-3-11 热过载继电器电气符号

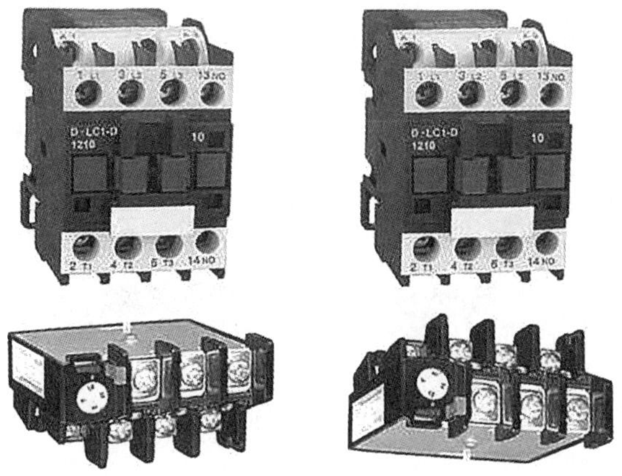

（a）正确安装　　（b）错误安装

图 4-3-12 独立安装热过载继电器

安装好热过载继电器后需要调整整定电流，以免遗忘。

4）热过载继电器的接线

热过载继电器与交流接触器配合使用，主要作用是保护三相异步电动机等负载，防止因堵转或负载过大发热而烧毁电动机。图 4-3-14 所示为热过载继电器的接线，热过载继电器的常闭触点 95-96 与交流接触器的线圈 A1-A2 串联，当电动机发生堵转时，热过载继电器的常闭触点断开，进而切断交流接触器的线圈，从而切断三相异步电动机的电源，实现热保护功能。

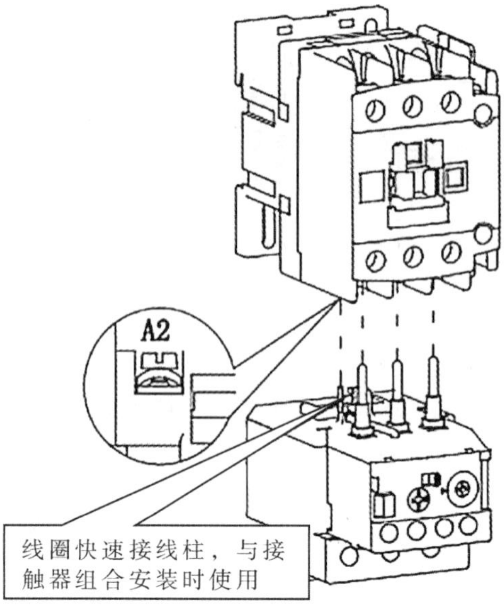

热过载继电器
控制视频

图 4-3-13　组合安装热过载继电器

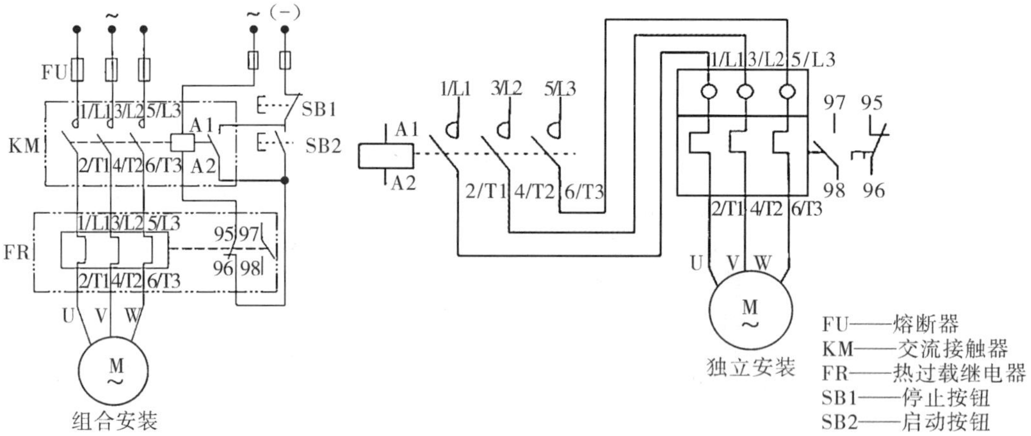

图 4-3-14　热过载继电器的接线

3. 交流接触器点动控制

交流接触器的点动控制分为两种：① 220 V 线圈点动控制；② 380 V 线圈点动控制。

1）220 V 线圈点动控制

220 V 线圈点动控制是指按下启动按钮后，交流接触器线圈得电，其主触点立马闭合，三相异步电动机转动；松开按钮后，三相异步电动机立马停止转动。

220 V 线圈点动控制如图 4-3-15 所示。

220 V 线圈点动控制原理：① 合闸低压 3 极断路器 QF，当按下按钮 SB 后，交流接触器线圈两端有 220 V 电压，交流接触器吸合；② 交流接触器吸合后，其主触点立马闭合，三相异步电动机有 220 V AC 电压，电动机开始转动；③ 当松开按钮 SB 后，交流接触器的线圈失电，同时其主触点断开，电动机停止转动。

2）380 V 线圈点动控制

380 V 线圈点动控制是指按下启动按钮后，交流接触器线圈得电，其主触点立马闭合，三相异步电动机转动；松开按钮后，电动机立马停止转动。应当注意其与 220 V 线圈点动控制取电

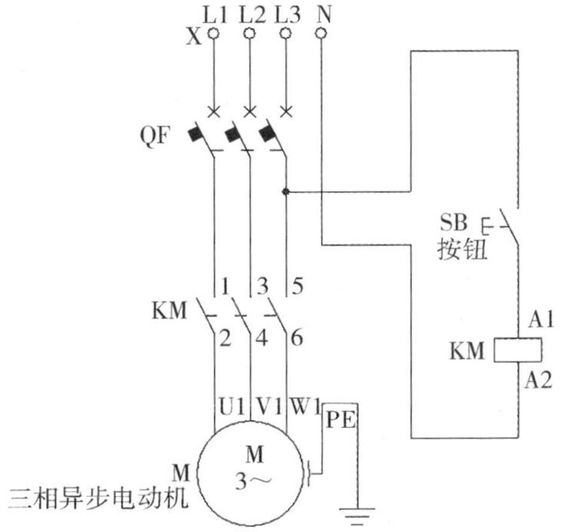

图 4-3-15 220 V **线圈点动控制**

方式的区别。

380 V 线圈点动控制如图 4-3-16 所示。

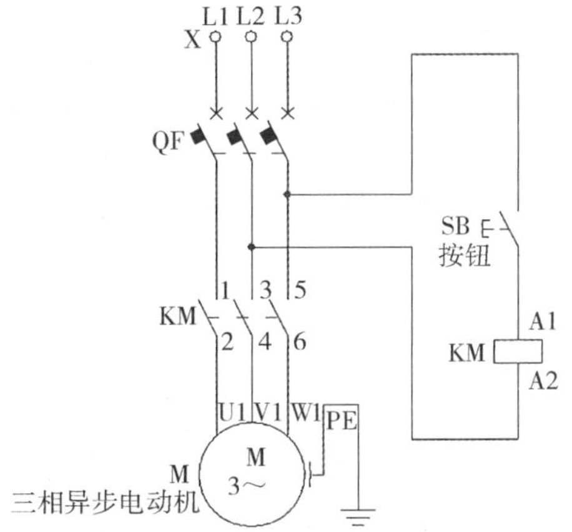

电动机点动控制视频

图 4-3-16 380 V **线圈点动控制**

380 V 线圈点动控制原理：① 合闸低压 3 极断路器 QF，当按下按钮 SB 后，交流接触器线圈两端有 380 V 电压，交流接触器吸合；② 交流接触器吸合后，其主触点立马闭合，三相异步电动机有 380 V AC 电压，电动机开始转动；③ 当松开按钮 SB 后，交流接触器的线圈失电，同时其主触点断开，电动机停止转动。

4. 交流接触器自锁控制

交流接触器可以通过本体自带的触点实现自锁控制，也可通过电磁继电器实现自锁控制。采用 24 V DC 线圈电磁继电器实现自锁控制是比较常用的控制方式，主要是因为电磁继电器采用直流 24 V 电压，所有的控制操作均在 24 V 电压下完成，比较安全。

1）本体自锁控制

本体自锁控制如图 4-3-17 所示。其原理如下：① 合闸低压 3 极断路器 QF，当按下启动按钮 SB2 后，交流接触器线圈两端有 220 V 电压，交流接触器吸合，其主触点和辅助触点立马动作；② 当松开启动按钮后，电流经过交流接触器辅助触点 NO，交流接触器的线圈仍然得电，形成自锁，电动机可以持续运转；③ 当按下停止按钮 SB1 后，交流接触器线圈失电，其主触点和辅助触点 NO 立马断开，自锁消失，电动机停止运转。

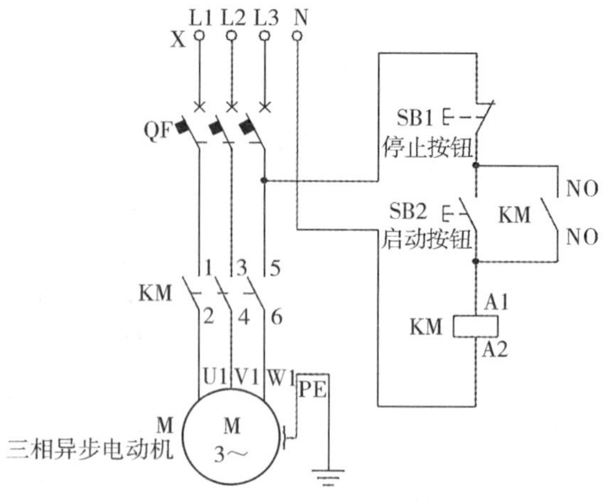

图 4-3-17　本体自锁控制

2）电磁继电器配合自锁控制

电磁继电器配合自锁控制分两种方式介绍，分别是电磁继电器线圈为交流 220 V 和电磁继电器线圈为直流 24 V，通过对比，注意其异同点。

（1）电磁继电器线圈为交流 220 V。

220 V 线圈电磁继电器配合自锁控制是指按下启动按钮后，电磁继电器线圈得电并形成自锁（电磁继电器线圈可持续得电），电磁继电器的触点持续接通，从而交流接触器的线圈持续得电，电动机得以持续运转；当按下停止按钮后，电磁继电器的线圈失电，自锁消失，从而交流接触器的线圈失电，电动机停止运转。

220 V 线圈电磁继电器配合自锁控制如图 4-3-18 所示。

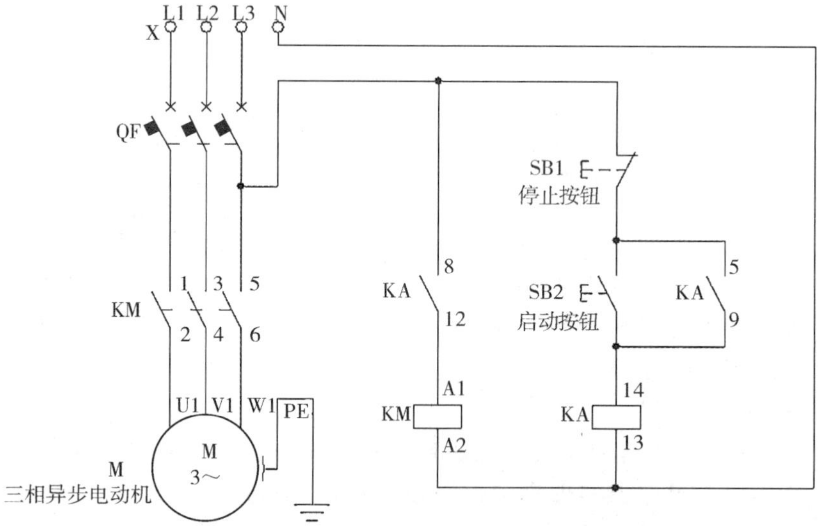

图 4-3-18　220 V 线圈电磁继电器配合自锁控制

220 V 线圈电磁继电器配合自锁控制原理：① 合闸低压 3 极断路器 QF，当按下启动按钮 SB2 后，电磁继电器线圈得电，其常开触点 5-9 和常开触点 8-12 闭合；② 电磁继电器常开触点 5-9 闭合，形成自锁，电磁继电器线圈可持续得电；③ 电磁继电器常开触点 8-12 闭合，交流接触器的线圈可以持续得电，电动机得以持续运转；④ 当按下停止按钮 SB1 后，电磁继电器的线圈失电，自锁消失，从而交流接触器的线圈失电，电动机停止运转。

（2）电磁继电器线圈为直流 24 V。

24 V 线圈电磁继电器配合自锁控制与 220 V 线圈电磁继电器配合自锁控制的不同之处有以下几个方面：① 加入开关电源，提供 24 V 直流电；② 增加低压断路器来控制开关电源。

24 V 线圈电磁继电器配合自锁控制原理这里不再赘述。这种控制方式在自动控制系统中的应用非常广泛，在 24 V 线圈电磁继电器配合自锁控制的实物接线过程中需要注意以下几点：① 先接直流控制部分，再搭载交流控制部分，最后接主回路。② 接线颜色一定要加以区分，特别是直流电和交流电不要用混，这样在接完线再检查的时候可以清楚地知道哪些是直流、哪些是交流，这对于检查线路非常实用。

24 V 线圈电磁继电器配合自锁控制如图 4-3-19 所示。

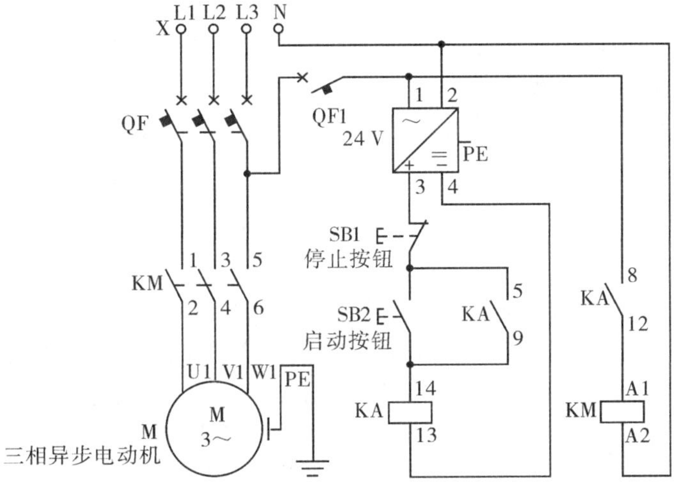

图 4-3-19　24 V 线圈电磁继电器配合自锁控制

5. 正反转控制

正反转控制是指按下正转按钮后，电动机正向转动，并持续正转；按下停止按钮后，电动机停止转动；按下反转按钮后，电动机反向转动，并持续反转。

图 4-3-20 所示为正反转控制。

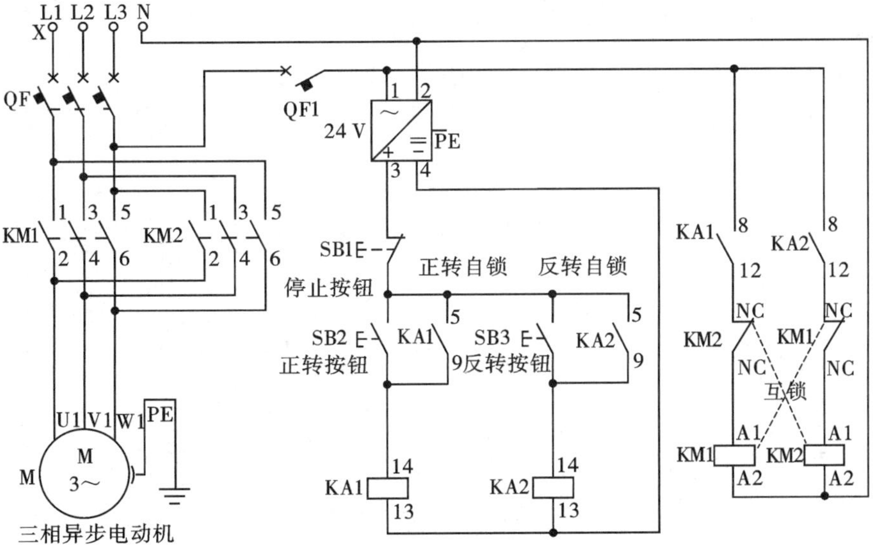

图 4-3-20　正反转控制

正反转控制
仿真视频

正反转控制原理如下：① 闭合总断路器 QF，系统有三相电源；闭合低压断路器 QF1，开关电源得电并提供 24 V 直流电。② 按下正转按钮 SB2，电磁继电器 KA1 线圈得电，其常开触点 5-9 和常开触点 8-12 闭合；常开触点 5-9 闭合，电磁继电器形成自锁；常开触点 8-12 闭合，交流接触器 KM1 线圈可以持续得电。③ 交流接触器 KM1 线圈得电后，其主触点吸合，同时其常闭辅助触点断开；交流接触器 KM1 主触点吸合，三相异步电动机持续正转；交流接触器 KM1 常闭辅助触点断开，可以实现机械互锁，即如果电动机正转，KM1 常闭辅助触点断开，再怎么按反转按钮，电动机都不会反转，这一点在电气安全上非常重要。④ 按下停止按钮 SB1，直流供电断开，电磁继电器 KA1 和 KA2 均失电，此时不管是正转还是反转，电动机都会停止。⑤ 三相异步电动机处于停止状态，按下反转按钮，此时电磁继电器 KA2 得电，其常开触点 5-9 和常开触点 8-12 闭合；KA2 常开触点 5-9 闭合，电磁继电器 KA2 形成自锁；KA2 常开触点 8-12 闭合，交流接触器 KM2 线圈可以持续得电。⑥ 交流接触器 KM2 线圈得电后，其主触点吸合，同时其常闭辅助触点断开；交流接触器 KM2 主触点吸合，三相异步电动机持续反转；交流接触器 KM2 常闭辅助触点断开，可以实现机械互锁。

三、任务实施

1. 任务说明

本任务要求按下正转按钮，钻头电动机可以持续正转，按下停止按钮，钻头电动机停止转动，按下反转按钮，钻头电动机持续反转，再按下停止按钮，钻头电动机停止转动。根据机床运动控制电气原理图，首先明确系统控制原理和控制方式，然后将机床运动控制电气原理图转换为实物接线，在元件配盘上安装电气元件，安装线槽，选择合适的电缆接线、走线，最后经万用表测试后送电验证钻头电动机的正反转功能。机床运动控制系统使用电磁继电器实现启保停控制，使用 2 个交流接触器来控制电动机的正反转和机械互锁，使用开关电源提供直流配电，使用低压断路器实现交流配电和电源保护，使用低压熔断器作为直流供电的短路保护，使用热过载继电器保护钻头电动机。

机床运动控制电气原理图如图 4-3-21 所示。

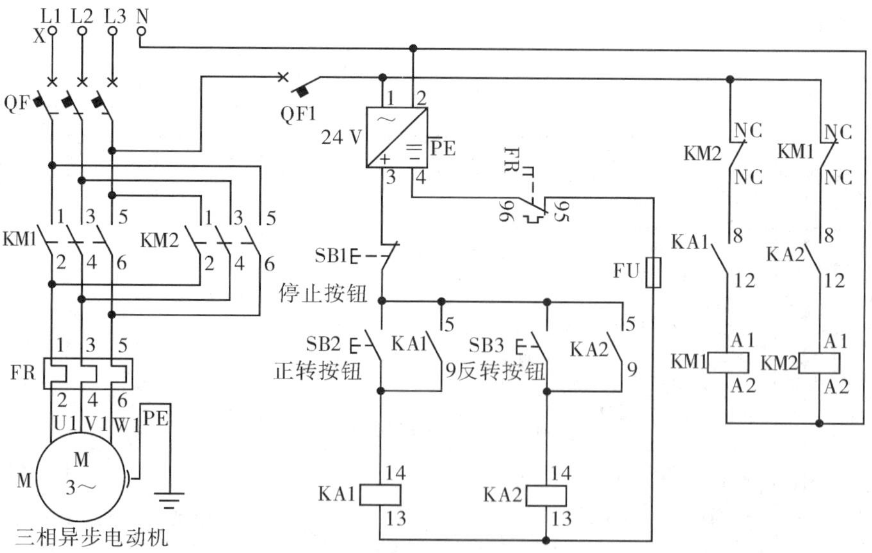

图 4-3-21　机床运动控制电气原理图

机床运动控制电气元件组成如表 4-3-1 所示。

表 4-3-1 机床运动控制电气元件组成

元件名称	数量	规格	备注
钻头电动机	1 台	三相异步电动机，2.2 kW	
低压断路器	1 个	6 A，3 极	也可采用漏电保护断路器
低压断路器	1 个	1 A，1 极	也可采用漏电保护断路器
开关电源	1 个	100 W	
低压熔断器	1 个	圆筒形帽熔断器，3 A	带导轨安装底座
电磁继电器	2 个	直流线圈 24 V，8 脚	带底座
交流接触器	2 个	额定电压 380 V，额定电流 6 A，线圈电压交流 220 V，一组常开/常闭辅助触点	
热过载继电器	1 个	独立安装，额定电流 7.2 A，整定电流范围 4.5～7.2 A	
按钮	3 个	ϕ22，常开自复位 2 个，常闭自复位 1 个	使用按钮盒安装

如果没有三相异步电动机，使用图 4-3-22 所示的方法进行实物功能验证。

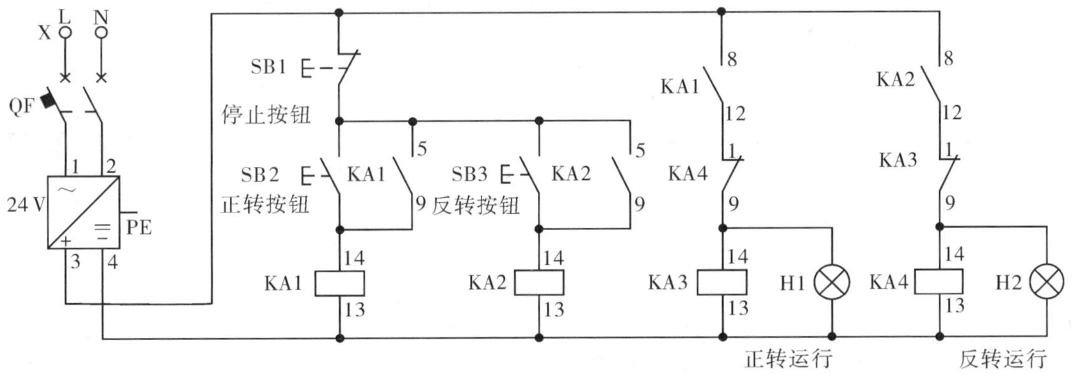

图 4-3-22 机床运动控制简化电气原理图

2. 任务实施步骤

（1）结合机床运动控制电气原理图，条理清晰地描述控制过程，注意描述自锁控制、正转启动、停止、反转启动、互锁控制、热过载继电器保护等过程。

（2）搭建电气实物。

搭建流程：① 选择合适的电气安装工具，在配盘上安装固定好电气元件、线槽和 DIN 导轨；② 根据电气原理图选择合适的接线工具，搭建控制回路。

（3）机床运动控制功能验证。

验证流程：① 低压断路器 QF 合闸前，使用万用表交流 750 V 挡测量三相电源的电压是否为 380～420 V，使用万用表的通断测试挡测试开关电源的正负极有没有短路故障；② 低压断路器 QF1 合闸后，使用万用表直流 200 V 挡测量开关电源输出电压是否为 24 V；③ 按下正转按钮，观察电动机是否可以正转，松开正转按钮，观察电动机是否可以保持正转状态；④ 如果电动机可以正转并可以保持，等待 1 分钟后（电动机不可频繁启停），按下停止按钮，注意观察电动机是否停止；⑤ 等待 1 分钟后，按下反转按钮，观察电动机可否反转，松开反转按钮，注意观察电动机是否可以保持反转状态；⑥ 等待 1 分钟后，按下停止按钮，注意观察电动机是否停止。

3. 任务评价

评价标准如下：① 元件安装布局合理，线路连接正确，无短路、断路等问题；② 系统运行后，能实现控制要求；③ 布线整齐、美观、安全；④ 现场 6S 符合要求。

四、任务拓展

1. 交流接触器和热过载继电器常见故障分析

交流接触器和热过载继电器常见故障分析如表 4-3-2 所示。

表 4-3-2 交流接触器和热过载继电器常见故障分析

故障设备	故障现象	可能原因及解决方法
交流接触器	通电后不能吸合或吸合后又断开	可能原因：线圈没得电或欠电压。 解决方法：使用万用表测量交流接触器线圈 A1 端或 A2 端和零线之间是否有 220 V 电压，如果没有，则证明故障发生在控制回路；按照电气原理图分别检查电磁继电器触点、时间继电器触点和热过载继电器触点等连接控制回路是否有端子松动或触点没有吸合的情况，如果有，则证明交流接触器已经损坏
	吸合后交流接触器发出异常声音	可能原因：铁芯抖动，交流接触器吸合不紧。 解决方法：① 检查线圈的电压是否高于 187 V，如果没有，则需要检查控制回路；② 调整弹簧的压力，交流接触器的弹簧的反作用力过大，会造成吸合不紧
	主触点过热或熔焊	可能原因：接触不良或电流过大。 解决方法：① 如果交流接触器负载有短路，造成交流接触器熔焊，排除负载短路后更换交流接触器；② 如果是交流接触器吸合缓慢造成触点接触面积增大而发热或熔焊，可以使用锉刀处理表面氧化层
热过载继电器	热过载继电器误动作	可能原因：整定值偏小。 解决方法：启动过程中机床电流冲击造成热过载继电器误动作，可以调整整定电流至机床额定电流的 1.2 倍

2. 思考与练习

请思考如何实现电动机正转和反转相互切换，而中间不需要停机的控制方式。

任务4 工业机器人焊接冷却水循环控制

一、任务描述

某工业机器人焊接系统由焊接工业机器人、人机交互操作控制箱、冷却水循环系统、系统控制柜组成。冷却水进入焊机内使焊机散热，冷却水箱内的水1小时循环一次。

任务要求：① 根据工业机器人焊接冷却水循环控制的电气原理图，理解并掌握液位继电器和计数继电器的控制原理；② 在电气配盘上完成相关电气设备的安装和电气接线；③ 调试并验证系统控制功能。

工业机器人焊接工作站组成如图4-4-1所示。

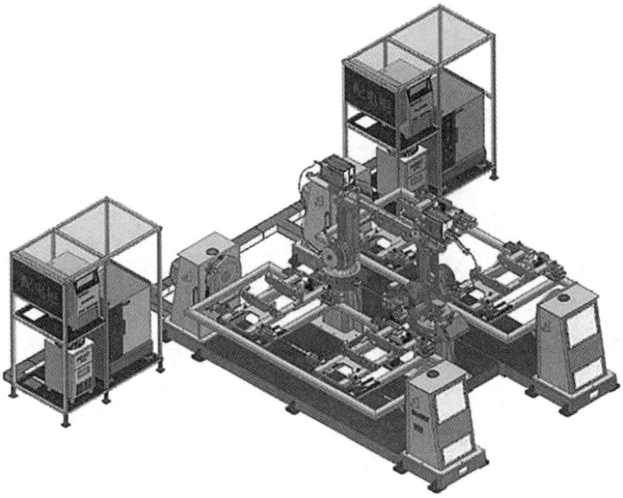

图4-4-1 工业机器人焊接工作站组成

二、相关知识

1. 液位继电器

液位继电器（见图4-4-2）是控制液面的继电器，利用液体的导电性，当液面达到一定高度时液位继电器触点复位，当液面低于一定位置时触点动作，达到自动控制液面高度的目的。

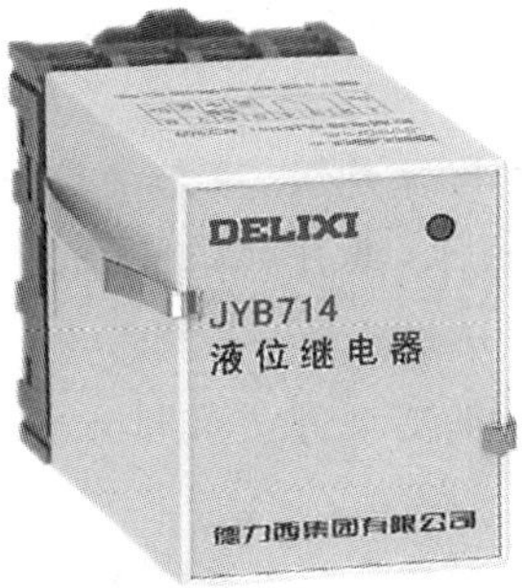

图4-4-2 液位继电器

1）液位继电器的结构原理和电气符号

图 4-4-3 所示为液位继电器结构原理方框图，1 和 8 接电源，可以采用 220 V 或 380 V；2-3 是液位继电器的常开触点，3-4 是液位继电器的常闭触点，3 是公共端；5、6、7 分别是高、中、低位探头。

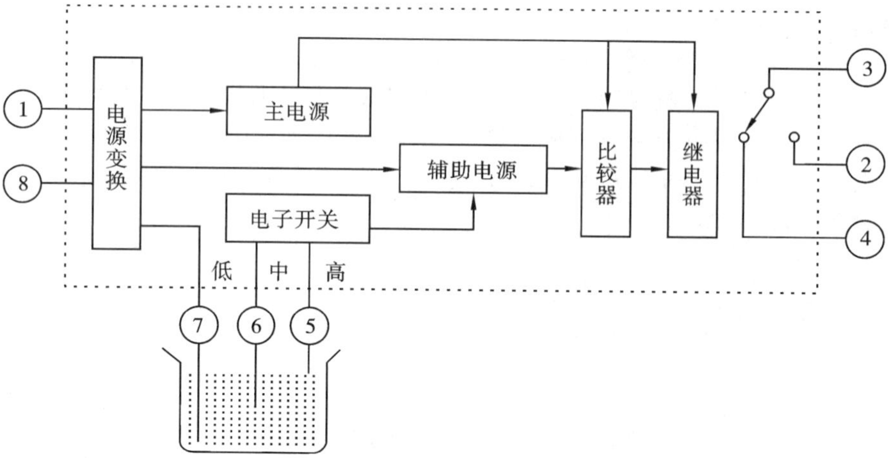

图 4-4-3　液位继电器结构原理方框图

液位继电器的电气符号如图 4-4-4 所示，文字符号用 SL 表示。

2）液位继电器的安装与接线

（1）液位继电器的安装。

液位继电器通过底座安装在 DIN 导轨上，底座上标有引脚号，如图 4-4-5 所示。

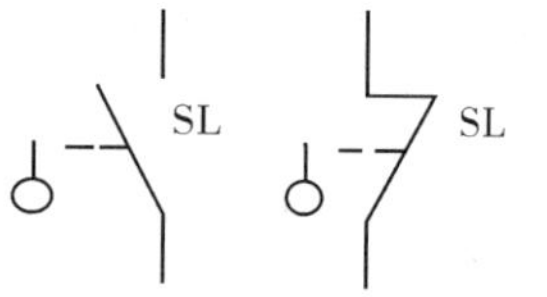

图 4-4-4　液位继电器电气符号

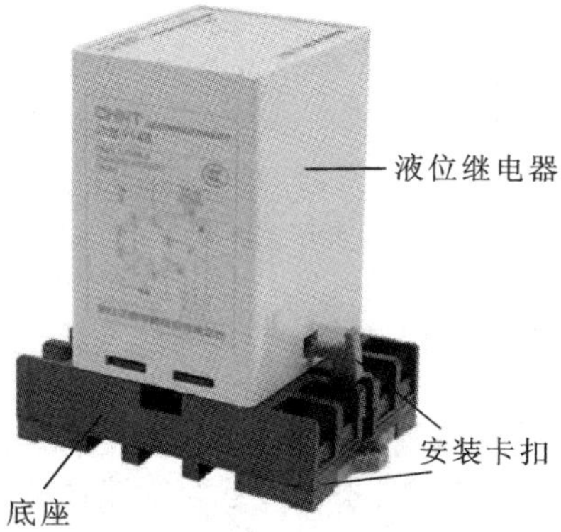

图 4-4-5　液位继电器的安装

（2）液位继电器的接线。

液位继电器的控制原理和电磁继电器类似，只是液位继电器拥有触发条件。当液位触发低位探头的时候，液位继电器的触点会动作（常开触点闭合，常闭触点断开）；当液位触发高位探头的时候，液位继电器的触点会复位（常开触点断开，常闭触点闭合）。液位继电器的这种触发方式，决定了其有两种类型的控制方式，即供水方式和排水方式。

① 供水方式。

供水方式是指当液位下降到低位探头时，供水泵开始工作；当液位到达高位探头的时候，供水泵停止工作，这样可以保证水箱里面总有水。图 4-4-6 所示为液位继电器单相供水方式接线图。

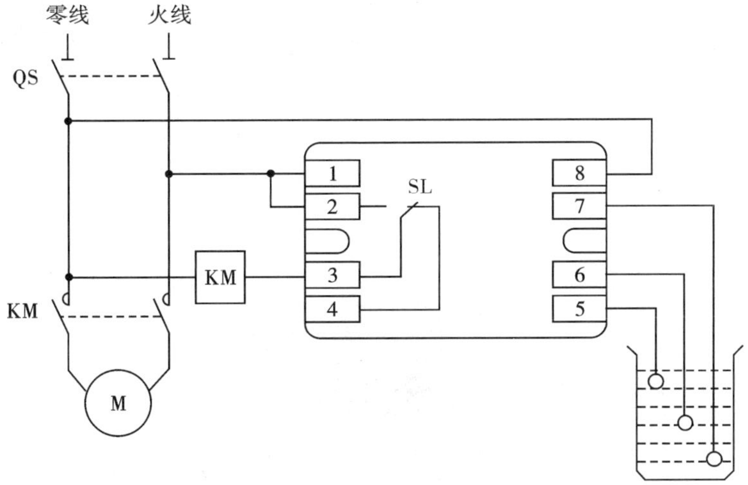

图 4-4-6 液位继电器单相供水方式接线图

单相供水方式的工作原理:(a)闭合低压断路器 QS,液位继电器 1-8 有电源,液位继电器开始工作;(b)当液位下降到低位探头时,液位继电器触点动作,常开触点 2-3 闭合,此时交流接触器线圈两端有 220 V 电压,交流接触器主触点吸合,供水泵开始工作,抽水进入水箱;(c)当水箱液位到达高位探头时,液位继电器触点复位,常开触点 2-3 断开,交流接触器线圈失电,供水泵停止工作。

② 排水方式。

排水方式是指当液位下降到低位探头时,排水泵停止工作;当液位上升到高位探头时,排水泵开始工作。液位继电器单相排水方式接线图如图 4-4-7 所示。

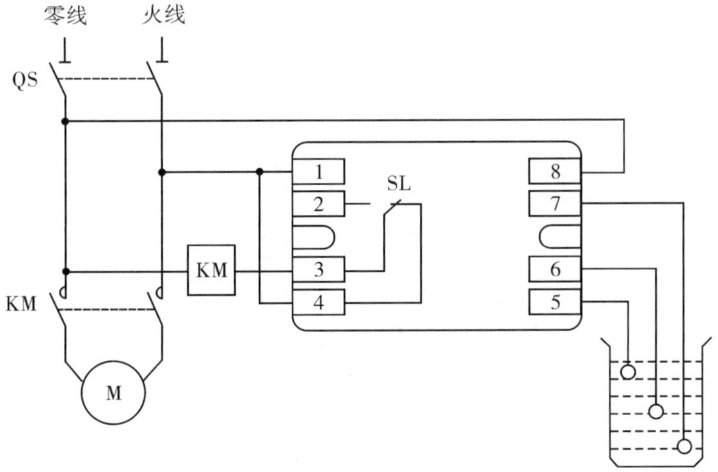

图 4-4-7 液位继电器单相排水方式接线图

单相排水方式的工作原理:(a)闭合低压断路器 QS,液位继电器 1-8 有电源,液位继电器开始工作;(b)当液位到达高位探头时,液位继电器触点复位,常闭触点 3-4 闭合,此时交流接触器线圈两端有 220 V 电压,交流接触器主触点吸合,排水泵开始工作,把水抽出水箱;(c)当水箱液位到达低位探头时,液位继电器触点动作,常闭触点 3-4 断开,交流接触器线圈失电,排水泵停止工作。

380 V 的电路和 220 V 的电路的接法基本上是一样的，只是一个是单相电动机，一个是三相电动机，液位继电器均可以采用 220 V 供电方式。图 4-4-8 所示为 380 V 排水方式实物接线图。

液位继电器控制仿真视频

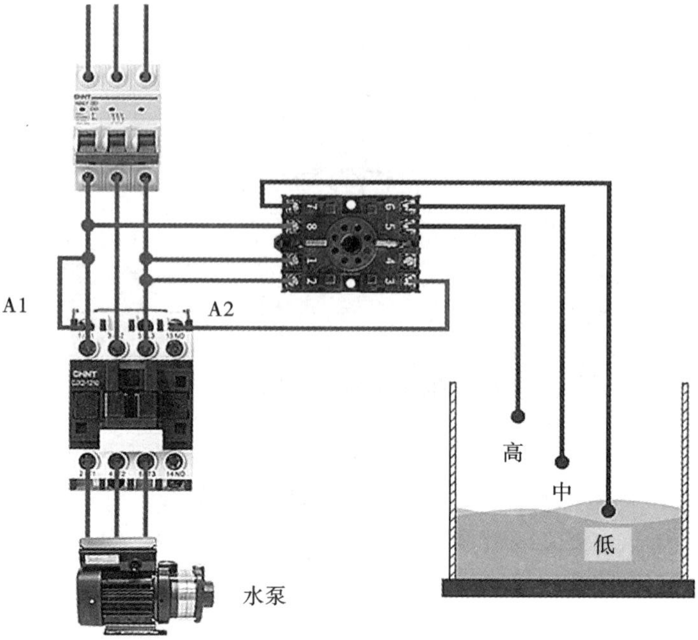

图 4-4-8　380 V 排水方式实物接线图

2. 计数继电器

自动控制电路中，计数继电器（见图 4-4-9）作为显示及计数控制元件，按设定的计数次数接通或断开电路。其计数方式有触点计数（如行程开关）、电平信号输入计数、传感器信号输入计数（如光电开关、接近开关）。

图 4-4-9　计数继电器

1）计数继电器的使用

计数继电器面板操作分为设定计数值和倍数、显示当前计数值，如图 4-4-10 所示。图 4-4-10 中设定计数值为 12，设定计数值倍数为×1，代表 1 倍，即如果当前计数值达到 12，则计数继电器的触点动作（常开触点闭合，常闭触点断开）；同理，如果设定计数值倍数为×2，则当前计数值达到 24 后，计数继电器的触点动作。

计数继电器的端子如图 4-4-11 所示。1-4 接通，可以清零计数继电器；端子 2-7 为供电电源，计数继电器有交流供电和直流供电可供选择，从安全角度，推荐使用直流供电；5-8 为常闭

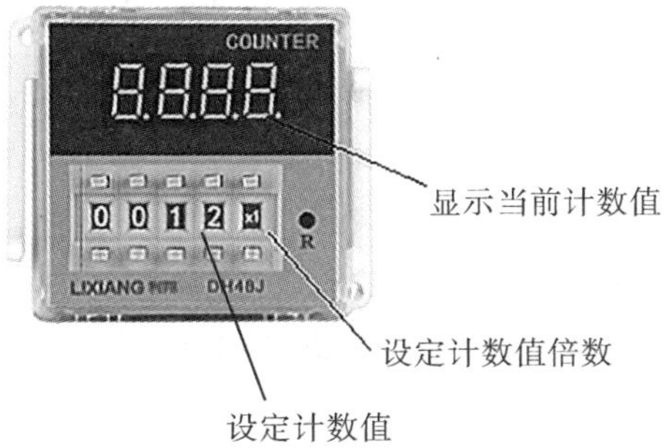

图 4-4-10　计数继电器面板操作

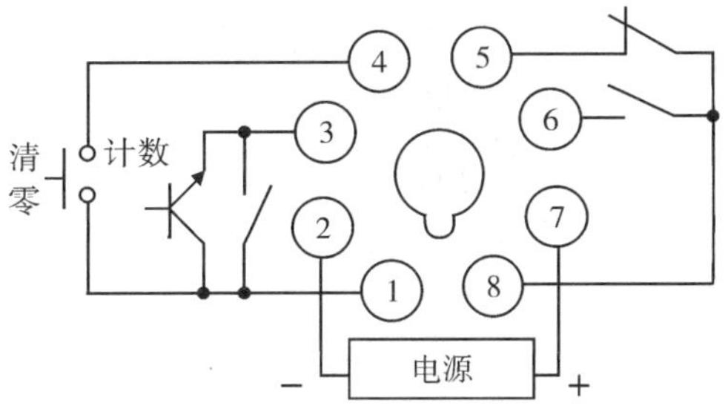

图 4-4-11　计数继电器的端子

触点,6-8 为常开触点;1-3 为计数信号接入。

2）计数继电器的电气符号

计数继电器的电气符号如图 4-4-12 所示,文字符号用 C 表示。

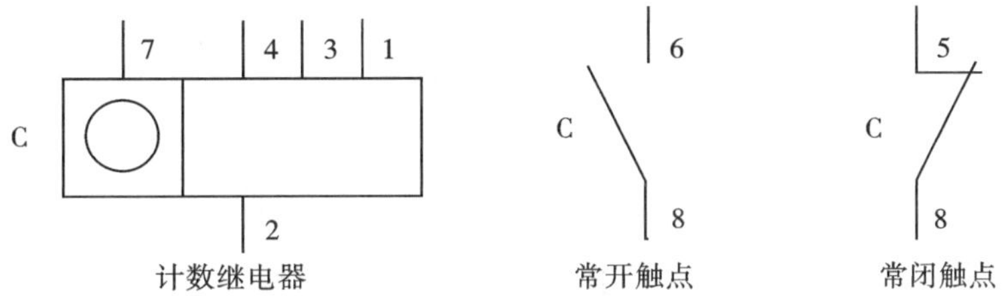

图 4-4-12　计数继电器电气符号

3）计数继电器的安装和拆卸

计数继电器的安装和拆卸如图 4-4-13 所示。

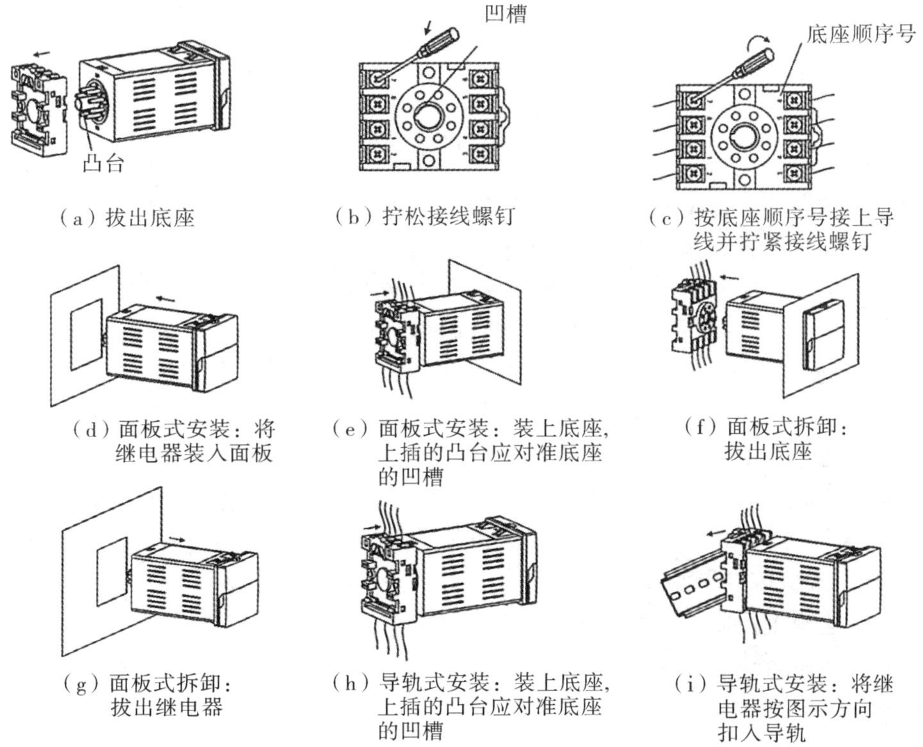

（a）拔出底座

（b）拧松接线螺钉

（c）按底座顺序号接上导线并拧紧接线螺钉

（d）面板式安装：将继电器装入面板

（e）面板式安装：装上底座,上插的凸台应对准底座的凹槽

（f）面板式拆卸：拔出底座

（g）面板式拆卸：拔出继电器

（h）导轨式安装：装上底座,上插的凸台应对准底座的凹槽

（i）导轨式安装：将继电器按图示方向扣入导轨

图 4-4-13　计数继电器的安装和拆卸

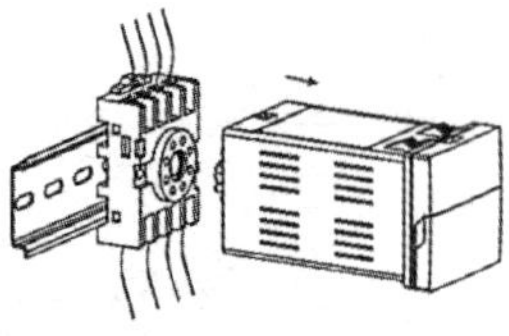

（j）导轨式拆卸：
拔出继电器

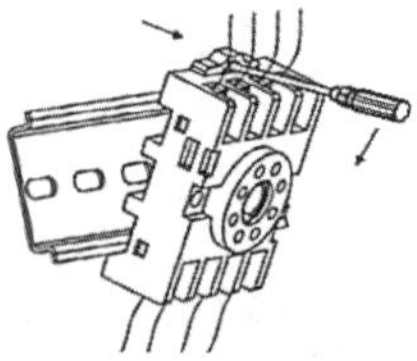

（k）导轨式拆卸：
取下底座

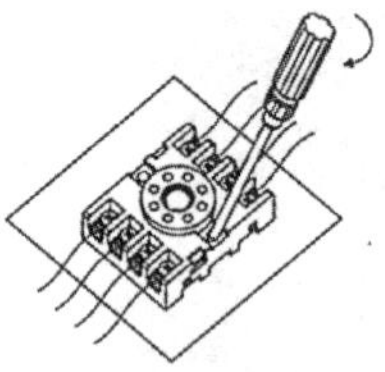

（l）装置式安装：
拧紧安装螺钉

续图 4-4-13

3. 计数继电器的简单应用

将计数继电器的计数值设定好后，使用按钮开始计数，当计数值等于设定的计数值时，指示灯亮；使用另外一个按钮给计数继电器复位，复位后指示灯熄灭。计数继电器简单应用电气原理图如图 4-4-14 所示。

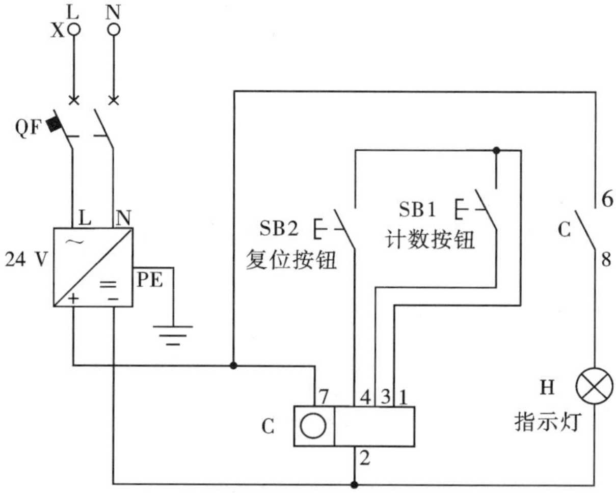

图 4-4-14　计数继电器简单应用电气原理图

计数继电器简单应用控制原理：① 将计数继电器的计数值设定为 5，闭合低压断路器，开关电源开始为系统提供直流电源，计数继电器 2-7 之间有 24 V 直流电，开始工作；② 当按下计数按钮后，计数值加 1，一直加到 5，此时计数继电器的常开触点 6-8 闭合，指示灯 H 两端有 24 V 直流电，指示灯亮；③ 按下复位按钮，此时计数继电器复位，当前计数值变为 0，触点复位，常开触点 6-8 断开，指示灯熄灭。

注意：计数继电器可以通过断电复位，也可以通过复位触点来复位。

4. 控制电器选型实例

以工业机器人机床控制系统为例进行说明。工业机器人机床控制系统由数控机床、人机交互操作控制箱、冷却水循环系统、系统控制柜组成（见图 4-4-15）。

1）工业机器人机床控制系统控制要求

（1）人机交互操作控制箱可以启动、停止工业机器人机床控制系统。

（2）冷却水循环系统启动后才能启动机床控制电源，系统停止过程是先停机床控制电源，然后停冷却水循环系统。

（3）当水位低于低位探头时循环水泵开始工作，当水位高于高位探头时循环水泵停止工作。

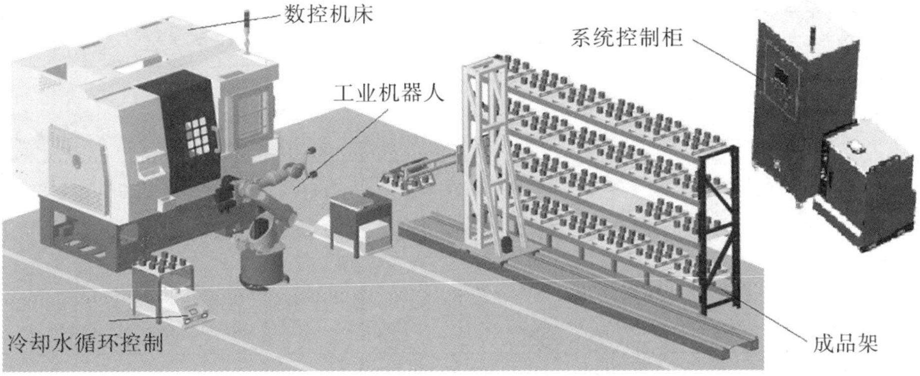

图 4-4-15 工业机器人机床控制系统

(4) 采用热过载继电器保护数控机床。

工业机器人机床控制系统电器组成示意图如图 4-4-16 所示。

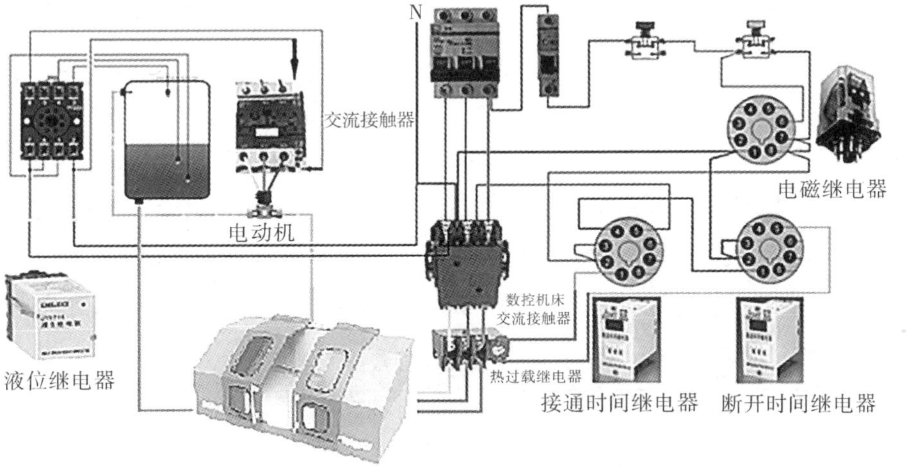

图 4-4-16 工业机器人机床控制系统电器组成示意图

2) 工业机器人机床控制系统主要设备功率

① 数控机床功率为 38.4 kW,供电电源为 380 V、50 Hz。

② 循环水泵功率为 3 kW,供电电源为 380 V、50 Hz。

3) 工业机器人机床控制系统交流接触器选型

对于交流接触器建议按 70%计算,即 100 A 的交流接触器,只能控制最大额定电流为 70 A以下的设备。根据公式 $P=\sqrt{3}\times U\times I\times \cos\varphi$,$\cos\varphi=0.8$,算出数控机床工作电路中的工作电流为 $I=[38.4\times 1000\div(380\times 0.8\times\sqrt{3})]\text{A}=72.9\ \text{A}$,故数控机床交流接触器的额定电流应大于 $I_{max}=I\div 0.7=72.9\ \text{A}\div 0.7=104.1\ \text{A}$。数控机床交流接触器和循环水泵交流接触器的进线电源是 380 V、50 Hz。依据表 4-4-1 和表 4-4-2,数控机床交流接触器应选择 NC7-115-M5。

表 4-4-1　NC7 交流接触器技术参数 1

型号			NC7-115	NC7-150	NC7-170	NC7-205	NC7-250	NC7-300	NC7-410	NC7-475	NC7-620
额定工作电流/A	380 V/400 V	AC-3	115	150	170	205	250	300	410	475	620
		AC-4	115	150	150	205	250	300	410	475	620
	660 V/690 V	AC-3	86	107	118	137	170	235	303	353	462
		AC-4	86	107	107	137	170	235	303	353	462
可控三相鼠笼式电动机功率(AC-3)/kW	380 V/400 V		55	75	90	110	132	160	200	265	335
	660 V/690 V		80	100	110	129	160	220	280	335	450

表 4-4-2　NC7 交流接触器线圈电压及其代号

线圈电压 U_s/V	24	36	42	48	110	127	220	230	240	380	400
50 Hz	B5	C5	D5	E5	F5	G5	M5	P5	U5	Q5	V5
60 Hz	B6	C6	D6	E6	F6	G6	M6	P6	U6	Q6	V6
50 Hz/60 Hz	B7	C7	D7	E7	F7	G7	M7	P7	U7	Q7	V7

根据公式 $P=\sqrt{3}\times U\times I\times\cos\varphi$，$\cos\varphi=0.8$，算出循环水泵工作电路中的工作电流为 $I_s=[3\times1000\div(380\times0.8\times\sqrt{3})]\text{A}=5.7\text{ A}$，故循环水泵交流接触器的额定电流应大于 $I_{smax}=I_s\div0.7=5.7\text{ A}\div0.7=8.1\text{ A}$。依据表 4-4-2 和表 4-4-3，循环水泵交流接触器应选择 NC7-09-M5。

表 4-4-3　NC7 交流接触器技术参数 2

型号			NC7-09	NC7-12	NC7-18	NC7-22	NC7-25	NC7-32	NC7-38	NC7-40	NC7-50	NC7-65	NC7-80	NC7-95
额定工作电流/A	380 V/400 V	AC-3	9	12	18	22	25	32	38	40	50	65	80	95
		AC-4	3.5	5	7.7	7.7	8.5	12	12	18.5	24	28	37	44
	660 V/690 V	AC-3	6.6	8.9	12	14	18	22	22	34	39	42	49	49
		AC-4	1.5	2	3.8	3.8	4.4	7.5	7.5	9	12	14	17.3	21.3
可控三相鼠笼式电动机功率(AC-3)/kW	380 V/400 V		4	5.5	7.5	11	11	15	18.5	18.5	22	30	37	45
	660 V/690 V		5.5	7.5	10	11	15	18.5	18.5	30	37	37	45	45

4）工业机器人机床控制系统电磁继电器选型

（1）工业机器人机床控制系统中，电磁继电器线圈电路（被控制电路）电源电压是 220 V，因此要选择 220 V AC 的电磁继电器。

（2）触点电路（控制电路）电源电压是 220 V，电磁继电器的一组常开触点用于回路自锁，一组常开触点用于接通时间继电器，所以可以选择具有2组常开/常闭触点的电磁继电器。

（3）根据电磁继电器的技术参数选择相应电磁继电器的型号，表4-4-4所示为正泰JQX-10F电磁继电器技术参数，工业机器人机床控制系统电磁继电器应选择正泰JQX-10F-220、配套插座CZF08 A。

注意：电磁继电器的额定电压一般指的是线圈的额定电压，这个参数决定了所选电磁继电器的使用，另外就是选择8脚或者14脚的电磁继电器，具体选择8脚还是14脚的电磁继电器是在绘制电气原理图的时候需要确认的。

表4-4-4 正泰JQX-10F电磁继电器技术参数

额定电压/V	动作电压/V	释放电压/V	线圈电阻/Ω
6	4.8	0.6	22×(1±10%)
12	9.6	1.2	80×(1±10%)
24	19.2	2.4	360×(1±10%)
36	28.8	3.6	840×(1±10%)
48	38.4	4.8	1440×(1±10%)
110	88.0	11.0	7560×(1±10%)
220	176.0	22.0	29000×(1±10%)

5）工业机器人机床控制系统热过载继电器选型

热过载继电器额定电流应大于数控机床额定电流72.9 A，一般为额定电流的1.15倍，根据热过载继电器的技术参数选择相应的热过载继电器。表4-4-5所示为正泰JR36热过载继电器技术参数，工业机器人机床控制系统热过载继电器应选择正泰JR36-160。

表4-4-5 正泰JR36热过载继电器技术参数

型号	JR36-20	JR36-63	JR36-160
额定工作电流/A	20	63	160
额定绝缘电压/V	690	690	690
断相保护	有	有	有
手动与自动复位	有	有	有
温度补偿	有	有	有
测试按钮	有	有	有
安装方式	独立式	独立式	独立式
辅助触点	1NO+1NC	1NO+1NC	1NO+1NC

6）工业机器人机床控制系统时间继电器选型

工业机器人机床控制系统时间继电器是先接通才开始计时的，应该选用通电延时型，根据时间继电器的技术参数选择相应的时间继电器。表4-4-6所示为正泰JSZ3时间继电器技术参数，工业机器人机床控制系统时间继电器应选择正泰JSZ3A-G-220 V。

表 4-4-6　正泰 JSZ3 时间继电器技术参数

型号	JSZ3A	JSZ3C	JSZ3F	JSZ3K	JSZ3Y	JSZ3R
工作方式	通电延时	通电延时带瞬动触点	断电延时	信号断开延时	星三角启动延时	往复循环延时
延时范围	A:0.05～0.5 s/5 s/30 s/3 min B:0.1～1 s/10 s/60 s/6 min C:0.5～5 s/50 s/5 min/30 min D:1～10 s/100 s/10 min/60 min E:5～60 s/10 min/60 min/6 h F:0.25～2 min/20 min/2 h/12 h G:0.5～4 min/40 min/4 h/24 h		0.1～1 s 0.5～5 s 1～10 s 2.5～30 s 5～60 s 10～120 s 15～180 s	0.1～1 s 0.5～5 s 1～10 s 2.5～30 s 5～60 s 10～120 s 15～180 s	0.1～1 s 0.5～5 s 1～10 s 2.5～30 s 5～60 s 10～120 s 15～180 s	0.5～6 s/60 s 1～10 s/10 min 2.5～30 s/30 min 5～60 s/60 min
设定方式	电位器					
工作电压	AC 50 Hz,36 V,110 V, 127 V,220 V,380 V; DC 24 V		AC 50 Hz,36 V, 110 V,127 V, 220 V,380 V; DC 24 V	AC 50 Hz, 110 V, 220 V,380 V; DC 24 V	AC 50 Hz, 110 V, 220 V,380 V; DC 24 V	AC 50 Hz,110 V, 220 V,380 V; DC 24 V

7）电源选择

工业机器人机床控制系统液位继电器在水循环控制中使用的是 220 V AC 电源。

三、任务实施

1. 任务说明

本任务要求如下。

① 按下启动按钮,供水泵可以持续供水,直至达到高位停机。

② 经过时间继电器 1 设定的时间,供水泵停止工作且供水液位继电器停止工作,与此同时,排水泵和排水液位继电器开始工作。

③ 经过时间继电器 2 设定的时间,排水泵停止工作且排水液位继电器停止工作,与此同时,供水泵和供水液位继电器开始工作,可以如此反复循环地执行下去。

④ 按下停止按钮,不管是供水泵还是排水泵均可以停止。

根据工业机器人焊接冷却水循环控制电气原理图(见图 4-4-17),首先明确系统控制原理和控制方式,对控制系统中的控制元件进行选型,并填入表 4-4-7 中,然后将图 4-4-17 转换为实物接线,在元件配盘上安装电气元件,安装线槽,选择合适的电缆接线、走线,最后经测试后送电验证水循环控制的功能。控制系统使用电磁继电器实现启保停控制,使用 2 个交流接触器来控制 2 个单相电动机,使用低压断路器实现交流配电和电源保护,使用时间继电器实现供水开机时间和排水开机时间控制,使用 2 个液位继电器分别实现供水和排水功能。供水泵和排水泵的电动机均为单相电动机,功率均为 1.2 kW。

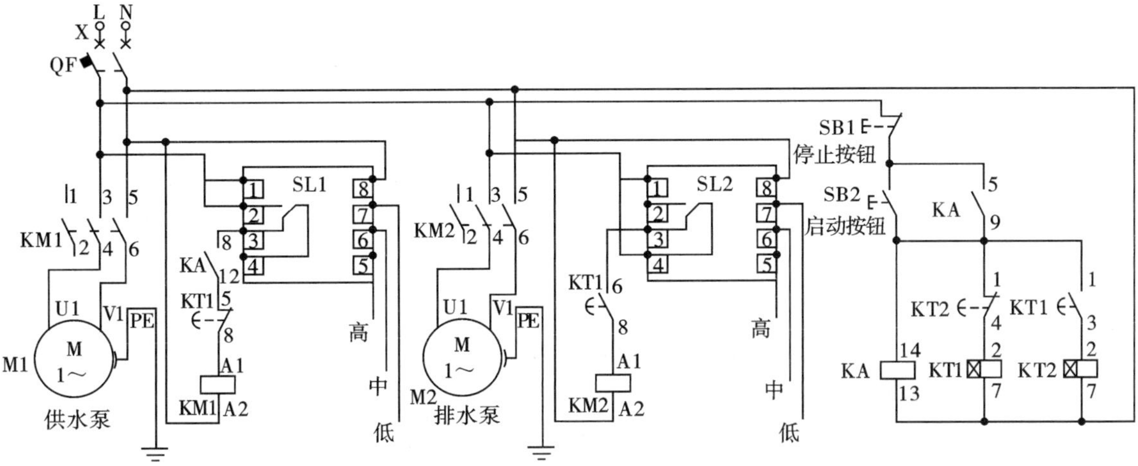

图 4-4-17　工业机器人焊接冷却水循环控制电气原理图

表 4-4-7　工业机器人焊接冷却水循环控制电气元件选型

元件名称	数量	规格	备注
交流接触器	2 个		
低压断路器	1 个		
电磁继电器	1 个		
时间继电器	2 个		
液位继电器	2 个		

2. 任务实施步骤

(1) 根据图 4-4-18，条理清晰地描述控制过程，注意描述自锁控制、时间循环控制、供水控制、排水控制。

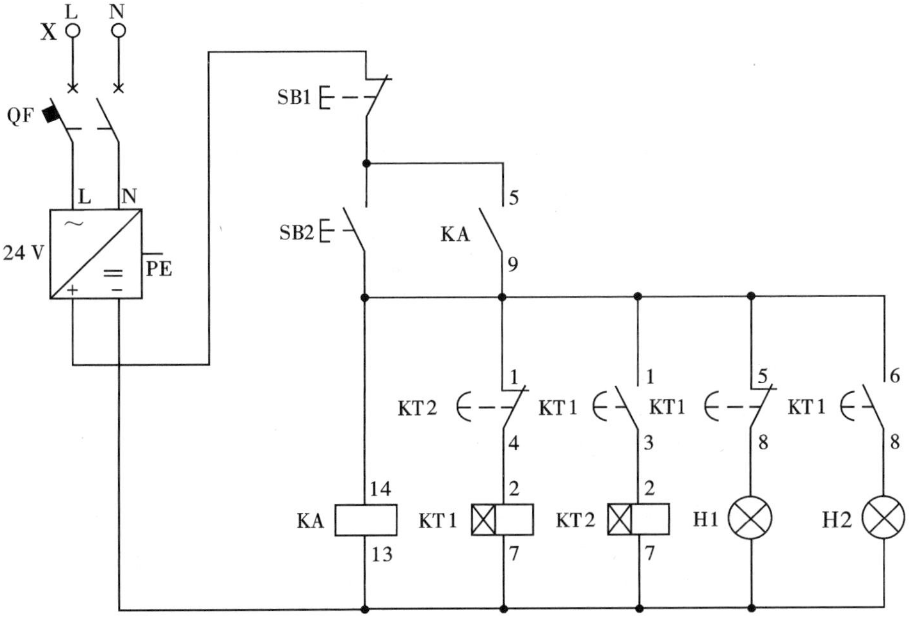

图 4-4-18　工业机器人焊接冷却水循环控制简化电气原理图

（2）搭建电气实物。

为了方便搭建电气实物，考虑实施条件的可能性，根据图 4-4-18 搭建电气实物。

搭建流程：① 选择合适的电气安装工具，在配盘上安装固定好电气元件、线槽和 DIN 导轨；② 根据电气原理图选择合适的接线工具，搭建控制回路。

（3）水循环控制功能验证。

验证流程：① 低压断路器 QF 合闸前，使用万用表交流 750 V 挡测量单相电源的电压是否为 220～240 V；② 按下启动按钮，观察供水泵是否可以工作，松开启动按钮，观察供水泵是否可以保持工作状态；③ 经过 KT1 设定的时间，观察供水泵是否停止且排水泵开始工作；④ 经过 KT2 设定的时间，观察排水泵是否停止且供水泵开始工作，可以如此反复地执行下去；⑤ 按下停止按钮，观察供水泵和排水泵是否停止。

3. 任务评价

评价标准如下：① 自锁控制、时间循环控制、供水控制、排水控制描述正确；② 元件安装布局合理、整齐、美观、安全，线路连接正确，无短路、断路等问题；③ 系统运行后，系统所有功能验证正确；④ 现场 6S 符合要求。

四、任务拓展

液位继电器和计数继电器常见故障分析如表 4-4-8 所示。

表 4-4-8　液位继电器和计数继电器常见故障分析

故障设备	故障现象	可能原因及解决方法
液位继电器	低位时液位继电器不动作	可能原因：中位探头与其他触头导通或液位继电器损坏。 解决方法：检查中位探头位置有无导通的地方并确保低位探头在水箱最底部，如有问题，进行相应处理即可；如确认无导通的地方并且低位探头在水箱最底部，则证明是液位继电器损坏
	高位时失控或误动作	可能原因：高位探头与其他触头导通或液位继电器损坏。 解决方法：检查高位探头位置有无导通的地方，如有导通的地方，进行相应处理即可；如确认无导通的地方，则证明是液位继电器损坏
计数继电器	计数继电器开机不显示	可能原因：电源接入不对或计数继电器损坏。 解决方法：使用万用表检查计数继电器的电源引脚是否符合设备说明书的要求，如果是直流电，还要注意电源的正负极不可接错。如果以上检查都没有问题，则可确认是计数继电器损坏
	计数值达到设定值后计数继电器不动作	可能原因：① 接线错误；② 计数继电器损坏。 解决方法：① 根据计数继电器的接线说明，严格检查触点的接线是否正确，接线是否组合成一个完整的回路；② 如果以上检查都没有问题，使用万用表通断测试挡测试常开触点是否闭合，常闭触点是否断开，如果通过万用表判断计数值达到设定值后常开触点或常闭触点没有动作，则可以确认是计数继电器损坏

项目五
机电应用信号控制与人机交互控制

5

【学习目标】

知识目标：掌握按钮、指示灯、限位开关、接近开关、光电开关、磁感应开关、安全门开关、安全光栅、压力传感器等主令电气设备的基本工作原理、电气符号、安装和使用方法；掌握主令电气设备典型的控制原理的应用。

能力目标：能够根据控制要求选择合适型号的主令电气设备；能够将主令电气设备应用在控制电路中；能够动手搭建调试工业机器人控制系统中几种典型的控制电路。

【项目任务】

任务1 工业机器人工作站小车自动往返控制

任务2 工业机器人工作站安全门控制

任务3 工业机器人工作站人机交互控制

任务4 工业机器人应用系统状态显示控制

主令电气设备用于闭合、断开控制电路，以发布命令或信号，实现对工业控制系统的控制或实现对程序的控制。本项目首先介绍限位开关、接近开关的应用控制和典型的控制电路，然后介绍光电开关、磁感应开关、安全门开关等的应用控制和典型的控制电路，接着介绍按钮及其应用控制，最后介绍指示灯及其应用控制。工业控制需要各种各样的人机交互控制设备和各类传感器来支撑。通过本项目的学习，学生应该掌握常见的主令电气设备的使用方法。

任务1 工业机器人工作站小车自动往返控制

一、任务描述

在工业机器人工作站控制过程中，经常会遇到需要进行自动往返控制的情况，例如汽车车架焊接工作站，汽车车架通过小车运送到工位进行焊接，焊接完成后自动退出，进入下一个流程。汽车车架焊接工作站如图 5-1-1 所示。

任务要求：① 根据工业机器人工作站自动往返控制的电气原理图，掌握限位开关、接近开关的安装、使用方法；② 以电气原理图为基础，完成工业机器人工作站自动往返控制所需的元件安装、系统通电调试。

图 5-1-1 汽车车架焊接工作站

二、相关知识

1. 限位开关

限位开关（见图 5-1-2）也被称为行程开关，它的特点是通过物体的机械碰撞来感知物体的接近，从而控制电路的通断。

（a）直动式限位开关　（b）滚轮式限位开关

图 5-1-2 限位开关

1）限位开关的结构原理和电气符号

限位开关由操作头、传动部分、触点系统和外壳组成。当外界设备触动推杆动作时，限位开关的常开触点闭合，常闭触点断开。

直动式限位开关结构原理图如图 5-1-3 所示。

限位开关是靠外界触发的，限位开关的触点（常开触点和常闭触点）属于无源触点（仅触点导通，没有电压或电流）。图 5-1-4 所示为限位开关的电气符号。

2）限位开关的分类

限位开关分为缓动开关和速度开关。缓动开关接通和断开的切换时间与开关操作频率有

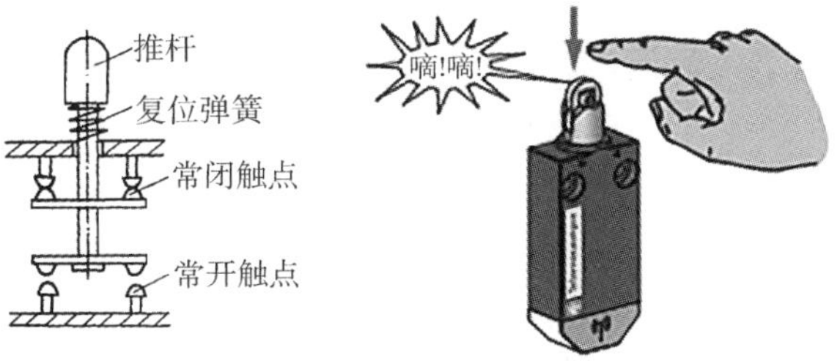

图 5-1-3 直动式限位开关结构原理图

（a）常开触点　（b）常闭触点　（c）组合触点

图 5-1-4 限位开关的电气符号

关，操作频率越高，开关的切换越快。速度开关接通和断开的切换时间与开关操作频率无关，开关只要被操作到一定位置，便发生接通和断开的切换，此过程时间一般为弹簧弹跳所需的时间。

限位开关根据其触发导通的方式可以分为直动式限位开关、滚轮式限位开关和微动式限位开关。微动式限位开关如图 5-1-5 所示。因其行程不超过 15 mm，故称为微动式限位开关。微动式限位开关的选型需要注意行程和动作频率的选择。

图 5-1-5 微动式限位开关

3）限位开关的典型应用

限位开关的常开触点或常闭触点通过串接电源控制电磁继电器线圈、交流接触器线圈、指示灯等控制类电气元件或显示类电气元件。图 5-1-6 所示为限位开关的典型应用，串接的电源可以是交流也可以是直流。

2. 接近开关

接近开关是一种不需要与运动部件进行机械接触而可以操作的位置开关。当运动部件靠近接近开关时，接近开关发出信号，达到行程控制或计数自动控制的目的。

1）接近开关的结构组成和电气符号

接近开关由感应头、高频振荡器、放大器和外壳组成。图 5-1-7 所示为接近开关的电气符号。

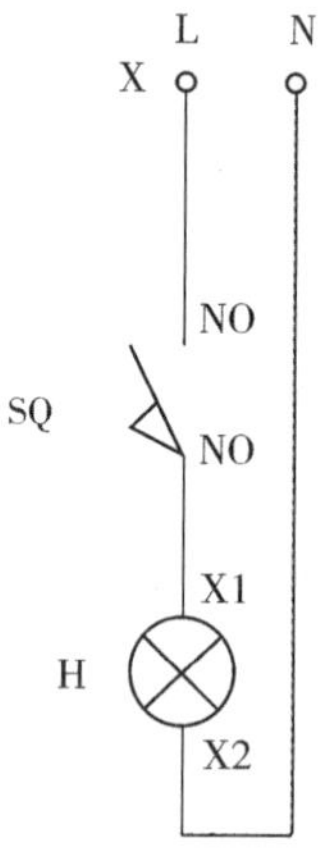

图 5-1-6　限位开关的典型应用

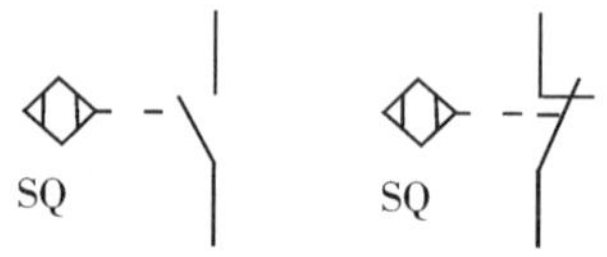

图 5-1-7　接近开关的电气符号

2）接近开关的分类

接近开关按工作原理的不同可以分为电感型接近开关、电容型接近开关。

（1）电感型接近开关。

电感型接近开关(见图 5-1-8)的感应头是一个具有铁氧体磁芯的电感线圈，只能检测金属物体。振荡器在感应头表面产生交变磁场，当金属物体接近感应头时，接近开关内部动作，从而达到“开”和“关”的控制。电感型接近开关的特点是抗干扰性能强、开关频率高、只能感应金属物体。

（2）电容型接近开关。

电容型接近开关(见图 5-1-9)的感应头是一个圆形平板电极，与振荡电路的地线形成一个分布电容，当有导体或其他介质接近感应头时，电容增大，从而使振荡器停止振荡，经过放大器输出电信号。

图 5-1-8　电感型接近开关

图 5-1-9　电容型接近开关

3）接近开关的接线

（1）二线制接近开关的接线。

二线制接近开关如图 5-1-10 所示。

当外界有金属等物体接近二线制接近开关时，L＋和 N－之间导通。二线制接近开关的特点是信号线和电源线公用。以直流二线制接近开关为例说明二线制接近开关的具体接线方式，如图 5-1-11 所示。

控制原理：当外界有金属等物体接近二线制接近开关时，其内部触点导通，电磁继电器线圈得电，继而可以控制其他的设备。

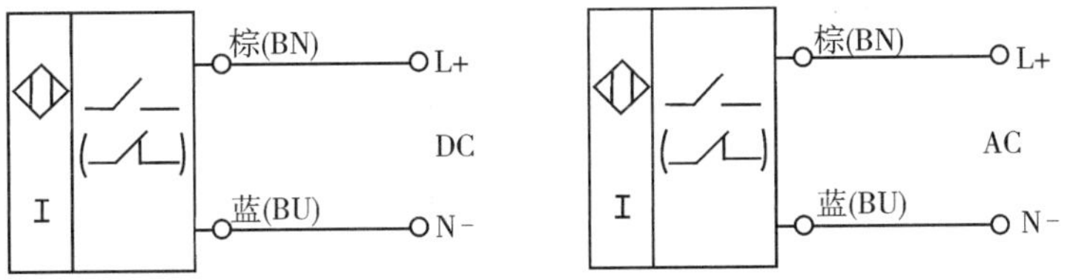

（a）直流二线制接近开关　　（b）交流二线制接近开关

图 5-1-10　二线制接近开关

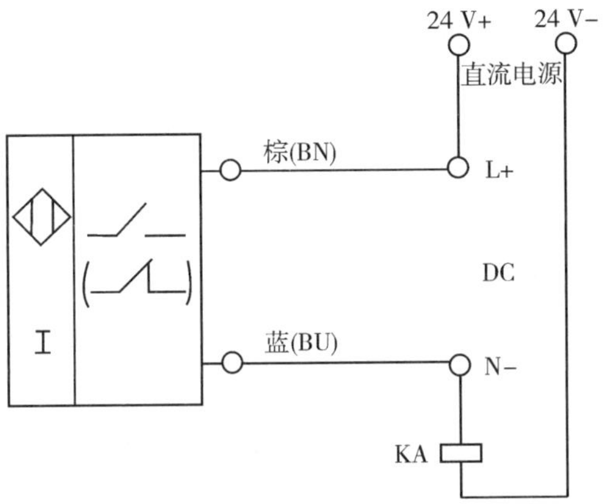

图 5-1-11　直流二线制接近开关的接线

(2) 三线制接近开关的接线。

三线制接近开关如图 5-1-12 所示。

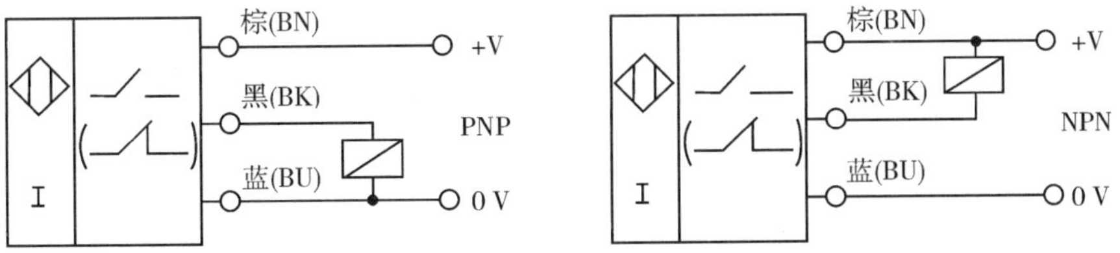

（a）直流三线制PNP型接近开关　　（b）直流三线制NPN型接近开关

图 5-1-12　三线制接近开关

① PNP 型接近开关工作过程。

PNP 型接近开关用于负极共点(COM)，传感器内部开关是信号输出线 OUT 与 VCC(+V)相连，相当于 OUT 信号输出端输出高电平。

PNP-NO 型：接近开关在无信号触发时，信号输出线 OUT 与 VCC(+V)断开，OUT 信号输出端为空；有信号触发时，输出与 VCC(+V)相同的电压，即信号输出线 OUT 与 VCC(+V)相连，输出高电平。

PNP-NC 型：接近开关在无信号触发时，输出与 VCC(+V)相同的电压，输出高电平；有信号触发时，信号输出线 OUT 与 VCC(+V)断开，OUT 信号输出端为空。

三线制 PNP 型接近开关的典型应用如图 5-1-13 所示。

PNP 型接近开关控制原理：以 NO 型为例说明其控制过程，当接近开关未感应到金属等物体时，黑色(BK)信号线悬空，电磁继电器两端没有 24 V 电压，电磁继电器不会吸合；当接近开

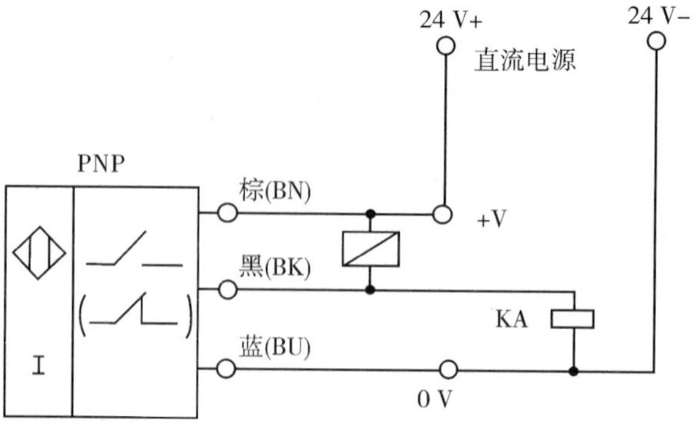

图 5-1-13 三线制 PNP 型接近开关的典型应用

关感应到金属等物体时，黑色(BK)信号线输出 24 V+电压，电磁继电器两端有 24 V 电压，电磁继电器吸合，可以使用电磁继电器的触点来控制其他的设备或者传递信号，如接入 PLC 输入点。

② NPN 型接近开关工作过程。

NPN 型接近开关用于正极共点(COM)，传感器内部开关是信号输出线 OUT 与 GND (0 V)相连，相当于 OUT 信号输出端输出低电平。

NPN-NO 型：接近开关在无信号触发时，信号输出线 OUT 与 GND(0 V)断开，OUT 信号输出端为空；有信号触发时，输出低电平 0 V。

NPN-NC 型：接近开关在无信号触发时，输出与 GND 相同的 0 V 低电平；有信号触发时，信号输出线 OUT 与 GND(0 V)断开，OUT 信号输出端为空。

三线制 NPN 型接近开关的典型应用如图 5-1-14 所示。

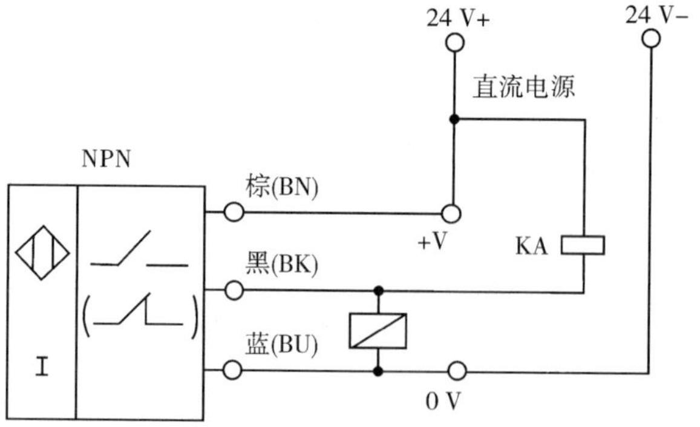

图 5-1-14 三线制 NPN 型接近开关的典型应用

NPN 型接近开关控制原理：以 NO 型为例说明其控制过程，当接近开关未感应到金属等物体时，黑色(BK)信号线悬空，电磁继电器两端没有 24 V 电压，电磁继电器不会吸合；当接近开关感应到金属等物体时，黑色(BK)信号线输出 24 V-电压(0 V 电压)，电磁继电器两端有 24 V 电压，电磁继电器吸合，可以使用电磁继电器的触点来控制其他的设备或者传递信号，如接入 PLC 输入点。

(3) 四线制接近开关的接线。

四线制接近开关与三线制接近开关的区别如下：三线制接近开关只有一种触点形式，即要么是 NO 型，要么是 NC 型；四线制接近开关有两种触点形式，其中黑色(BK)信号线是 NO 输出，白色(WH)信号线是 NC 输出。

四线制接近开关如图 5-1-15 所示。

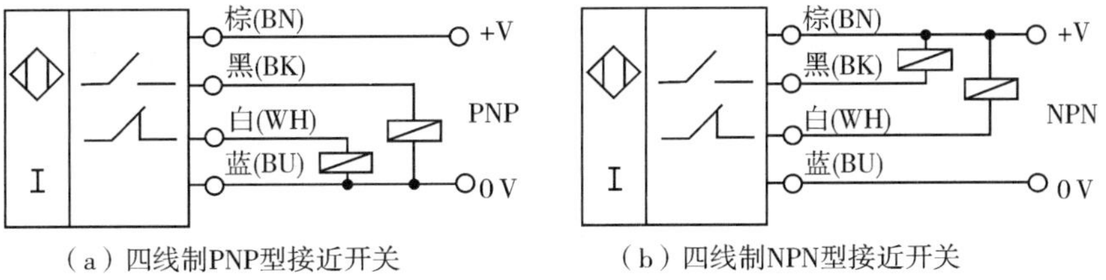

图 5-1-15 四线制接近开关

3. 自动往返控制

自动往返控制是指电动机运动碰到限位开关或接近开关后自动改变正反转的控制。

电动机自动往返控制如图 5-1-16 所示。

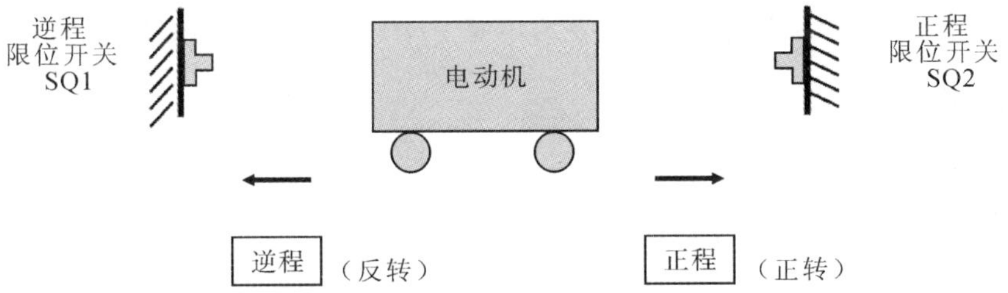

图 5-1-16 电动机自动往返控制

1）限位开关自动往返控制

限位开关自动往返控制是指按下正转按钮或者碰到逆程限位开关，电动机正向转动，并持续正转；按下停止按钮，电动机停止运行；当按下反转按钮或者碰到正程限位开关时，电动机反向转动，并持续反转。图 5-1-17 所示是限位开关自动往返控制电气原理图。

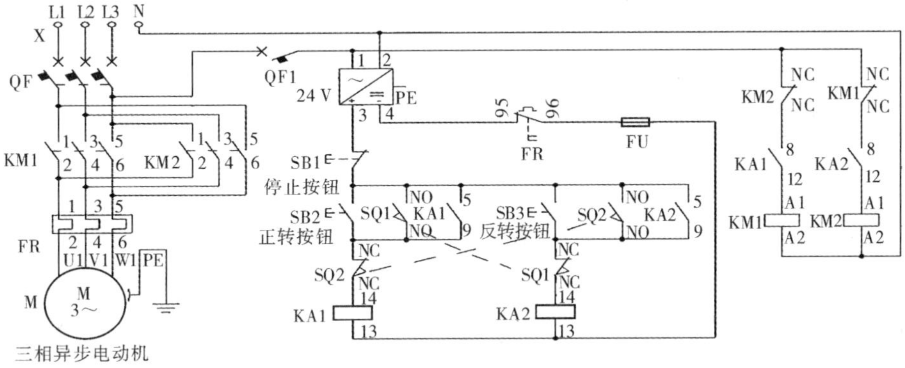

图 5-1-17 限位开关自动往返控制电气原理图

限位开关自动往返控制原理如下：① 闭合总断路器 QF，系统有三相电源；闭合低压断路器 QF1，开关电源得电并提供 24 V 直流电。② 按下正转按钮 SB2，电磁继电器 KA1 线圈得电，常开触点 5-9 闭合，电磁继电器形成自锁；常开触点 8-12 闭合，交流接触器 KM1 线圈可以持续得电，电动机正转。③ 正程运动过程中如果碰到正程限位开关 SQ2，限位开关 SQ2 常开触点和常闭触点同时动作；SQ2 常闭触点断开后电磁继电器 KA1 线圈断电，正转自锁消失，电动机正转停止；同时由于 SQ2 常开触点闭合，电磁继电器 KA2 线圈得电，电动机立马反转；反转一会儿后，电动机离开限位开关 SQ2，其所有触点复位，但由于 KA2 线圈自锁，电动机仍然持续反转。④ 当电动机反转过程中碰到逆程限位开关 SQ1 时，限位开关 SQ1 常开触点和常闭触点同时动作；SQ1 常闭触点断开后电磁继电器 KA2 线圈断电，反转自锁消失，电动机反转停止；同时由于 SQ1 常开触点闭合，电磁继电器 KA1 线圈得电，电动机立马正转；正转一会儿后，电动机离开限位开关 SQ1，其所有触点复位，但由于 KA1 线圈自锁，电动机仍然持续正转。如此反复下去，可以实现电动机的自动往返运动。⑤ 当按下停止按钮 SB1 后，直流供电均断开，电磁继电器 KA1 和 KA2 均失电，此时不管是正转还是反转，电动机都会停止。⑥ 如果电动机停止，按下反转按钮，KA2 常开触点 5-9 闭合，电磁继电器 KA2 形成自锁，电动机开始反转。⑦ 正转按钮或反转按钮只能在电动机停止的时候按下，电动机运行过程中不能按。

2）接近开关自动往返控制

接近开关自动往返控制与限位开关自动往返控制的区别是，接近开关控制电磁继电器的线圈是通过线圈的触点进行控制的，限位开关自动往返控制是其触点直接进行控制。接近开关自动往返控制的原理这里不再赘述，图 5-1-18 所示是 PNP 型接近开关自动往返控制电气原理图。

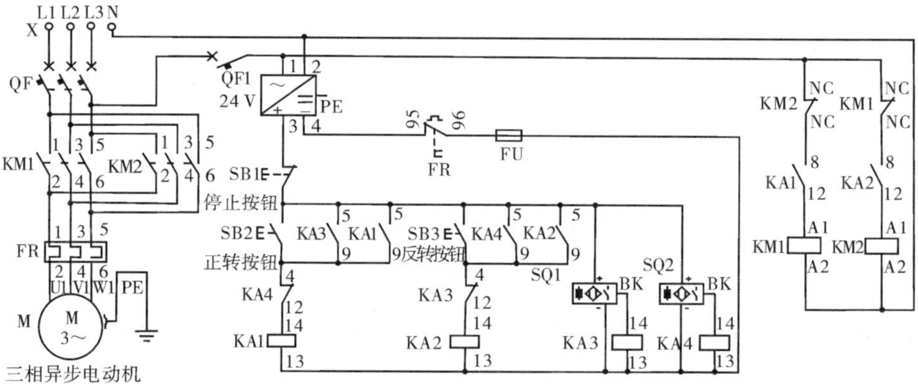

图 5-1-18　PNP 型接近开关自动往返控制电气原理图

注意：可以采用 NPN 型，只是控制电磁继电器 KA3 和 KA4 时信号端输出电压即可。

三、任务实施

1. 任务说明

小车自动往返控制如图 5-1-19 所示。

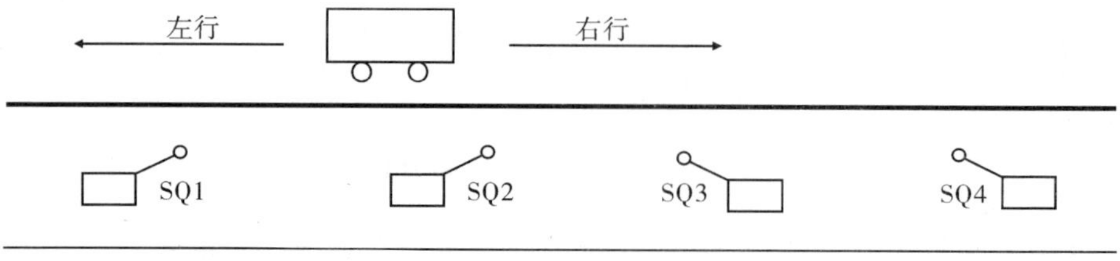

（a）左极限限位开关　（b）左限位接近开关　（c）右限位接近开关　（d）右极限限位开关

图 5-1-19　小车自动往返控制

任务要求：① 按下正转按钮，小车电动机正转（向右）；② 感应右限位接近开关，小车电动机换向反转（向左）；③ 感应左限位接近开关，小车电动机换向正转；④ 小车电动机正转过程中没有感应到右限位接近开关，触碰右极限限位开关，小车电动机立即停机；⑤ 小车电动机反转过程中没有感应到左限位接近开关，触碰左极限限位开关，小车电动机立即停机；⑥ 不管小车电动机是正转还是反转，按下停止按钮，小车电动机均能停机。

如果没有三相异步电动机，可以根据图 5-1-20 所示的简化电气原理图来进行实物的搭建，简易系统通过两种颜色的灯来反映三相异步电动机的正转和反转。

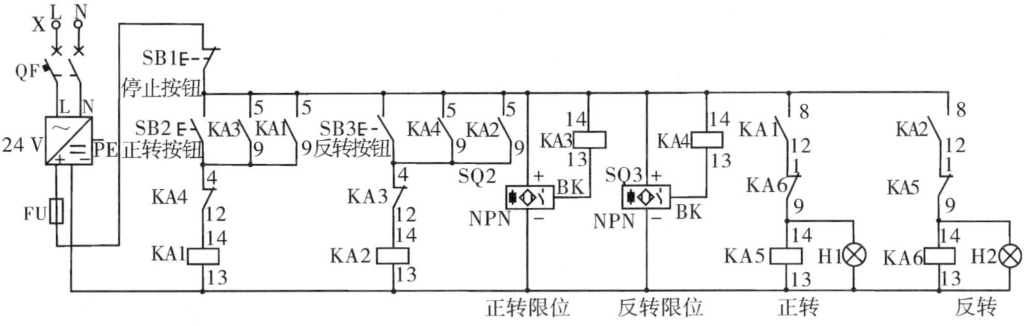

图 5-1-20 工业机器人工作站小车自动往返控制简化电气原理图

2. 任务实施步骤

（1）读懂电气原理图，条理清晰地描述控制过程，注意描述自锁控制、自动往返控制。

（2）搭建电气实物。

搭建流程：① 选择合适的电气安装工具，在配盘上安装固定好电气元件、线槽和 DIN 导轨；② 根据电气原理图选择合适的接线工具，搭建控制回路。

（3）自动往返控制功能验证。

3. 任务目标

任务目标如下：① 自锁控制、自动往返控制描述正确；② 实物接线正确，系统功能验证正确。

四、任务拓展

限位开关和接近开关常见故障说明如表 5-1-1 所示。

表 5-1-1 限位开关和接近开关常见故障说明

故障设备	故障现象	可能原因及解决方法
限位开关	车架碰撞限位开关后，触点不动作	可能原因：触点松动或安装位置不对。 解决方法：① 拆下限位开关，检查滚珠摆杆是否有故障，如已松动，自行处理即可，如摆杆无问题，可以先排除车架碰撞行程不足以触发触点动作这个故障，尝试调整安装位置进行验证；② 拆下限位开关，手动操作限位开关，如果触点仍不动作，可以确定限位开关内部已经损坏
	摆杆已偏转或无车架碰撞，触点不复位	可能原因：内部卡阻或复位弹簧失效。 解决方法：拆下限位开关，手动检查限位开关能否自行复位，如能自行复位，则证明是碰撞过多造成复位故障，调整滚珠摆杆长度或限位开关位置；如果手动不能复位，则说明是限位开关内部复位弹簧失效或卡阻，需维修或更换限位开关

续表

故障设备	故障现象	可能原因及解决方法
接近开关	实际检测中信号时有时无	可能原因：安装不合理。 解决方法：调整安装距离，使接近开关尽可能地靠近被检测物体，被检测物体在运动过程中不能碰到接近开关的感应头
	无反馈信号	可能原因：供电电源故障。 解决方法：① 检查电感型接近开关的电压，当供电电压低于 21 V 时，电感型接近开关就会无输出信号，另外需要避免交流电压接入电感型接近开关；② 如果供电电压正常，仍无反馈信号，可以更换一个电感型接近开关进行对比，检查当前的电感型接近开关是否已经损坏

注意：由于接近开关一般都封装好了，一般不能拆卸，因此出现故障，就需要更换。

任务 2　工业机器人工作站安全门控制

一、任务描述

工业机器人作业范围内如果有人进入，有可能会造成重大的安全事故。保障安全生产，在工业机器人工作站里是必不可少的环节。图 5-2-1 所示为通过安全光栅实现的安全门控制。

任务要求：① 根据工业机器人工作站安全门控制的电气原理图，掌握光电开关的安装、使用方法；② 以电气原理图为基础，完成工业机器人工作站安全门控制所需的元件安装、系统通电调试。

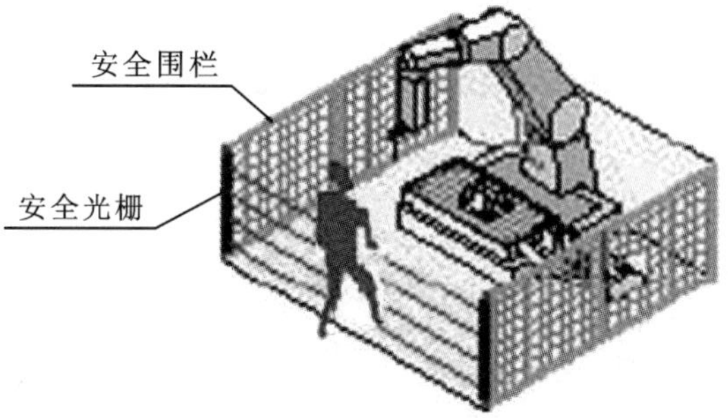

图 5-2-1　通过安全光栅实现的安全门控制

二、相关知识

1. 光电开关

光电开关（见图 5-2-2）是光电接近开关的简称。光电开关利用被检测物体对光束的遮挡或反射，由同步回路接通电路，从而检测物体的有无。光电开关分为对射式光电开关和漫反射式光电开关，对射式光电开关由发射器和接收器组成，漫反射式光电开关集发射器和接收器于一体。

光电开关可检测的物体不限于金属，所有能反射光线（或者对光线有遮挡作用）的物体均可

（a）对射式光电开关　（b）漫反射式光电开关

图 5-2-2　光电开关

以被检测。光电开关具有体积小、功能多、使用寿命长、精度高、响应速度快、检测距离远以及抗光、电、磁干扰能力强等优点，缺点是对环境要求较高。

1）光电开关的电气符号

光电开关的电气符号如图 5-2-3 所示，文字符号用 B 表示，对射式光电开关需要同时绘制发射器和接收器。

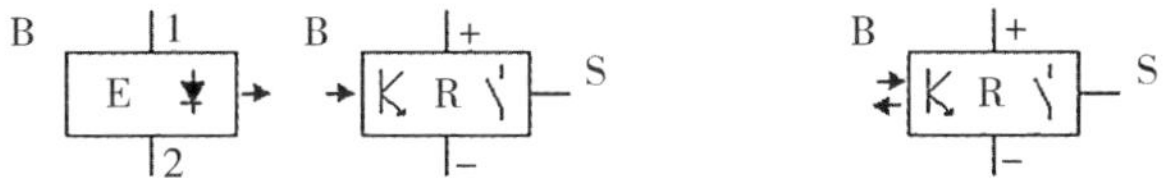

（a）对射式光电开关　（b）漫反射式光电开关

图 5-2-3　光电开关的电气符号

2）光电开关的典型应用

光电开关的接线和接近开关一样，这里不再说明。光电开关的典型应用如图 5-2-4 所示，选用对射式光电开关，当没有物体遮挡时，光电开关被触发，其触点闭合，灯 H 被点亮。

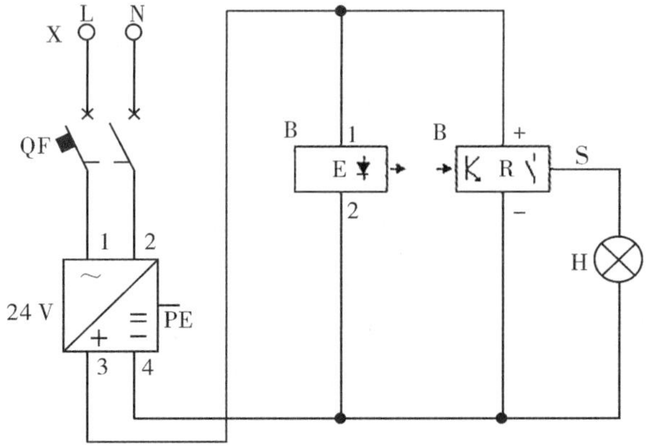

图 5-2-4　光电开关的典型应用

2. 磁感应开关

磁感应开关（见图 5-2-5）主要是指霍尔接近开关，其工作原理是霍尔效应，当磁性物体接近霍尔接近开关时，霍尔接近开关的状态改变，比如从“开”变为“关”。

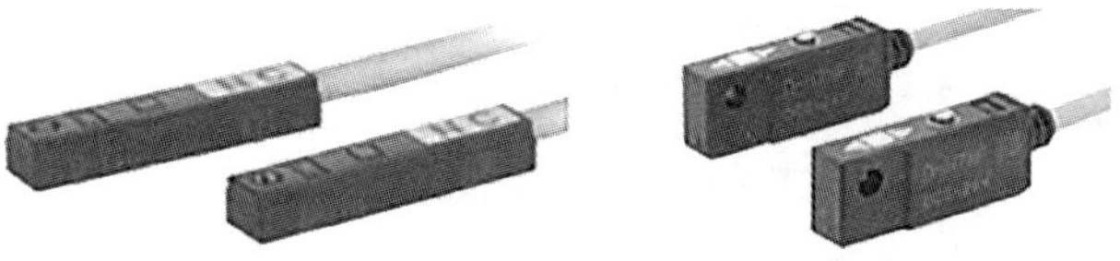

（a）直插式磁感应开关　（b）拉杆式磁感应开关

图 5-2-5　磁感应开关

磁感应开关的特点是体积小，只能检测磁性物体。磁感应开关和磁环配合使用，可以检测气缸的位置，如图 5-2-6 所示。

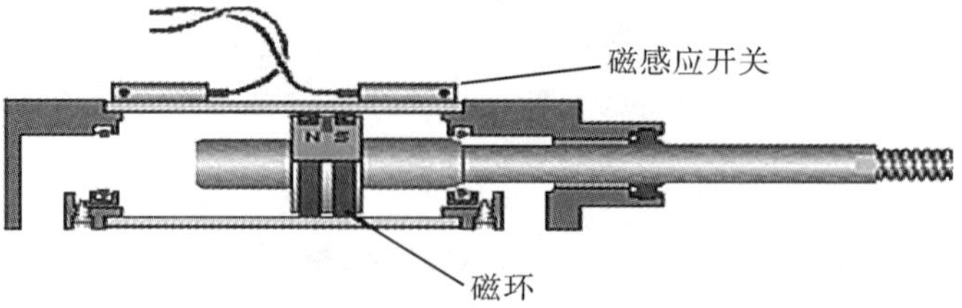

图 5-2-6　磁感应开关的应用

磁感应开关可分为触点型磁感应开关和无触点型磁感应开关。表 5-2-1 所示为磁感应开关的对比。

表 5-2-1　磁感应开关的对比

磁感应开关	触点型磁感应开关	无触点型磁感应开关
漏电流	无	三线制：100 μA 以下 二线制：0.8 mA 以下
动作时间	1.2 ms	≤1 ms
可靠性	较高	高
磁滞	大	小
安装空间	大	小
自激振荡	有	无
耐电压	AC 1500 V，持续 1 min（电缆和壳体之间）	AC 1000 V，持续 1 min（电缆和壳体之间）
动作范围	5～14 mm	3～10 mm
寿命	几千万次	半永久

磁感应开关按接线方式分为二线制磁感应开关和三线制磁感应开关，三线制磁感应开关有 NPN 型和 PNP 型，在选择磁感应开关的时候要确定是 NO 型还是 NC 型。图 5-2-7 所示为磁感应开关的电气符号。

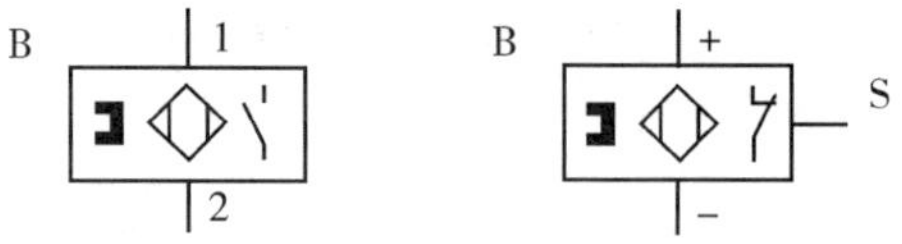

（a）二线制磁感应开关　（b）三线制磁感应开关

图 5-2-7　磁感应开关的电气符号

3. 安全门开关

安全门开关（见图 5-2-8）主要用来对安全门的状态进行监控，一旦安全门被打开，工作区内的设备立即停止运行，防止对进入工作区的人员造成人身伤害。

1）安全门开关的结构原理和电气符号

安全门开关结构原理图如图 5-2-9 所示。安全门开关由相互独立的两部分组成：开关本体

图 5-2-8 安全门开关

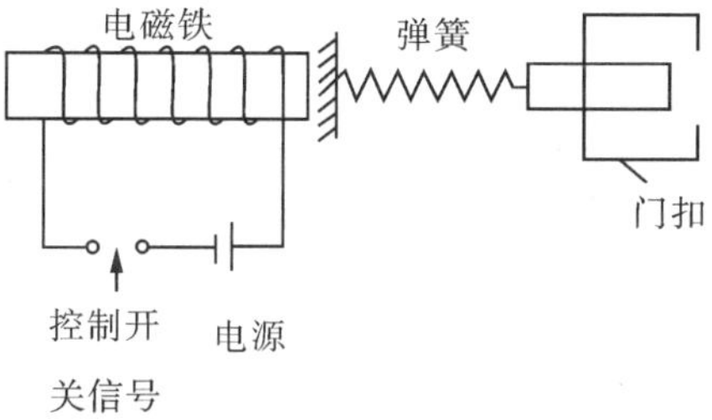

图 5-2-9 安全门开关结构原理图

和开关操动件。当安全防护门打开时，开关操动件被从开关本体中拉出，此时开关内的常闭触点会通过一个机械反弹装置断开；当安全防护门关闭时，开关操动件插入开关本体内，此时常闭触点闭合，这样机器设备的驱动或控制系统才能通电工作。

在任何情况下，具有单独分离式操动件的安全保护开关，都不允许用作机械停止开关。图 5-2-10 所示为安全门开关的电气符号。

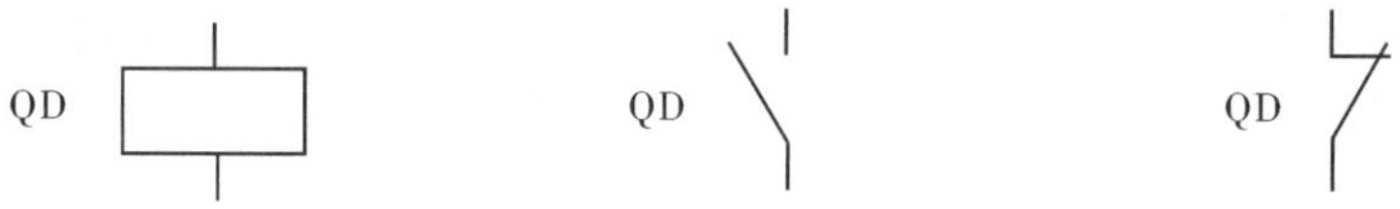

（a）安全门开关线圈　（b）安全门开关常开触点　（c）安全门开关常闭触点

图 5-2-10 安全门开关的电气符号

2）安全门开关的分类

安全门开关可以分为以下几类。

① 接触式安全门开关：通常用在不经常被打开的维护安全门上。

② 非接触式安全门开关：用在频繁被打开或关闭的安全门上。

③ 带锁定功能的安全门开关：一般用在全自动设备上，防止人为自由打开安全门影响设备正常运行甚至报废产品，只有在被允许的情况下才能打开安全门。

3）安全门开关的典型应用

安全门开关的典型应用如图 5-2-11 所示，通过电磁继电器控制安全门开关线圈，当门锁上后通过安全门开关的触点点亮指示灯。

工作原理：① 合上低压断路器 QF 后，开关电源可以提供直流 24 V 电源；② 按下按钮 SB2，电磁继电器 KA 得电并自锁；③ 电磁继电器的另外一组辅助触点 8-12 闭合，使得安全门开关线圈有 220 V 交流电，安全门锁立马上电伸出锁住门，同时其常开触点闭合，点亮指示灯，指示灯一般用于表明安全门已经锁上。

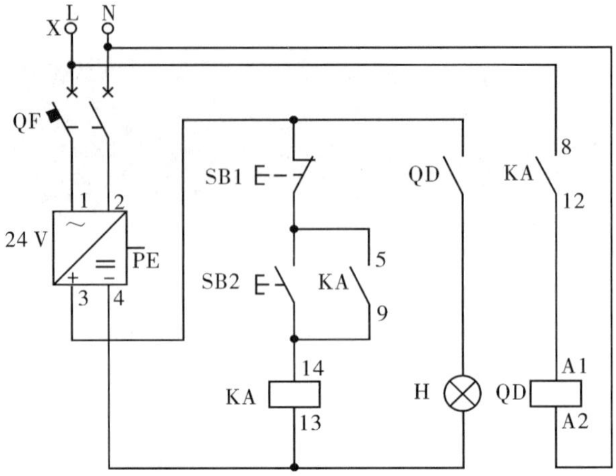

图 5-2-11　安全门开关的典型应用

4. 安全光栅

安全光栅(见图 5-2-12)是一种光电安全保护装置,一般来说安全光栅成对存在,分为发射端和接收端。

1) 安全光栅的结构原理和电气符号

图 5-2-13 所示为安全光栅结构原理图。发光器发出若干束红外光,受光器接收来自发光器的红外光束,形成一个矩形检测光幕。安全光栅以逐光束扫描的方式进行探测,任何大于一定尺寸的不透明物体(如操作者身体的某一部分、不透明工件等)侵入光幕区域,都会造成遮光。安全光栅检测到遮光,会在响应时间内进入“异常”状态(如继电器由闭合进入断开状态、晶体管进入截止状态等)。

图 5-2-12　安全光栅

安全光栅

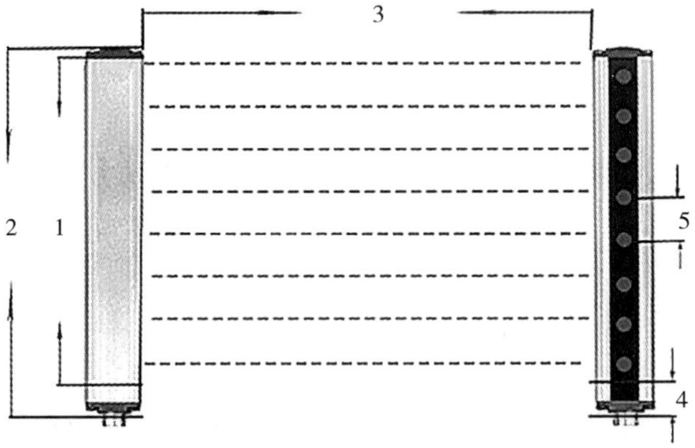

图 5-2-13　安全光栅结构原理图

1—保护高度:(光点数－1)×间距;2—总高度:保护高度＋盲区高度;3—对射距离:默认 3 m(特殊可达 10 m);4—盲区高度;5—间距:10 mm(识别手指)、20 mm(识别手掌)、40 mm(识别手臂)

图 5-2-14 所示为安全光栅的电气符号。

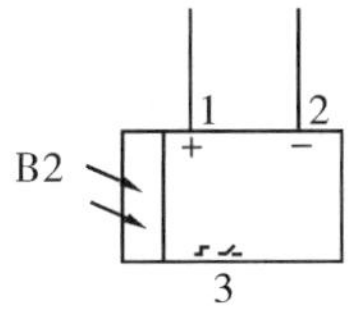

(a) 安全光栅接收端

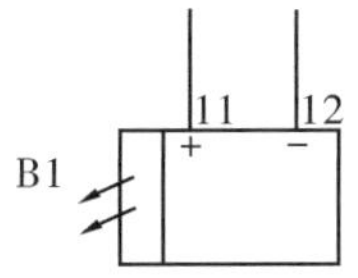
(b) 安全光栅发射端

图 5-2-14 安全光栅的电气符号

2) 安全光栅的接线

安全光栅接收端和发射端 CP 线短接,经过电源连接后形成三线制 NPN/PNP 型的出线。安全光栅的接线如图 5-2-15 所示。

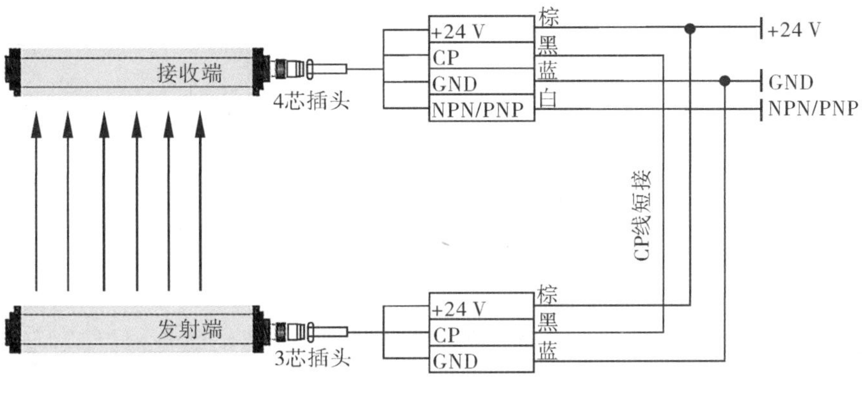

图 5-2-15 安全光栅的接线

三、任务实施

1. 任务说明

本任务要求根据工业机器人工作站安全门控制电气原理图(见图 5-2-16),首先明确系统控制原理和控制方式,然后根据控制系统中的控制元件,将电气原理图转换为实物接线,在元件配盘上安装电气元件,安装线槽,选择合适的电缆接线、走线,最后经测试后送电验证安全门控制功能。控制系统使用电磁继电器实现启保停控制,使用 1 个气缸电磁阀控制气缸模拟锁门功能,使用 2 个磁感应开关模拟现实开门和关门的控制显示,使用 1 个对射式光电开关模拟安全光栅的功能。

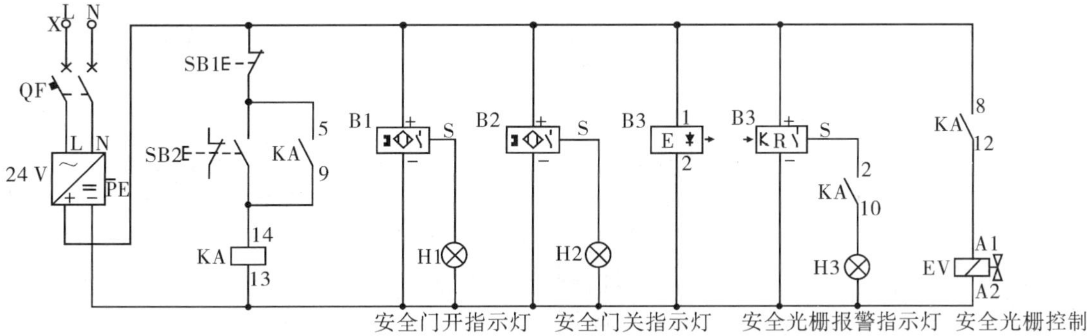

图 5-2-16 安全门控制电气原理图

注意：安全光栅和安全门锁必须在启动按钮按下后才能有效控制，特别是安全光栅，如果没有启动，安全光栅是不能动作报警的。

安全门控制元件不一定需要气缸，也可以使用指示灯来代替。本任务以模拟为主。

工业机器人工作站安全门控制元件组成如表 5-2-2 所示。

表 5-2-2 工业机器人工作站安全门控制元件组成

元件名称	数量	规格	备注
气缸	1 个	双作用气缸	带磁环
电磁阀	1 个	二位五通，直流 24 V	控制气缸的开关
低压断路器	1 个	1 A，2 极	也可采用漏电保护断路器
开关电源	1 个	100 W	
电磁继电器	1 个	直流线圈 24 V，8 脚	带底座
磁感应开关	2 个	直流 24 V，PNP 型，NO 型，三线制	
对射式光电开关	1 个	直流 24 V，三线制，PNP 型，NO 型	
按钮			使用按钮盒安装
指示灯	3 个	ϕ22，黄、绿、红各 1 个	使用按钮盒安装

2. 任务实施步骤

（1）读懂电气原理图，条理清晰地描述系统控制过程，注意描述自锁控制、安全门锁控制、安全光栅控制。

（2）搭建电气实物。

搭建流程：① 选择合适的电气安装工具，在配盘上安装固定好电气元件、线槽和 DIN 导轨；② 根据电气原理图选择合适的接线工具，搭建控制回路。

注意：接线过程中，由于使用直流 24 V 电源的元件较多，如果都集中在开关电源的正负极接线端子处，肯定是接不下去的，建议通过端子排转接，如图 5-2-17 所示。

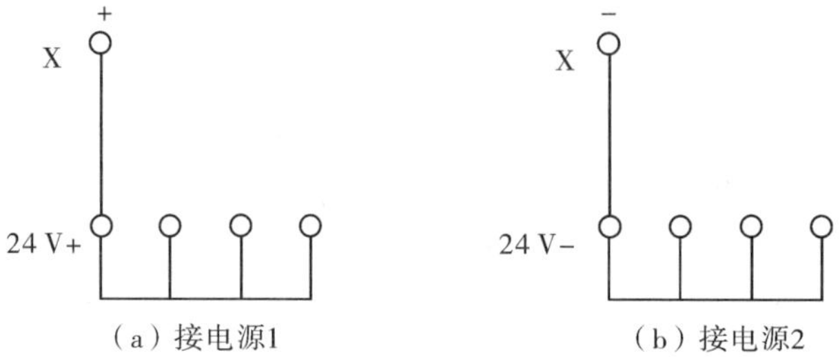

（a）接电源1　　（b）接电源2

图 5-2-17 端子排转接 24 V 电源

（3）安全门控制功能验证。

验证流程：① 低压断路器 QF 合闸前，使用万用表交流 750 V 挡测量单相电源的电压是否为 220～240 V，使用万用表的通断测试挡测试开关电源的正负极有没有短路故障；② 低压断路器合闸后，使用万用表直流 200 V 挡测量开关电源输出电压是否为 24 V；③ 观察安全门是否处于打开状态，按下启动按钮 SB2，观察安全门锁是否伸出（气缸是否伸出），松开启动按钮，观察安全门锁是否可以保持伸出的状态，并注意观察安全门是否处于关闭状态；④ 感应安全光栅（用手挡住对射式光电开关的发射器），观察安全光栅是否报警；⑤ 按下停止按钮 SB1，观察安全门锁是否缩回(气缸是否缩回)且安全门是否处于打开状态。

3. 任务目标

任务目标如下:① 自锁控制、安全门锁控制、安全光栅控制描述正确;② 实物接线正确,系统功能验证正确。

四、任务拓展

安全门常见故障如表 5-2-3 所示。

表 5-2-3 安全门常见故障

故障设备	故障现象	可能原因及解决方法
光电开关	实际检测中信号时有时无、有干扰	可能原因:有异物阻挡。 解决方法:① 检查光电开关的发射器和接收器;② 检查光电开关和被检测物体之间是否有物体遮挡
	信号灯不亮或较正常时暗,无反馈信号	可能原因:供电电源故障。 解决方法:① 检查光电开关的供电电源,焊接机器人工作站光电开关采用的是 24 V 供电,当供电电压低于 21 V 时,光电开关就会无输出信号,另外需要避免交流电压接入光电开关;② 如果供电电压正常,可以更换一个光电开关进行对比,检查当前的光电开关是否已经损坏
安全光栅	安全光栅误动作	可能原因:光幕光学表面变脏。 解决方法:① 检查安全光栅发射端和接收端光学表面是否有油污、金属屑、灰尘等引起安全光栅误动作;② 检查安全光栅电源接线端子和信号接线端子是否有虚接的情况,检查安全光栅是否正确接地
	安全光栅触点不动作	可能原因:供电电源故障或安全光栅故障。 解决方法:① 检查安全光栅的供电电源,焊接机器人工作站安全光栅采用的是 24 V 供电,当供电电压低于 21 V 时,安全光栅就会无输出信号,另外需要避免交流电压接入安全光栅;② 如果供电电压正常,可以排查是安全光栅的发射端损坏还是接收端损坏,可以目测发射端的所有灯是否都发光、发光的亮度是否一致,如果不一致,则证明安全光栅发射端有发光点短路,如果目测安全光栅发射端发光都正常,可以尝试更换接收端,测试是否可以正常工作,如果可以,则确定是接收端出现故障,如果更换接收端,安全光栅仍然不能正常工作,则需要同时更换发射端,排查整个安全光栅是否有故障
安全门开关	触点不动作	可能原因:接线螺钉松动。 解决方法:① 检查触点的接线螺钉是否拧紧;② 更换一个新的安全门开关,确定当前的安全门开关是否已经损坏

续表

故障设备	故障现象	可能原因及解决方法
磁感应开关	实际检测中信号时有时无	可能原因：安装不合理。 解决方法：由于磁感应开关是和安装在气缸内部的磁环配合使用的，目视无法确认磁环的具体位置，因此如果出现信号时有时无的现象，可以调整磁感应开关的安装位置
	无反馈信号	可能原因：供电电源故障。 解决方法：① 检查磁感应开关的供电电源，焊接机器人工作站磁感应开关采用的是 24 V 供电，当供电电压低于 21 V 时，磁感应开关就会无输出信号，另外需要避免交流电压接入磁感应开关；② 如果供电电压正常，可以更换一个磁感应开关进行对比，检查当前的磁感应开关是否已经损坏

任务3　工业机器人工作站人机交互控制

一、任务描述

工业机器人工作站的控制过程离不开人的参与，人要控制工业机器人离不开主令电气设备，如按钮、双手操作按钮盒等。利用双手操作按钮盒可以控制焊接工业机器人，如图 5-3-1 所示。

任务要求：① 根据工业机器人工作站人机交互控制的电气原理图，掌握按钮、双手操作按钮盒的安装、使用方法；② 以电气原理图为基础，自制双手操作按钮盒，完成工业机器人工作站人机交互控制所需的元件安装、系统通电调试。

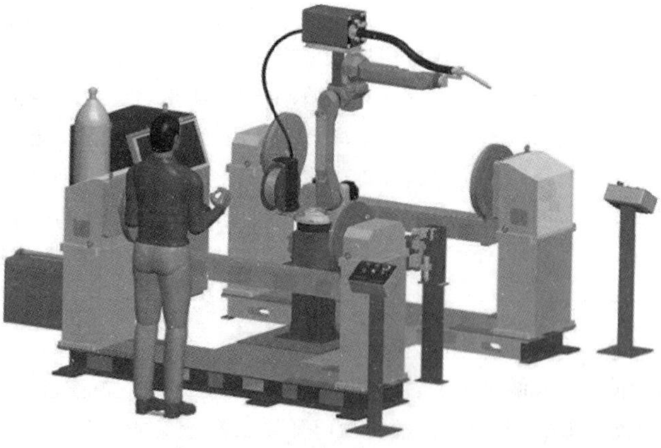

图 5-3-1　利用双手操作按钮盒控制焊接工业机器人

二、相关知识

1. 按钮

按钮(见图 5-3-2)常用来推动传动机构,使动触点与静触点接通或断开,从而实现电路的通断。按钮是一种结构简单、应用十分广泛的主令电器。在电气自动控制电路中,按钮常用来手动发出控制信号以控制接触器、继电器等。

(a)平头按钮 (b)选择按钮

图 5-3-2 按钮

1)按钮的结构原理和电气符号

按钮由按钮帽、复位弹簧、固定触点、动触点、外壳和支柱连杆等组成,如图 5-3-3 所示。在按钮未按下时,动触点与上面的固定触点是接通的,这对触点称为常闭触点;动触点与下面的固定触点是断开的,这对触点称为常开触点。按下按钮后,常闭触点断开,常开触点闭合。松开按钮后,在复位弹簧的作用下,按钮恢复原来的状态。

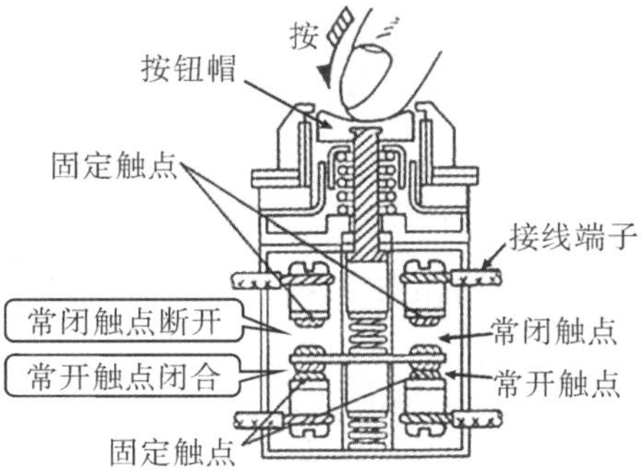

图 5-3-3 按钮结构原理图

按钮的触点为无源触点,图 5-3-4 所示为按钮的组成。

图 5-3-4 按钮的组成

复合按钮也称为组合按钮,是指在同一个按钮上增加了多个触点,比较常见的是同时有常开触点和常闭触点。图 5-3-5 所示为自复位按钮的电气符号。

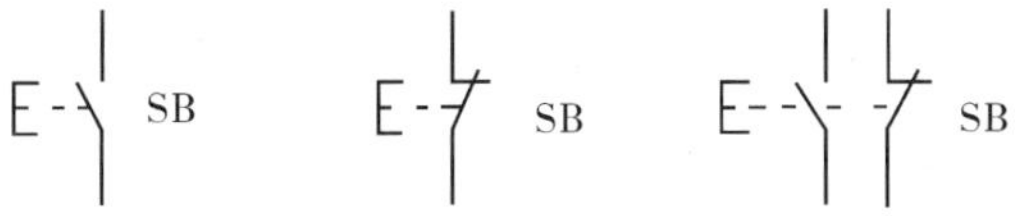

(a)常开按钮 (b)常闭按钮 (c)复合按钮

图 5-3-5 自复位按钮的电气符号

2）按钮的分类

（1）自复位按钮：操作头类型为弹簧复位，即按下按钮后，常开触点闭合，常闭触点断开，松开按钮后，常开、常闭触点复位。自复位按钮的组成如图 5-3-6 所示。

图 5-3-6　自复位按钮的组成

1—按钮头；2—中座；3—LED 模块；4—常开触点

（2）自锁按钮：操作头类型为“按—按”，即按下按钮后，常开触点闭合，常闭触点断开，松开按钮后，常开触点仍保持闭合，常闭触点仍保持断开，当再次按下按钮后，常开、常闭触点复位。自锁按钮的电气符号如图 5-3-7 所示。

（a）常开自锁按钮　　（b）常闭自锁按钮

图 5-3-7　自锁按钮的电气符号

（3）带灯按钮：操作头类型为弹簧复位，其特点是按钮和指示灯合为一体。图 5-3-8 所示为白色带灯按钮。

（4）急停按钮：设备发生异常或误操作时，使用急停按钮可使设备紧急停止。图 5-3-9 所示为急停按钮。

图 5-3-8　白色带灯按钮

图 5-3-9　急停按钮

急停按钮选型时参照的标准如下。

① 按钮为红色，形状是掌形或蘑菇形。

② 按钮头被按下后必须一直保持停止状态，只能手动复位。

③ 急停按钮在机器停止和运行时均应有效，并且优于其他任何控制。

④ 急停按钮的安装位置应在操作控制台或工位附近，遇到紧急情况时能够立即操作按钮。急停按钮的电气符号如图 5-3-10 所示。

（5）选择按钮：选择按钮也称为选择开关，有自锁选择按钮和自复位选择按钮之分。图 5-3-11 所示为选择按钮。图 5-3-12 所示为两位选择按钮的电气符号。

(6) 钥匙按钮:钥匙按钮也称为权限按钮,其特点是按钮需要通过钥匙才能动作。图 5-3-13 所示为钥匙按钮。

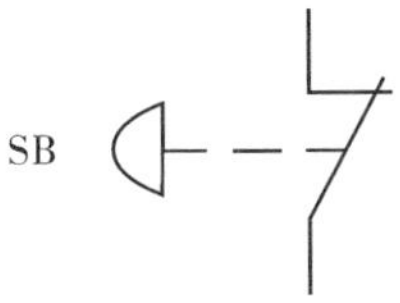

图 5-3-10　急停按钮的电气符号

图 5-3-11　选择按钮

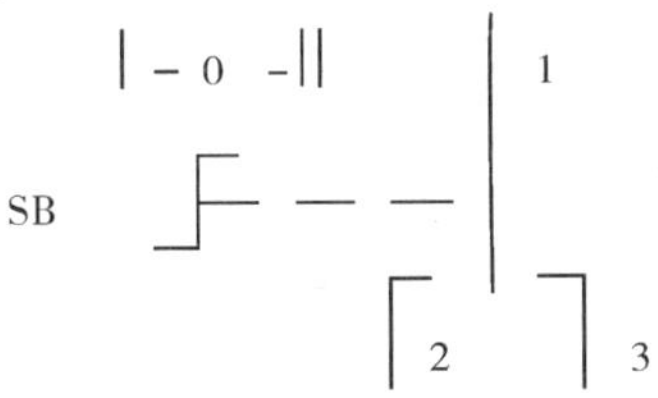

图 5-3-12　两位选择按钮的电气符号

图 5-3-13　钥匙按钮

(7) 双手操作按钮盒:双手操作按钮盒用于有潜在危险的机械设备,配合整体保护方案,单独针对操作人员实现单人保护。图 5-3-14 所示为双手操作按钮盒。

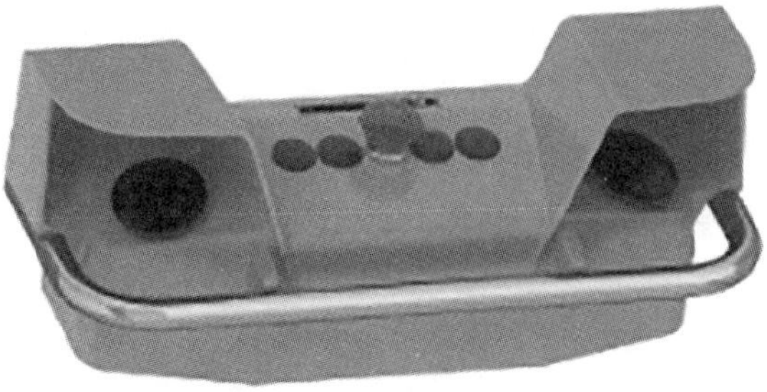

图 5-3-14　双手操作按钮盒

3) 按钮的选择

(1) 根据使用场合选择合适类型的按钮。

① 对需要急停控制的地方一定要使用急停按钮,急停按钮属于自锁型,在控制系统中经常可以见到。

② 在电路自锁控制中,启动按钮一定要使用自复位常开按钮,一旦电路中出现故障,可以立即释放自锁控制;停止按钮一定要使用自复位常闭按钮,按下停止后方便下次启动。

③ 自锁按钮一般用在需要保持开关状态的地方,如不带自锁的电动机启动控制、灯的控制。

④ 选择按钮和钥匙按钮一般用在需要进行选择控制和管理控制的场合,如本地远程选择控制、工业机器人电源钥匙启动控制等。

(2) 根据控制回路选择触点数量和类型。

触点的类型和数量可以随时进行调整,安装的时候只需要叠加安装即可。

(3) 根据工作情况选择按钮的颜色。

在工业机器人工作站中,为了便于操作人员识别,避免发生误操作,采用不同颜色来区分按钮的功能及作用。按钮颜色的含义如表 5-3-1 所示。

表 5-3-1　按钮颜色的含义

颜色	含义	说明	应用示例
红色	紧急	危险或紧急情况下操作	急停
黄色	异常	异常情况下操作	干预、重新启动中断了的自动循环控制
绿色	安全	安全情况或正常情况下操作	启动/接通
蓝色	强制性的	要求强制动作的情况下操作	复位
白色	未赋予特定含义	除急停以外的一般功能的启动	启动/接通(优先)、停止/断开
灰色			启动/接通、停止/断开
黑色			启动/接通、停止/断开(优先)

4) 按钮的安装与使用

(1) 将按钮安装在面板上时,应布置整齐,排列合理,可根据电动机启动的先后顺序,从上到下或从左到右排列。

(2) 按钮的安装固定应牢固,接线应可靠。

(3) 由于按钮触点间距离较小,如有油污等,容易发生短路故障,因此应保持触点的清洁。

(4) 安装按钮的按钮板和按钮盒必须是金属的,并设法使它们与机床总接地母线相连接,对于悬挂式按钮,必须设有专用接地线,不得借用金属管作为接地线。

(5) 按钮用于高温场合时,塑料易变形老化而导致松动,引起接线螺钉间短路,可在接线螺钉处加套绝缘塑料管来防止短路。

(6) 带指示灯的按钮因灯泡发热,长期使用易使塑料灯罩变形,应降低灯泡电压(推荐使用直流 24 V 的 LED 灯),延长其使用寿命。

(7) 启动按钮必须有防护挡圈,防护挡圈应高于按钮头,以防意外触动使电气设备误动作。

按钮的安装如图 5-3-15 所示。

2. 典型按钮的控制电路

1) 自复位按钮

自复位按钮在工业控制中使用较多,最常见的是启保停控制,由于前面已介绍过,这里不再赘述。

2) 自锁选择按钮

自锁按钮和自锁选择按钮的区别是自锁按钮相当于开关,而自锁选择按钮是可以选择的。

自锁选择按钮的应用如图 5-3-16 所示。

控制原理:① 闭合低压断路器 QF,此时选择按钮 SB 处于中间位置,两个灯均不亮;② 当选择按钮打到 2 挡处时灯 1 亮,当选择按钮打到 3 挡处时灯 2 亮。

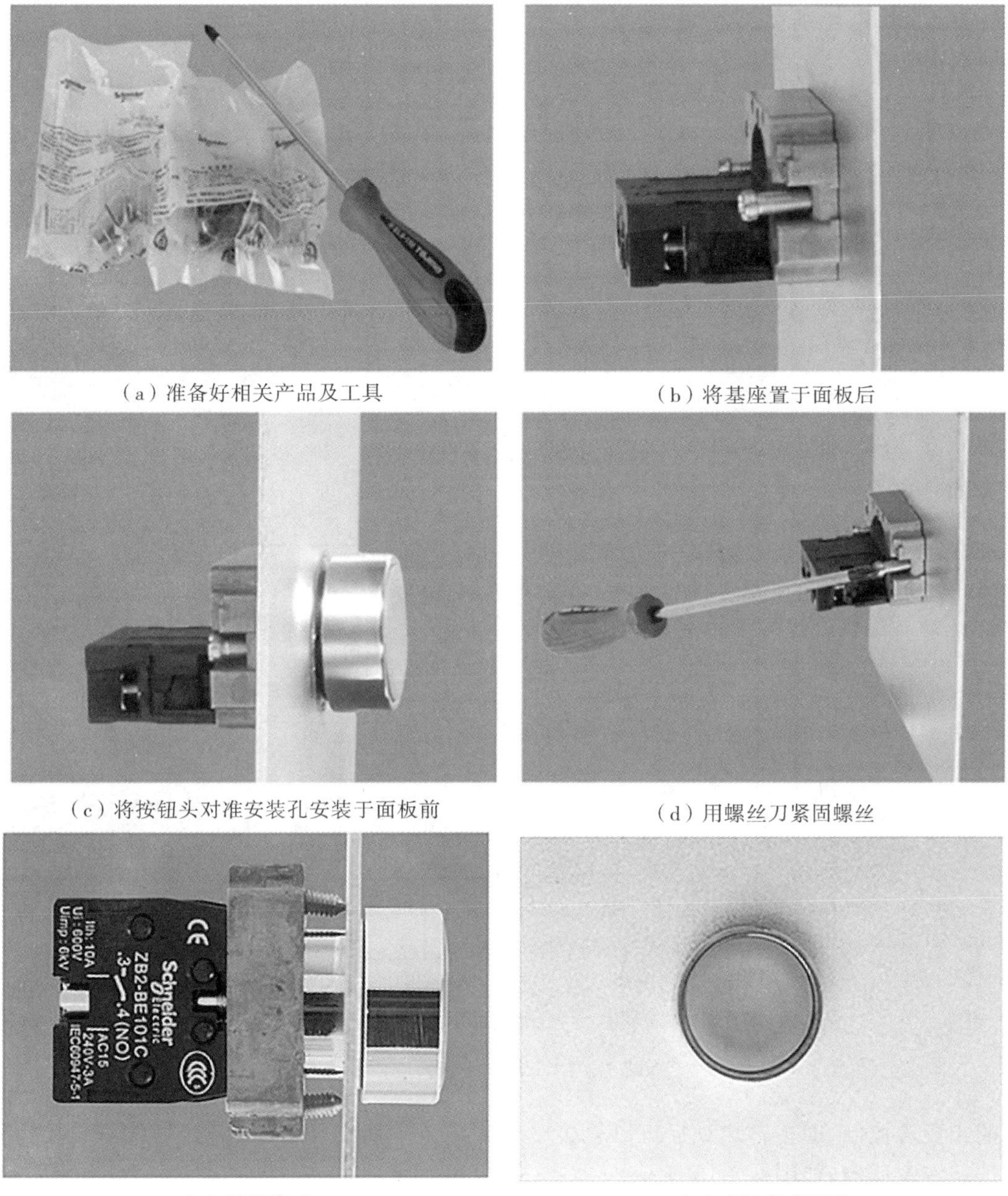

（a）准备好相关产品及工具　　（b）将基座置于面板后

（c）将按钮头对准安装孔安装于面板前　　（d）用螺丝刀紧固螺丝

（e）安装完成　　（f）安装完成展示

图 5-3-15　按钮的安装

3）急停按钮

急停按钮用于整个控制的停止，具有较高的优先级，因此安装在主控制回路中。另外，急停按钮触点必须是常闭触点。

急停按钮的应用如图 5-3-17 所示。

图 5-3-17 中急停按钮安装在主控制回路中，当按下急停按钮 SB 时，不管是直流回路还是交流回路均断电，可以有效保证电动机停止。

4）复合按钮

复合按钮按下去后，多个触点同时动作。复合按钮的应用较为广泛。复合按钮可以实现电

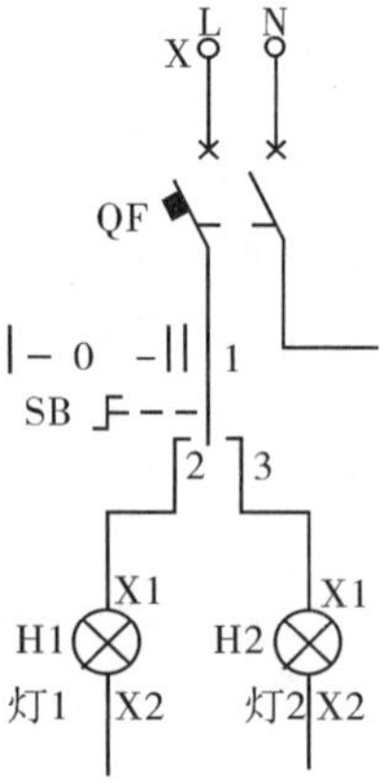

图 5-3-16　自锁选择按钮的应用

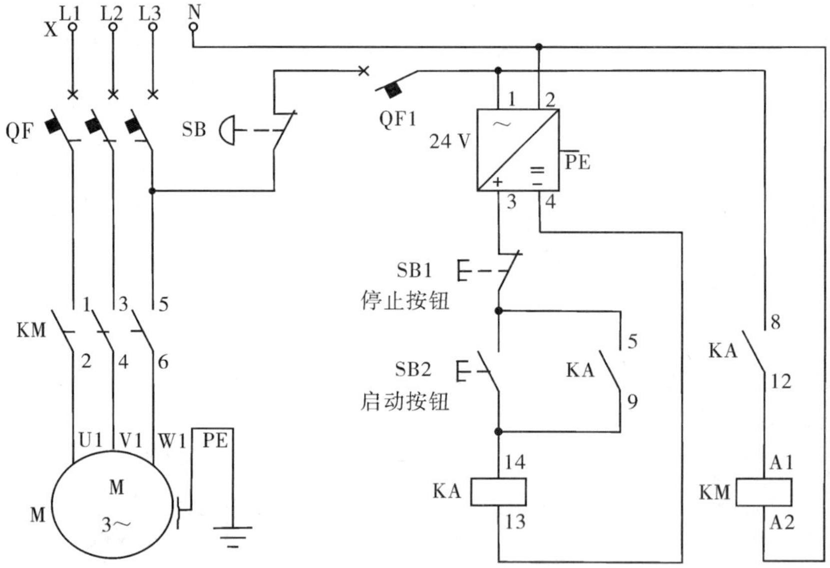

图 5-3-17　急停按钮的应用

动机的正反转控制，即正转启动后可以直接按反转按钮实现反转，而不需要先按停止按钮再按反转按钮实现反转，如图 5-3-18 所示。

控制原理：① 按下正转按钮 SB2，SB2 按钮的常闭触点断开，切断反转控制回路的电磁继电器 KA2 的电源，电磁继电器 KA2 线圈失电，电动机反转无论在什么情况下都会停止；同时 SB2 的常开触点闭合，电磁继电器 KA1 的两端有电压，电磁继电器 KA1 线圈得电，电动机正转。② 在正转过程中直接按下反转按钮 SB3，SB3 按钮的常闭触点断开，切断正转控制回路的电磁继电器 KA1 的电源，电磁继电器 KA1 线圈失电，电动机正转停止；同时 SB3 的常开触点闭合，电磁继电器 KA2 的两端有电压，电磁继电器 KA2 线圈得电，电动机反转。③ 按下停止按钮 SB1 或急停按钮 SB，电动机不管处于正转还是反转状态，都会停机。需要注意的是，按下急停按钮后，如果要继续启动，必须先松开急停按钮才可以正常启动电动机。

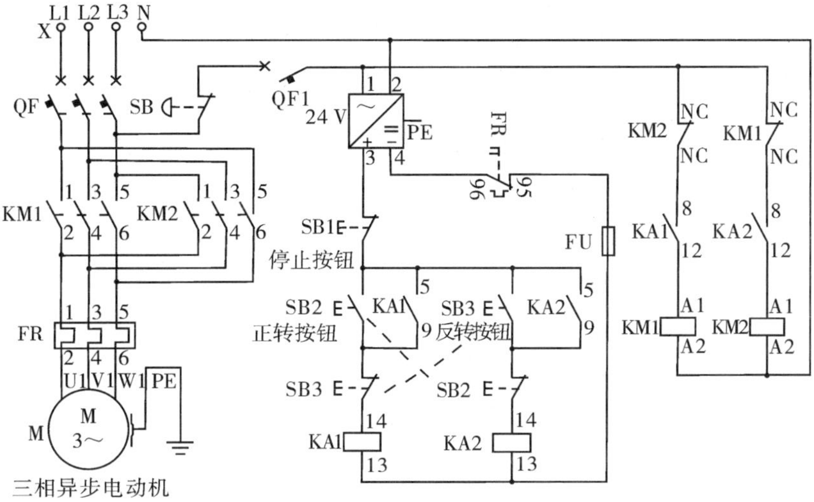

图 5-3-18　复合按钮实现电动机正反转控制

三、任务实施

1. 任务说明

任务要求：① 低压断路器合闸，黄灯闪烁；② 按下双手操作按钮盒，绿灯长亮且黄灯熄灭；③ 按下停止按钮，绿灯熄灭，黄灯开始闪烁；④ 按下急停按钮，只有红灯亮。

根据工业机器人工作站人机交互控制电气原理图（见图 5-3-19），首先明确系统控制原理和控制方式，然后根据控制系统中的控制元件，将电气原理图转换为实物接线，动手制作双手操作按钮盒，并在元件配盘上安装其他的电气元件，安装线槽，选择电缆接线、走线，最后经测试后送电验证人机交互控制功能。控制系统使用双手操作按钮盒实现启保停控制，使用 1 个急停按钮控制系统急停和急停显示，当双手操作按钮盒未启动的时候，使用 2 个时间继电器控制黄灯闪烁。

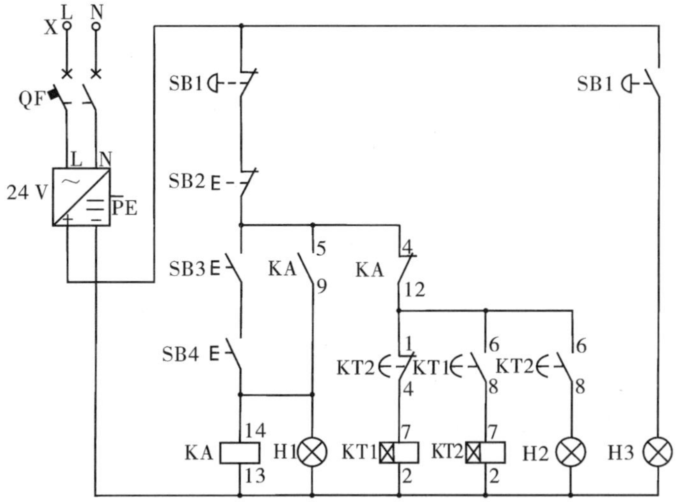

图 5-3-19　工业机器人工作站人机交互控制电气原理图

工业机器人工作站人机交互控制元件组成如表 5-3-2 所示。

表 5-3-2　工业机器人工作站人机交互控制元件组成

元件名称	数量	规格	备注
双手操作按钮盒	1 个	2 个自复位常开型平头按钮，ϕ22	自制
低压断路器	1 个	1 A，2 极	也可采用漏电保护断路器
开关电源	1 个	100 W	
电磁继电器	1 个	直流线圈 24 V，8 脚	带底座
时间继电器	2 个	直流 24 V，通电延时，8 脚	带底座
急停按钮	1 个	常开常闭型，ϕ22	
停止按钮	1 个	自复位常闭型平头按钮，ϕ22	使用按钮盒安装
指示灯	3 个	ϕ22，黄、绿、红各 1 个	使用按钮盒安装

2. 任务实施步骤

(1) 读懂电气原理图，条理清晰地描述系统控制过程，注意描述双手操作按钮盒控制、黄灯闪烁控制、急停显示控制。

(2) 搭建电气实物。

搭建流程：① 选择合适的电气安装工具，制作成可靠的双手操作按钮盒，在配盘上安装固定好其他的电气元件、线槽和 DIN 导轨；② 根据电气原理图选择合适的接线工具，搭建控制回路。

(3) 人机交互控制功能验证。

验证流程：① 低压断路器 QF 合闸前，使用万用表交流 750 V 挡测量单相电源的电压是否为 220～240 V，使用万用表的通断测试挡测试开关电源的正负极有没有短路故障；② 调整好 2 个时间继电器的设定时间，将低压断路器合闸，使用万用表直流 200 V 挡测量开关电源输出电压是否为 24 V，并观察黄灯是否闪烁；③ 按下双手操作按钮盒的 SB3 按钮和 SB4 按钮，松开双手，观察绿灯是否可以长亮且黄灯熄灭；④ 按下停止按钮 SB2，观察绿灯是否熄灭，黄灯是否开始闪烁；⑤ 按下急停按钮 SB1，观察是否只有红灯亮。

3. 任务目标

任务目标如下：① 双手操作按钮盒控制、黄灯闪烁控制、急停显示控制描述正确；② 实物接线正确，系统功能验证正确。

四、任务拓展

按钮常见故障说明如表 5-3-3 所示。

表 5-3-3　按钮常见故障说明

故障设备	故障现象	可能原因及解决方法
按钮	按钮按下触点不动作或按不动	可能原因：按钮损坏。 解决方法：检查按钮内部是否有异物，如果按钮内部干净，建议多次尝试排除因为操作速度太快而造成切换不稳定，如果多次尝试，按钮仍然不能正常使用，需要更换新的按钮

续表

故障设备	故障现象	可能原因及解决方法
按钮	按钮按下后PLC接收不到信号	可能原因：触点不动作或接线错误。 解决方法：① 检查按钮触点是否动作，可以用万用表测试触点的吸合状态；② 如果按钮吸合正确，通电检查按钮公共端电压是否正确，如果电压正确，则检查按钮信号输出端和PLC输入端之间的接线有无接线端子松动或其他断路故障，如果电压不正确，则应对按钮公共端和电源输出端之间的电缆进行线路排查

任务4 工业机器人应用系统状态显示控制

一、任务描述

在工业机器人工作站，有许多的设备开启后具有一定的安全隐患，采用指示灯、报警器、传感器等实时反映设备的工作状态，对操作员判断工作站的工作情况具有重要意义。

任务要求：① 根据工业机器人应用系统状态显示控制的电气原理图，掌握指示灯、蜂鸣器的安装、使用方法；② 以电气原理图为基础，选择工业机器人应用系统状态显示控制所需的主令电器的型号；③ 完成工业机器人应用系统状态显示控制所需的元件安装、系统通电调试。

系统状态显示面板如图5-4-1所示。

图5-4-1 系统状态显示面板

二、相关知识

1. 指示灯

指示灯（见图5-4-2）是用灯光监控电路和电气设备工作或位置状态的器件，通常用于反映电路的工作状态（有电或无电）、电气设备的工作状态（运行、停止或试验）或位置状态（闭合或断开）。

1）指示灯的工作原理和电气符号

图5-4-3为指示灯工作原理图，X1和X2端子接通电源后指示灯即可发光。

（a）面板安装指示灯　（b）导轨安装指示灯

图 5-4-2　指示灯

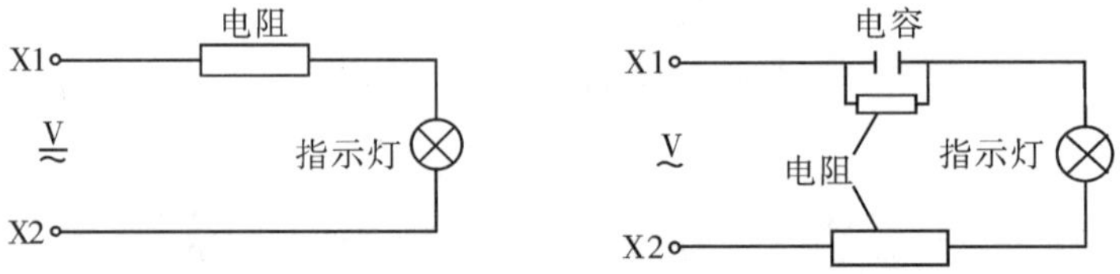

（a）交直流指示灯工作原理图　（b）交流指示灯工作原理图

图 5-4-3　指示灯工作原理图

指示灯常用的电压有直流 24 V 和交流 220 V、380 V。如果系统允许，建议使用直流 24 V 的指示灯。图 5-4-4 所示为指示灯的电气符号。

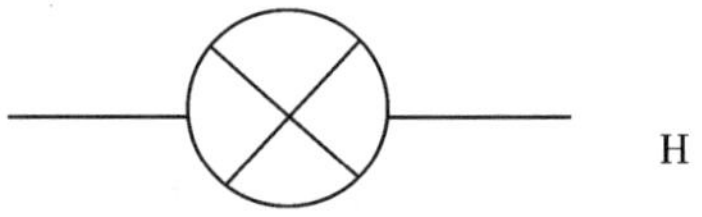

图 5-4-4　指示灯的电气符号

2）指示灯的颜色

指示灯可用颜色有红色、黄色、绿色、蓝色和白色，在一般工作中常将红色指示灯作为电源状态指示，绿色指示灯作为正常运行指示。

单靠颜色不能表示操作功能或运行状态时，可在器件上或器件旁补加必要的图形或文字符号。

3）指示灯的安装

指示灯一般安装在控制柜面板上，开孔大小一般为 $\phi 22$，图 5-4-5 为指示灯安装示意图。

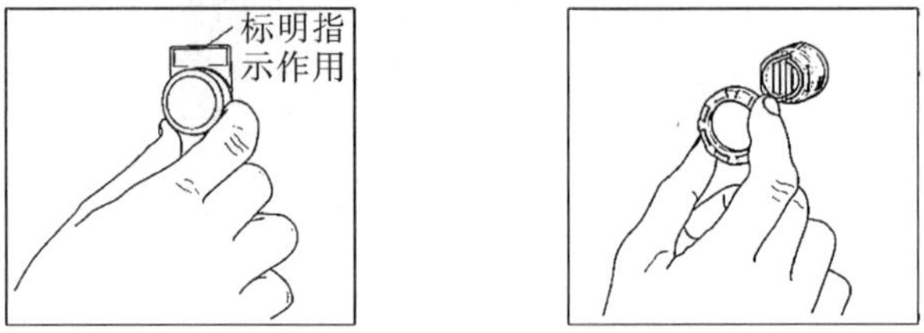

（a）从面板前面装入指示灯　（b）在面板后面拧紧螺帽

图 5-4-5　指示灯安装示意图

2. 蜂鸣器

蜂鸣器（见图 5-4-6）是一种一体化结构的电子讯响器。蜂鸣器在自动控制系统中可以起到报警警示的作用。例如搬运工业机器人启动前，可以通过蜂鸣器来警示现场的工作人员工业机器人开始搬运，需注意不能进入工作区。

1）蜂鸣器的工作原理和电气符号

蜂鸣器是利用压电效应工作的，当对其施加交变电压时，它会产生机械振动。蜂鸣器常用的电压有直流 24 V、交流 220 V。图 5-4-7 所示为蜂鸣器的电气符号，对于直流的蜂鸣器，还要标明正负极。

图 5-4-6　蜂鸣器

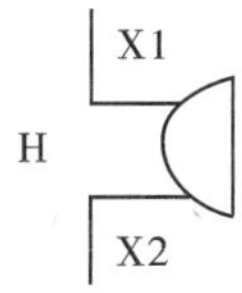

图 5-4-7　蜂鸣器的电气符号

2）蜂鸣器的接线与安装

蜂鸣器可以采用压线端子接线，也可以直接连接。图 5-4-8 所示为蜂鸣器接线的一般步骤。

蜂鸣器可以安装在面板上，也可以安装在接线盒里。

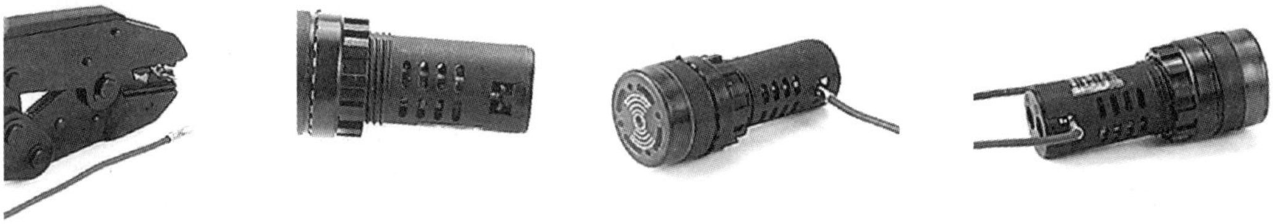

（a）用压线钳把端子和线压好　（b）用螺丝刀把螺丝拧开　（c）将线插入拧开的螺丝下面　（d）把螺丝拧紧

图 5-4-8　蜂鸣器接线的一般步骤

3. 压力传感器

压力传感器是用于检测气体压力变化的传感器，图 5-4-9 所示为数字压力传感器。

图 5-4-9　数字压力传感器

图 5-4-10 所示为压力传感器的电气符号，其文字符号为 PR。

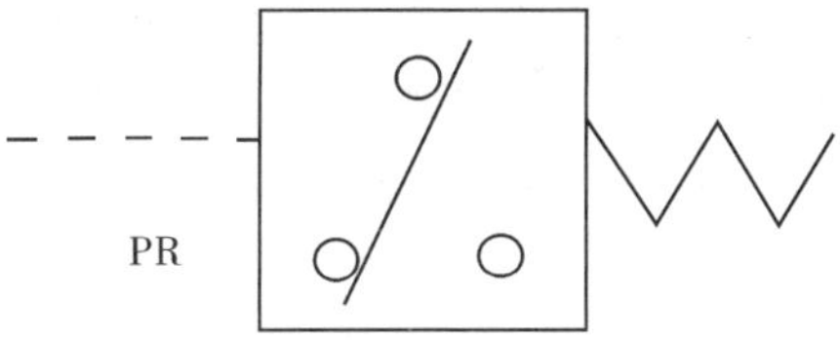

图 5-4-10　压力传感器的电气符号

4. 主令电器选型

以焊接机器人工作站焊接控制系统为例来说明主令电器的选型。焊接机器人工作站由人机交互操作台、焊接控制台、焊接机器人和焊接安全门等组成，如图 5-4-11 所示。

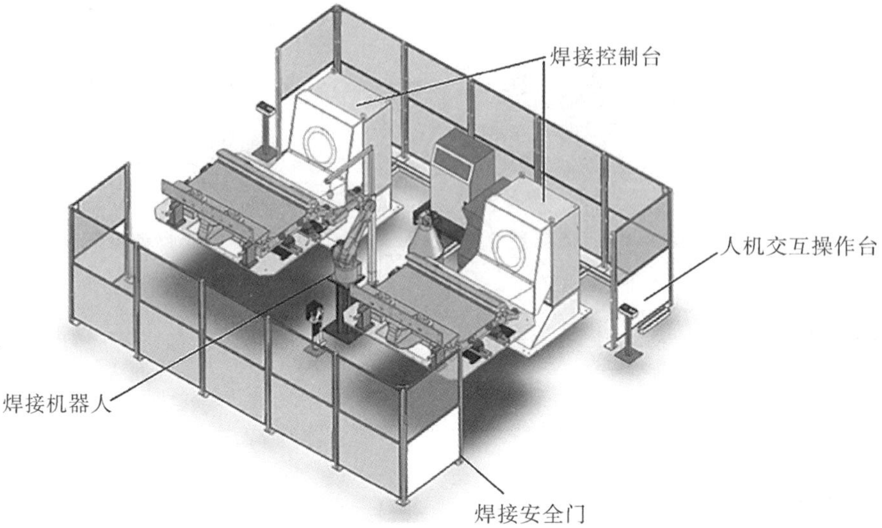

图 5-4-11　焊接机器人工作站

1）焊接控制系统要求

焊接机器人工作站焊接控制系统要求如下：① 操作台具有电源通电显示、焊接机器人启停控制和启停显示、焊接夹具夹紧和松开控制和显示等功能；② 汽车车架检测系统具有车架来料检测、焊接金属板到位检测、焊接螺钉检测等功能；③ 焊接工作仅在焊接安全门关闭、安全光栅无报警信号的情况下才能进行。

焊接机器人工作站焊接安全门如图 5-4-12 所示。

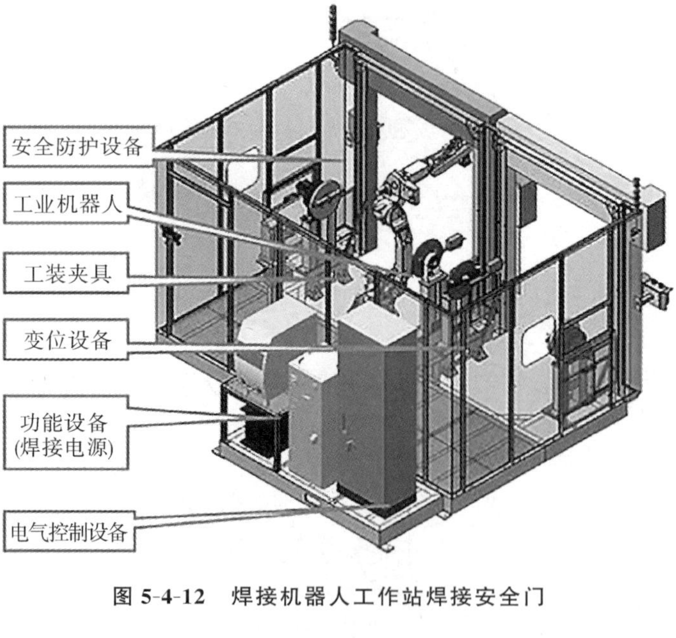

图 5-4-12　焊接机器人工作站焊接安全门

2）人机交互主令电器选型

（1）按钮选型。

表 5-4-1 所示为正泰 NP2 系列按钮技术参数。焊接夹具启动按钮选用平头、自复位、绿色、常开型按钮，焊接夹具停止按钮选用平头、自复位、黑色、常开型按钮。

注意：每个按钮都应有标牌，标示该按钮的作用。

按钮选型项目与数据如表 5-4-2 所示。

表 5-4-1　正泰 NP2 系列按钮技术参数

项目		数据						
额定绝缘电压/V		415						
约定自由空气发热电流/A		10						
额定工作电压/V		415	380	250	240	220	125	110
额定工作电流/A	AC-15	1.9	2.5	—	3	4.5	—	—
	DC-13	—	—	0.27	—	0.3	0.55	0.6

表 5-4-2　按钮选型项目与数据

项目	数据
触点电阻	≤50 mΩ（初始值）
机械寿命	平头、蘑菇形、带灯式 100 万次，其他 10 万次
电气寿命	平头、蘑菇形、AC 50 万次，平头、蘑菇形、DC 20 万次，其他 10 万次
防护等级	IP40、IP65

（2）双手操作按钮盒选型。

双手操作按钮盒用于启动和停止焊接机器人，其控制特点是需要双手同时按下按钮才能启动焊接机器人。为了方便双手操作，选择施耐德 XY2SB714 双手操作按钮盒，这一款双手操作按钮盒集成了急停按钮，其采用的是红色、蘑菇形、自锁、常闭型按钮。

施耐德 XY2SB714 双手操作按钮盒如图 5-4-13 所示。

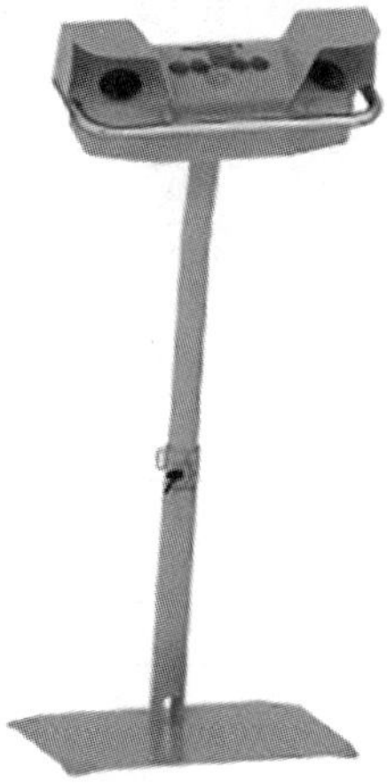

图 5-4-13　施耐德 XY2SB714 双手操作按钮盒

(3) 指示灯选型。

焊接机器人工作站焊接控制系统电源指示灯选用红色指示灯,焊接机器人运行状态指示灯选用黄色指示灯,焊接机器人停止状态指示灯选用绿色指示灯或白色指示灯,夹具夹紧状态指示灯选用红色指示灯,夹具松开状态指示灯选用绿色指示灯。

表 5-4-3 所示为正泰 NP2 系列指示灯技术参数。焊接机器人工作站焊接控制系统人机交互操作台均采用 24 V 供电,故指示灯都应该选择额定电压为 24 V 的。

注意:每个指示灯都应有标牌,标示该灯指示什么设备。

指示灯光源与额定电压如表 5-4-4 所示。

表 5-4-3 正泰 NP2 系列指示灯技术参数

项目	数据							
额定工作电压/V	AC/DC 6	AC/DC 12	AC/DC 24	AC/DC 36	AC/DC 48	AC/DC 110	AC/DC 220	AC/DC 380
额定工作电流/mA	≤20							
基色	绿色、黄色、红色、蓝色、白色、橙色							
工作寿命/h	≥30000							
光亮度/(cd/m^2)	≥40							

表 5-4-4 指示灯光源与额定电压

指示灯光源	额定电压/V						
	直接式						阻容式
LED 灯	6	12	24	48	110	220	380

3) 焊接主令电器选型

(1) 限位开关选型。

限位开关用于汽车车架到位检测。表 5-4-5 所示为欧姆龙 HL 系列限位开关,考虑到汽车车架走位方向,焊接机器人工作站汽车车架到位检测可以选择 HL-5030 型限位开关。

表 5-4-5 欧姆龙 HL 系列限位开关

驱动杆		型号
滚珠摆杆型		HL-5000
可调式滚珠摆杆型		HL-5030
可调式棒式摆杆型		HL-5050
密封柱塞型		HL-5100
密封滚珠柱塞型		HL-5200
盘簧型		HL-5300

(2) 电感型接近开关选型。

电感型接近开关用于检测汽车焊接金属板是否到达预设位置,检测焊接金属板到达预设位置后输出开关信号接入 PLC 系统。

接近开关位置检测如图 5-4-14 所示。

图 5-4-14 接近开关位置检测

表 5-4-6 所示为欧姆龙 E2E 系列电感型接近开关技术参数，考虑到经济性和适用性，焊接机器人工作站焊接金属板检测可以选择 E2E M12 电感型接近开关。

表 5-4-6 欧姆龙 E2E 系列电感型接近开关技术参数

尺寸		M8		M12		M18		M30	
是否屏蔽		屏蔽	非屏蔽	屏蔽	非屏蔽	屏蔽	非屏蔽	屏蔽	非屏蔽
型号		E2E-X3D□	E2E-X6MD□	E2E-X7D□	E2E-X10MD□	E2E-X11D□	E2E-X20MD□	E2E-X20D□	E2E-X40MD□
检测距离/mm		3×(1±10%)	6×(1±10%)	7×(1±10%)	10×(1±10%)	11×(1±10%)	20×(1±10%)	20×(1±10%)	40×(1±10%)
设定距离/mm		0～2.4	0～4.8	0～5.6	0～8	0～8.8	0～16	0～16	0～32
应差距离		检测距离的 15%以下							
可检测物体		磁性金属							
标准检测物体/(m×m×m)		铁 9×9×1	铁 18×18×1	铁 21×21×1	铁 30×30×1	铁 33×33×1	铁 60×60×1	铁 60×60×1	铁 120×120×1
响应频率/Hz		350	250	350	200	250	200	200	50
电源电压		10～30 V DC							
漏电流		0.8 mA 以下							
控制输出	开关容量	3～100 mA							
控制输出	残余电压	有极性型：3 V 以下； 无极性型：5 V 以下							
指示灯		D1 型：动作指示（橙色 LED 灯）、设定指示（绿色 LED 灯）； D2 型：动作指示（橙色 LED 灯）							
动作模式		D1 型：NO； D2 型：NC							

（3）磁感应开关选型。

磁感应开关安装在气缸上，用于检测焊接夹具是否夹紧。焊接夹具气缸上的磁感应开关及其固定架如图 5-4-15 所示。

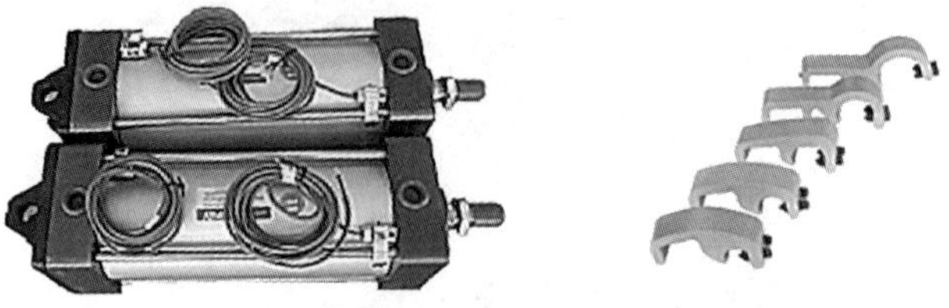

（a）磁感应开关　　（b）磁感应开关固定架

图 5-4-15　焊接夹具气缸上的磁感应开关及其固定架

表 5-4-7 所示为 ALIF 磁感应开关技术参数。由于夹具使用的是圆形气缸，一般工业现场较多使用 NPN 型传感器，因此焊接夹具检测磁感应开关可以选择 AL-03N 型。当然也可以选择 PNP 型，这可以根据 PLC 的输入类型确定。

表 5-4-7　ALIF 磁感应开关技术参数

型号	图片	开关类型	使用电压	适用气缸
AL-01R		弹簧管/常开型	5～240 V DC/AC	
AL-01DF		两线无触点/常开型	10～28 V DC	
AL-01N		无触点 NPN/常开型	5～30 V DC	
AL-01P		无触点 PNP/常开型		
AL-03R		弹簧管/常开型	5～240 V DC/AC	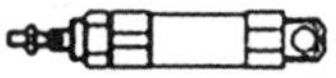 圆形气缸
AL-03DF		两线无触点/常开型	10～20 V DC	
AL-03N		无触点 NPN/常开型	5～30 V DC	
AL-03S		无触点 PNP/常开型		

（4）压力传感器选型。

焊接夹具在夹紧过程中必须维持气体压力的稳定，因而增加压力传感器实时检测气体压力的大小，当压力低于设定压力时，停止焊接工作。表 5-4-8 所示为欧姆龙 E8F2 系列压力传感器技术参数，焊接机器人工作站焊接夹具压力传感器可以选择 E8F2-B10C 型。

（5）光电开关选型。

光电开关在工作站中用于焊接台水平移动位置检测，因为机械安装位置有限，需要选择微型凹槽型光电开关。表 5-4-9 所示为欧姆龙 EE-SX95 系列光电开关技术参数。为了方便统一接入 PLC 系统，采用 NPN 型光电开关，焊接机器人工作站光电开关可以选择 EE-SX954 型。

表 5-4-8 欧姆龙 E8F2 系列压力传感器技术参数

型号				
型号	NPN 输出	E8F2-A01C	E8F2-B10C	E8F2-AN0C
	PNP 输出	E8F2-A01B	E8F2-B10B	E8F2-AN0B
消耗电流		70 mA 以下		
压力种类		计示压力		
压力范围		0～100 kPa	0～1 MPa	−101～0 kPa
设定压力范围		0～100 kPa	0～1 MPa	−101～0 kPa
适用流体		非腐蚀性气体、不可燃性气体		
动作模式		磁滞状态、窗口状态、自动示教状态		
响应时间(ON/OFF 输出)		5 ms 以下		
输出形式(ON/OFF)		集电极开路输出		

表 5-4-9 欧姆龙 EE-SX95 系列光电开关技术参数

种类			标准型	L 型	F 型	R 型	U 型
型号	NPN	导线引出型	EE-SX950-□	EE-SX951-□	EE-SX952-□	EE-SX953-□	EE-SX954-□
	PNP	导线引出型	EE-SX950P-□	EE-SX951P-□	EE-SX952P-□	EE-SX953P-□	EE-SX954P-□
检测距离			5 mm				
光源			红外发光二极管				
指示灯			入光时点亮(红色发光二极管)				
消耗电流			15 mA 以下				
控制输出			负载电源电压:5～24 V DC 负载电流:50 mA 以下				
保护回路			负载短路保护				

4) 安全门装置主令电器选型

(1) 安全门开关选型。

图 5-4-16 所示为焊接机器人工作站安全门工作示意图。当安全门关闭后焊接机器人开始工作,如果在焊接过程中安全门突然被打开,焊接机器人进入紧急停机状态。

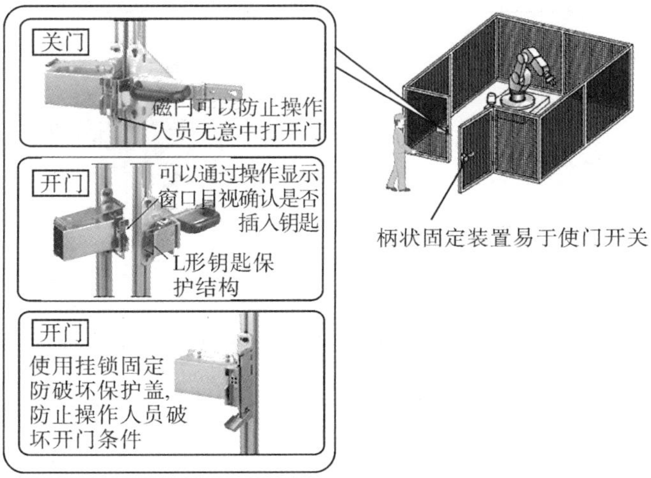

图 5-4-16 焊接机器人工作站安全门工作示意图

表 5-4-10 所示为欧姆龙 D4NS 系列安全门开关选型表。由于控制系统需要知道安全门的开关状态，以便控制其他设备，因此需要具有 1 组常开触点和 1 组常闭触点的安全门开关。焊接机器人工作站安全门开关可以选用 D4NS-1AF 型（配 D4NS-SK30 滑动钥匙），如图 5-4-17 所示。

表 5-4-10　欧姆龙 D4NS 系列安全门开关选型表

类型	接点结构		导管口/连接器尺寸	型号
1 导管	慢动型	1NC/1NO	Pg13.5	D4NS-1AF
			G1/2	D4NS-2AF
			M20	D4NS-4AF
		2NC	Pg13.5	D4NS-1BF
			G1/2	D4NS-2BF
			M20	D4NS-4BF
		2NC/1NO	Pg13.5	D4NS-1CF
			G1/2	D4NS-2CF
			M20	D4NS-4CF
		3NC	Pg13.5	D4NS-1DF
			G1/2	D4NS-2DF
			M20	D4NS-4DF
	慢动型 MBB 接点	1NC/1NO	Pg13.5	D4NS-1EF
			G1/2	D4NS-2EF
			M20	D4NS-4EF
		2NC/1NO	Pg13.5	D4NS-1FF
			G1/2	D4NS-2FF
			M20	D4NS-4FF

图 5-4-17　焊接机器人工作站安全门开关

（2）安全光栅选型。

图 5-4-18 为焊接机器人工作站安全光栅示意图。在焊接机器人焊接过程中如果有人或其他物体入侵，焊接机器人会马上进入紧急停机状态。

根据表 5-4-11，焊接机器人工作站安全光栅可以选择 F3SG-SR-人体检测型。

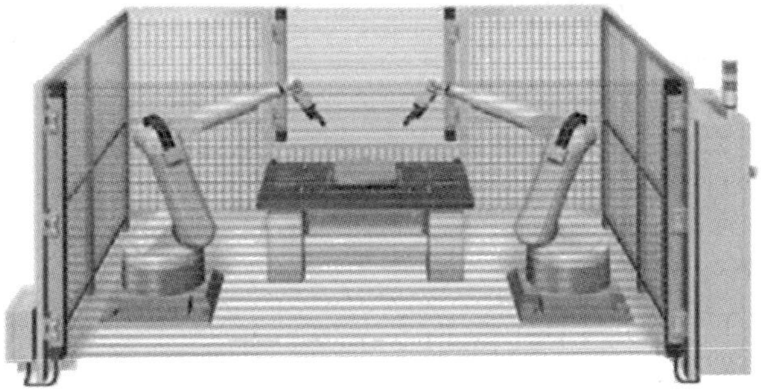

图 5-4-18 焊接机器人工作站安全光栅示意图

表 5-4-11 欧姆龙安全光栅选型表

系列		“设备开口部”的入侵检测：F3SG-SR 系列			
		高级型/标准型			
		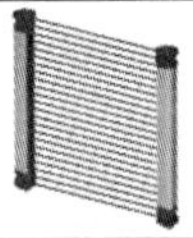	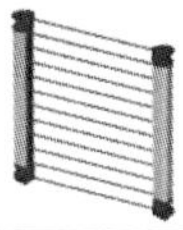		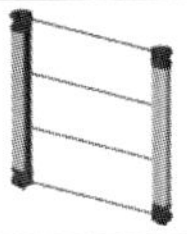
用途	手指检测型				
	手掌检测型				
	手臂/脚检测型				
	人体检测型				
基本规格	最小检测物体	ϕ14 mm	ϕ25 mm	ϕ45 mm	ϕ85 mm
	光轴间距	10 mm	20 mm	40 mm	80 mm
	最大检测距离	10 m	20 m	20 m	20 m
	检测高度	160～2000 mm	160～2480 mm	240～1520 mm	280～920 mm
	光轴数	15～199	8～124	6～38	4～12
	防护等级	IP65、IP67			

三、任务实施

1. 任务说明

任务要求：① 系统启动前，黄灯闪烁；② 使用双手操作按钮盒启动系统后，黄灯停止闪烁，绿灯长亮；③ 系统启动后，光电开关如果感应到有人进入，系统停止且绿灯熄灭，同时黄灯闪烁，蜂鸣器发出报警声音，报警一直持续到按下停止按钮才能解除，在确认安全后可重新启动控制系统；④ 当急停按钮因为意外事故被按下时，红灯长亮且蜂鸣器发出报警声音，急停报警直至松开急停按钮停止。

根据工业机器人应用系统状态显示控制电气原理图（见图 5-4-19），首先明确系统控制原理和控制方式，完成主令电器的选型并填入表 5-4-12 中，然后将电气原理图转换为实物接线，动手制作双手操作按钮盒，并在元件配盘上安装其他的电气元件，安装线槽，选择电缆接线、走线，最后经测试后送电验证状态显示控制功能。

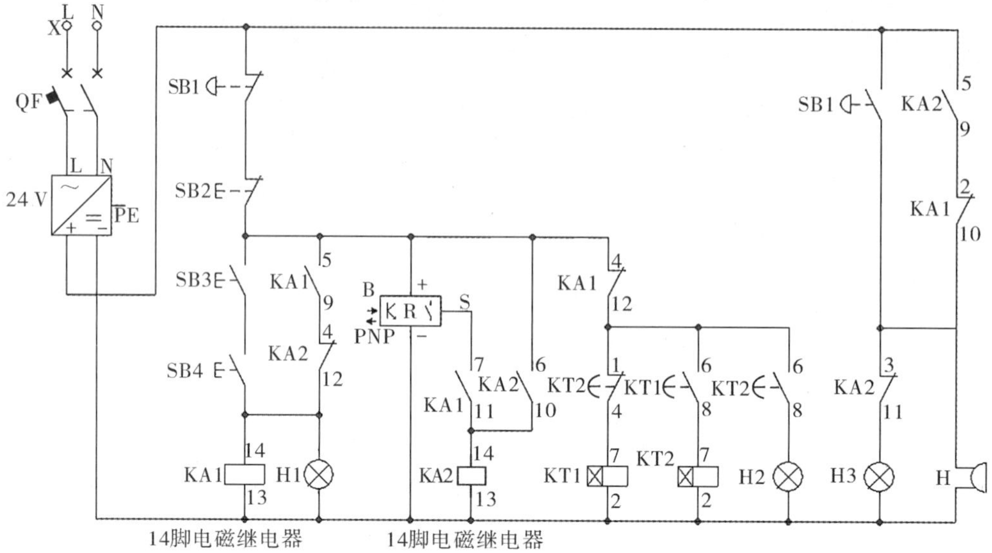

图 5-4-19　工业机器人应用系统状态显示控制电气原理图

表 5-4-12　主令电器的选型

元件名称	数量	规格、型号	备注
启动按钮	2 个		双手操作按钮盒
停止按钮	1 个		
光电开关	1 个		
蜂鸣器	1 个		
急停按钮	1 个		
指示灯	3 个		

2. 任务实施步骤

（1）读懂电气原理图，条理清晰地描述系统控制过程，注意描述启动前显示控制、启动后显示控制、急停报警控制、安全报警控制及安全报警显示控制。

（2）搭建电气实物。

搭建流程：① 选择合适的电气安装工具，制作成可靠的双手操作按钮盒，在配盘上安装固定好其他的电气元件、线槽和 DIN 导轨；② 根据电气原理图选择合适的接线工具，搭建控制回路。

（3）状态显示控制功能验证。

验证流程：① 低压断路器 QF 合闸前，使用万用表交流 750 V 挡测量单相电源的电压是否为 220～240 V，使用万用表的通断测试挡测试开关电源的正负极有没有短路故障；② 调整好 2 个时间继电器的设定时间，将低压断路器合闸，使用万用表直流 200 V 挡测量开关电源输出电压是否为 24 V，此时系统处于等待启动状态，观察黄灯是否闪烁；③ 按下双手操作按钮盒的 SB3 按钮和 SB4 按钮，松开双手，此时系统处于运行状态，观察是否绿灯长亮且黄灯熄灭；④ 用手感应光电开关，此时系统处于故障状态，注意观察绿灯是否熄灭、黄灯是否闪烁、蜂鸣器是否响，按下停止按钮，观察蜂鸣器是否停止响；⑤ 按下急停按钮，观察是否红灯长亮且蜂鸣器响，松开急停按钮后，观察是否只有黄灯闪烁。

3. 任务目标

任务目标如下：① 启动前显示控制、启动后显示控制、急停报警控制、安全报警控制及安全报警显示控制描述正确；② 实物接线正确，系统功能验证正确。

四、任务拓展

指示灯及压力传感器常见故障说明如表 5-4-13 所示。

表 5-4-13 指示灯及压力传感器常见故障说明

故障设备	故障现象	可能原因及解决方法
指示灯	指示灯不亮	可能原因：指示灯损坏。 解决方法：用万用表检查指示灯是否有 24 V 电压（焊接机器人工作站采用的是 24 V 的指示灯），如果没有，可以根据线路图检查相应的控制端是否有输出，如果有输出，则指示灯已经损坏，需要更换
压力传感器	低于/高于预设压力，触点不动作	可能原因：压力传感器损坏。 解决方法：检查压力传感器的供电电压，焊接机器人工作站压力传感器的供电电压为 12～24 V，如果没有电压，可以往电源线路方向检查；如果电压正常，则更换一个新的压力传感器进行对比，确定当前的压力传感器是否损坏

项目六
机电应用系统驱动及其控制

6

【学习目标】

知识目标：掌握执行电气设备（如气缸、异步电动机、直流电动机、步进电动机、伺服电动机、真空发生器、吸盘等）的基本工作原理、电气符号、安装和使用方法；掌握执行电气设备的控制原理及相关的控制电路。

能力目标：能够根据控制要求选择合适型号的执行电气设备；能够动手搭建调试工业机器人控制系统中几种典型的控制电路。

【项目任务】

任务 1　工业机器人末端气动执行器控制

任务 2　工业机器人工作站升降机控制

任务 3　工业机器人工作站行走小车控制

任务 4　工业机器人工作站模拟变位机控制

执行电气设备是接收控制信息，完成某种动作或传动功能的设备，包括气缸、步进电动机、伺服电动机、异步电动机等。本项目主要介绍执行电气设备的使用以及典型的控制回路，首先介绍气缸、电磁阀的应用控制、设备选择及典型的控制电路，然后介绍异步电动机的应用控制和典型的控制电路，接着介绍直流电动机及其控制，最后介绍步进电动机和伺服电动机。工业控制需要各种各样的执行电气设备来执行控制任务，工业自动化控制的目的就是控制执行电气设备。通过本项目的学习，学生应该掌握常见的执行电气设备的使用方法及调试技能。

任务1　工业机器人末端气动执行器控制

一、任务描述

工业机器人末端气动执行器在工业机器人设备中非常常见，图 6-1-1 所示为多功能末端执行器。

任务要求：① 根据工业机器人末端气动执行器控制的电气原理图，掌握电磁阀、气缸、真空发生器、吸盘的安装、使用方法；② 以电气原理图为基础，完成工业机器人末端气动执行器控制所需的元件安装、系统通电调试。

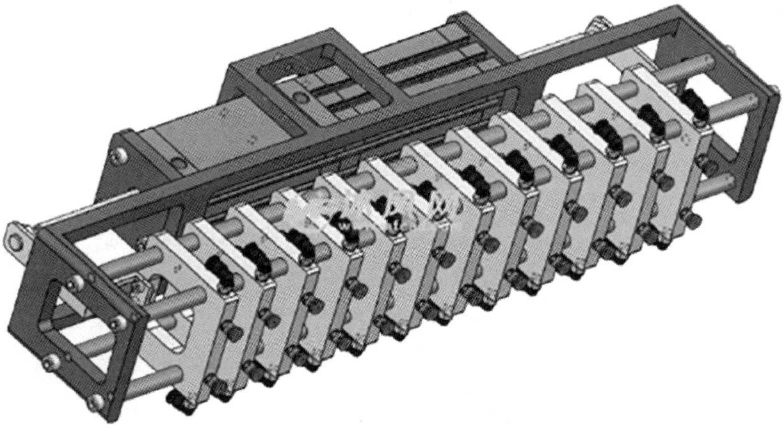

图 6-1-1　多功能末端执行器

二、相关知识

1. 电磁阀

电磁阀（见图 6-1-2）是用来控制流体方向的自动化基础元件。

（a）单向电磁阀　（b）单线圈二位三通电磁阀　（c）双线圈二位三通电磁阀

图 6-1-2　电磁阀

1）电磁阀的结构原理和电气符号

电磁阀主要由阀体和电磁线圈构成，阀体部分一般由阀芯、阀套、弹簧底座等组成，电磁线圈由线圈、电磁铁、衔铁、接线盒（快速接头）组成。图 6-1-3 所示为电磁阀结构原理图。当线圈通电时，电磁铁受到电流激励，产生电磁力，使得阀门打开，以达到改变流体方向的目的；线圈失电后，阀芯在复位弹簧的作用下复位。

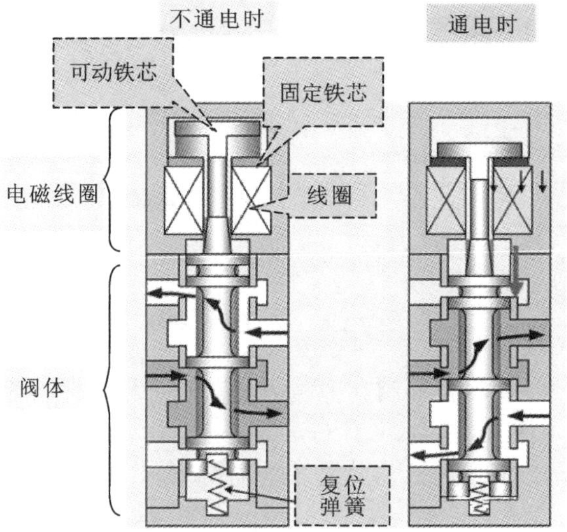

图 6-1-3　电磁阀结构原理图

不同电磁阀的工作原理类似，但内部结构不一样，下面以二位三通电磁阀为例介绍电磁阀的工作原理。图 6-1-4 所示为二位三通电磁阀的工作原理，电磁阀线圈未得电时压缩空气从 A 进从 P 出，电磁阀线圈得电后压缩空气从 A 进从 T 出。

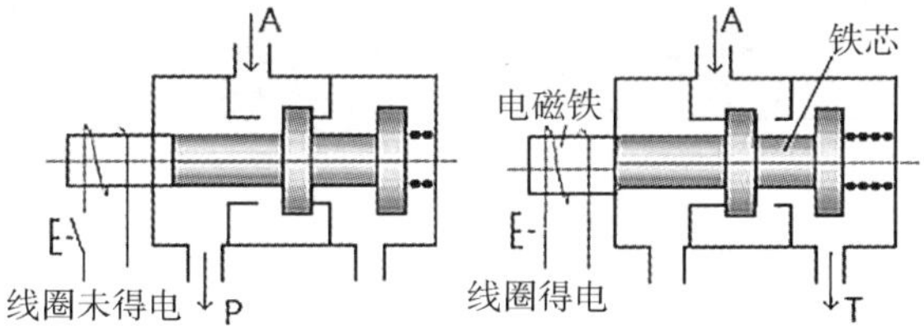

图 6-1-4　二位三通电磁阀的工作原理

图 6-1-5 所示为电磁阀的电气符号，文字符号用 YV 表示，只需控制电磁阀线圈使其得电或者失电。

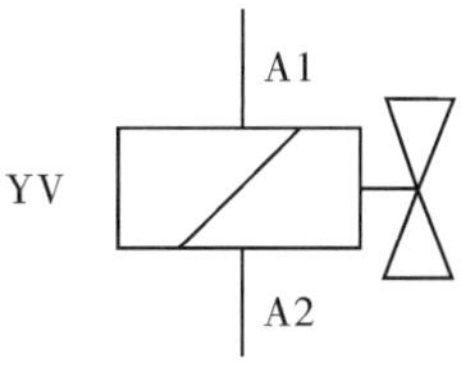

图 6-1-5　电磁阀的电气符号

2）电磁阀的分类

电磁阀可分为二位二通电磁阀、二位三通电磁阀、二位五通电磁阀、三位五通电磁阀等，每种电磁阀按导通方式分为直动式电磁阀和先导式电磁阀。下面先介绍直动式电磁阀和先导式电磁阀的区别，然后分别介绍二位二通电磁阀、二位三通电磁阀、二位五通电磁阀、三位五通电磁阀。

（1）直动式电磁阀：通电时，电磁线圈产生电磁力把关闭件从阀座上提起，阀门打开；断电时，电磁力消失，阀门关闭。特点是在真空、负压状态下能正常工作，但通径一般不超过25 mm。直动式电磁阀如图 6-1-6 所示。

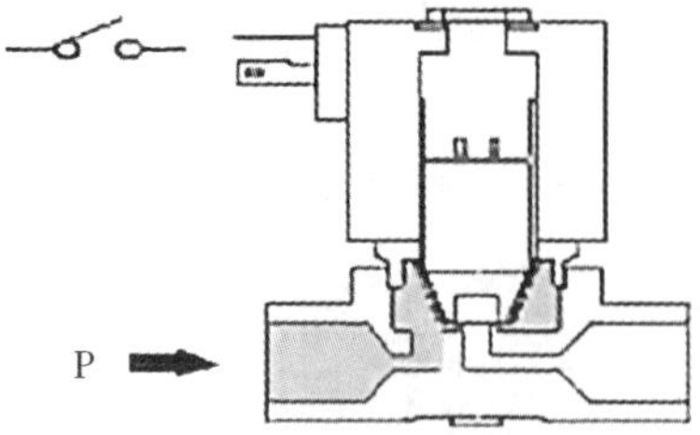

（a）断电时阀关　（b）通电时阀开

图 6-1-6　直动式电磁阀

（2）先导式电磁阀：断电时，先导阀在弹簧力的作用下堵住先导孔，有压力的液体不能进入阀芯的左端面，整个阀芯被压在最左端，B 口导通；通电时，电磁力把先导阀吸下来，先导孔打开，有压力的液体进入阀芯的左端面，将阀芯推向右端，B 口关闭，A 口打开，实现换向。先导式电磁阀如图 6-1-7 所示。

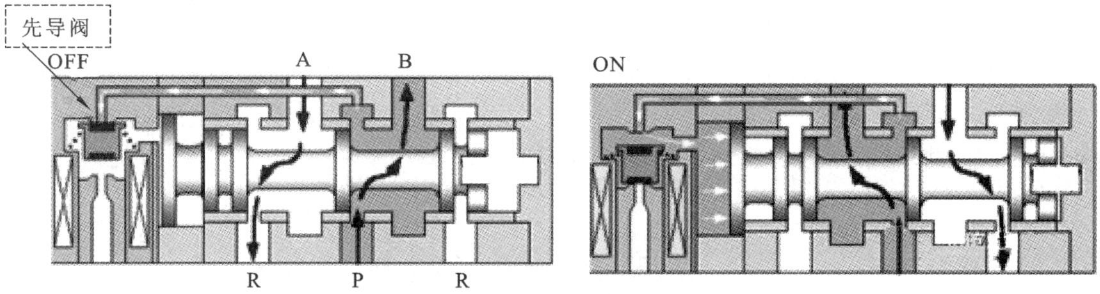

（a）断电时　（b）通电时

图 6-1-7　先导式电磁阀

直动式电磁阀和先导式电磁阀的区别：① 直动式电磁阀响应速度快，动作时间短，频率较高时一般选用直动式电磁阀；② 先导式电磁阀采用的是小阀打开大阀的方式，流量大，大口径选用先导式电磁阀。

（3）二位二通电磁阀：二位二通电磁阀也称为截止阀或开关阀，其作用是控制单个气路的通断。图 6-1-8 所示为二位二通电磁阀。

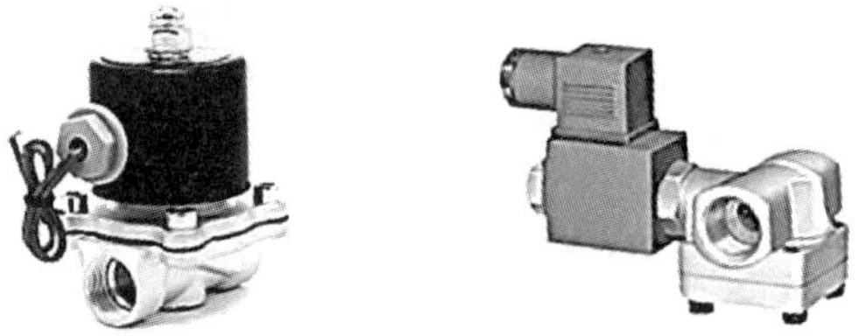

（a）直动式二位二通电磁阀　（b）先导式二位二通电磁阀

图 6-1-8　二位二通电磁阀

（4）二位三通电磁阀：二位三通电磁阀控制气路一进二出（二出是指一个常开、一个常闭），二位三通电磁阀一般采用单线圈控制，即一个线圈控制电磁阀的接通和断开，其作用是控制两个气路的通断。图 6-1-9 所示为二位三通电磁阀。

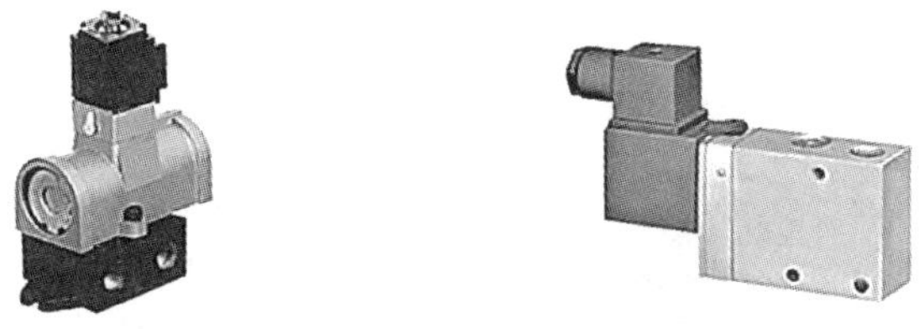

（a）直动式二位三通电磁阀　　（b）先导式二位三通电磁阀

图 6-1-9　二位三通电磁阀

（5）二位五通电磁阀：二位五通电磁阀的工作原理如图 6-1-10 所示。线圈通电时，静铁芯产生电磁力，使先导阀动作，压缩空气通过气路进入先导活塞，使活塞启动，在活塞中间，密封圆面打开通道，1、4 进气，2、3 排气；断电时，先导阀在弹簧的作用下复位，恢复到原来的状态，1、2 进气，4、5 排气。其作用是控制双作用气缸的动作。

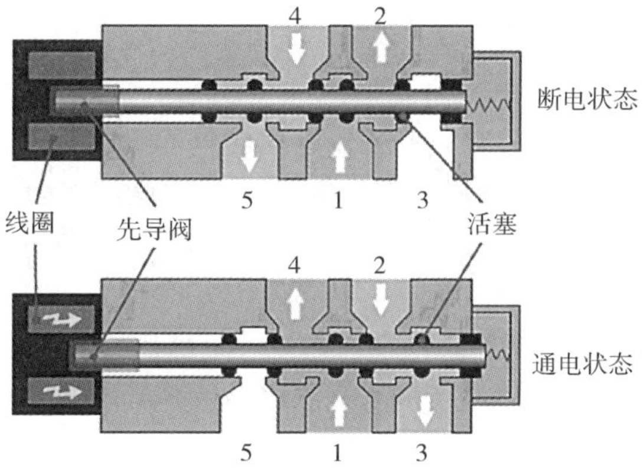

图 6-1-10　二位五通电磁阀的工作原理

二位五通电磁阀有单线圈和双线圈之分，图 6-1-11 所示为单线圈二位五通电磁阀接线图，其进、出气孔使用快速接头，排气孔使用消音器。

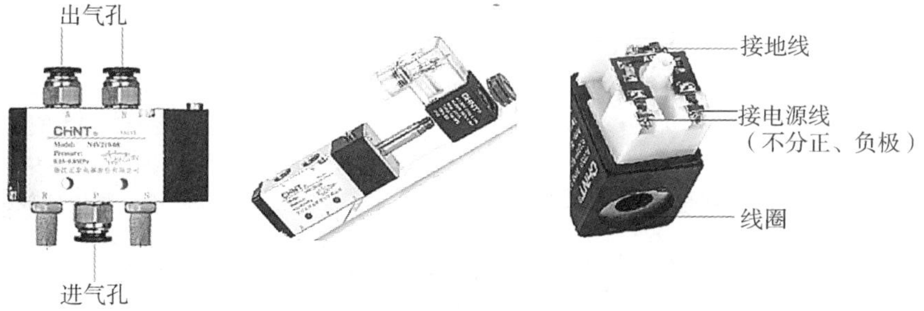

图 6-1-11　单线圈二位五通电磁阀接线图

（6）三位五通电磁阀：三位五通电磁阀有三种类型，分别是中封型、中压型、中泄型。中封型用于保压回路，中压型用于调压回路，中泄型用于卸荷回路。三位五通电磁阀的作用是控制气缸的动作，其中中封型使用较多，当气路系统断电断气时，两端的弹簧将中封型三位五通电磁阀压到中间位置，由于无法通气，工件能够保持原位不动，提高了生产的安全性。图 6-1-12 所示为三位五通电磁阀，其有单线圈和双线圈两种控制方式，双线圈三位五通电磁阀具有断电自锁功能。

（a）单线圈三位五通电磁阀　　（b）双线圈三位五通电磁阀

图 6-1-12　三位五通电磁阀

3）电磁阀的典型应用

电磁阀的线圈较常用的电压有直流 24 V 和交流 220 V、380 V。下面以较常用的直流 24 V 电磁阀线圈为例进行说明。

（1）单线圈电磁阀。

单线圈电磁阀的典型应用如图 6-1-13 所示。

单线圈电磁阀控制原理：① 按下按钮 SB2，电磁继电器线圈得电并自锁；② 电磁继电器另外一组常开触点 8-12 闭合，电磁阀线圈持续得电；③ 按下停止按钮 SB1，电磁继电器线圈失电复位，同时电磁阀线圈失电。

（2）双线圈电磁阀。

双线圈电磁阀的双线圈是在线圈 1 得电后机械部位动作，失电后位置不变；线圈 2 得电后，机械部位从位置 1 变为位置 2，失电后保持。双线圈电磁阀的典型应用如图 6-1-14 所示。

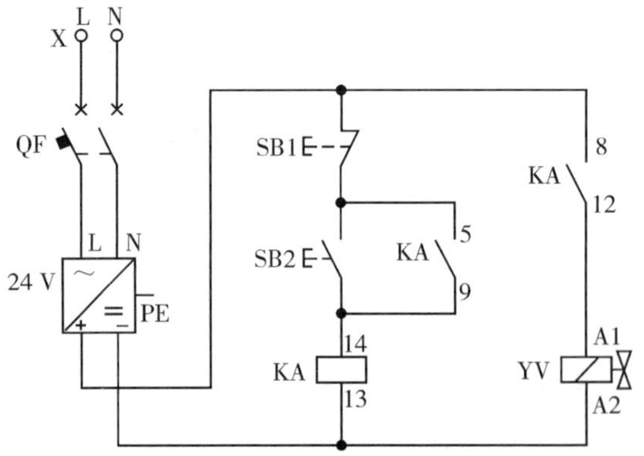

图 6-1-13　单线圈电磁阀的典型应用

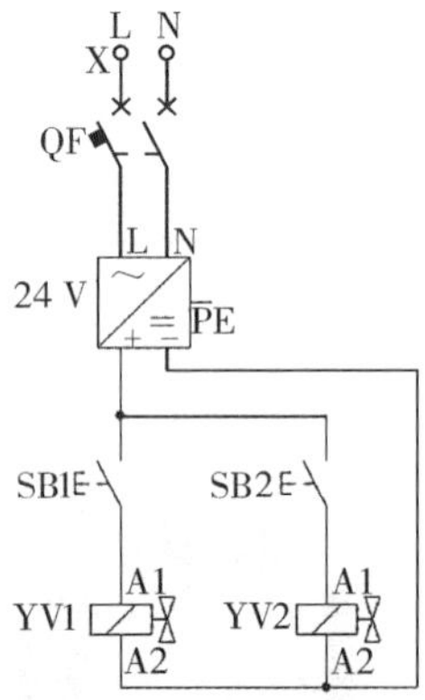

图 6-1-14　双线圈电磁阀的典型应用

双线圈电磁阀控制原理：① 按下按钮 SB1，双线圈电磁阀 YV1 得电，电磁阀向左运动通气，松开按钮 SB1，线圈 YV1 失电，电磁阀保持左边不动；② 按下按钮 SB2，双线圈电磁阀 YV2 得电，电磁阀向右运动通气，松开按钮 SB2，线圈 YV2 失电，电磁阀保持右边不动。

2. 气缸

气缸可以将压缩空气的压力能转换为机械能，驱动机构做直线往复运动、旋转运动和摆动。气缸如图 6-1-15 所示。

1）气缸的工作原理和电气符号

如图 6-1-16 所示，当从无杆腔输入压缩空气时，有杆腔排气，气缸两腔的压力差作用在活

（a）拉杆式气缸　　（b）自由安装型气缸

图 6-1-15　气缸

塞上所形成的力推动活塞运动，使活塞杆伸出；当有杆腔进气、无杆腔排气时，活塞杆缩回。若有杆腔和无杆腔交替进气和排气，活塞实现往复直线运动。

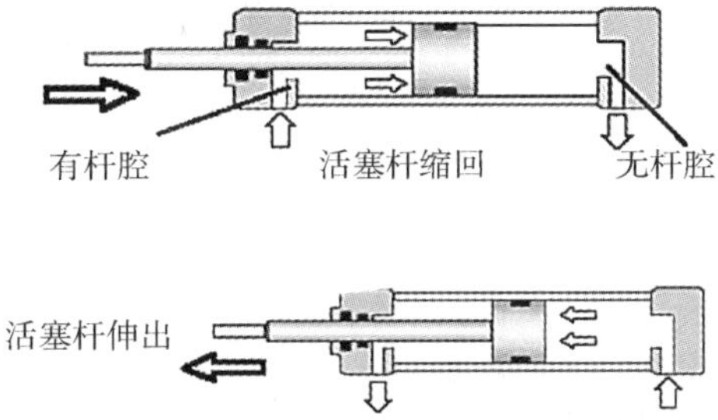

图 6-1-16　气缸的工作原理

图 6-1-17 所示为直行程气缸结构图，其传感器为磁感应开关。

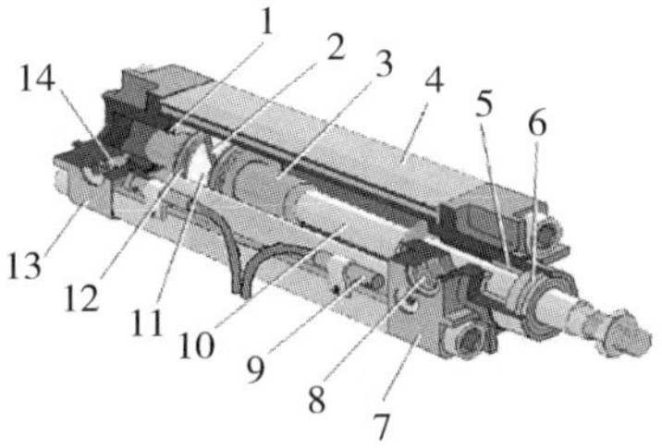

图 6-1-17　直行程气缸结构图

1、3—缓冲柱塞；2—活塞；4—缸筒；5—导向套；6—防尘圈；7—前端盖；8—气口；9—传感器；10—活塞杆；11—耐磨环；12—密封圈；13—后端盖；14—缓冲节流阀

图 6-1-18 所示为气缸的电气符号。

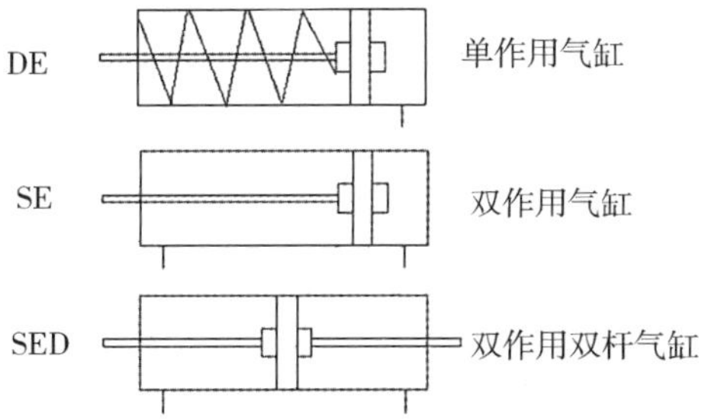

图 6-1-18　气缸的电气符号

2）气缸的分类

气缸按动作可以分为单作用气缸和双作用气缸，单作用气缸一般用于行程短、对输出力和运动速度要求不高的场合，双作用气缸的应用则更广泛。

气缸按功能可以分为标准气缸、复合型气缸、特殊气缸、摆动气缸、气爪等，如图 6-1-19 所示。

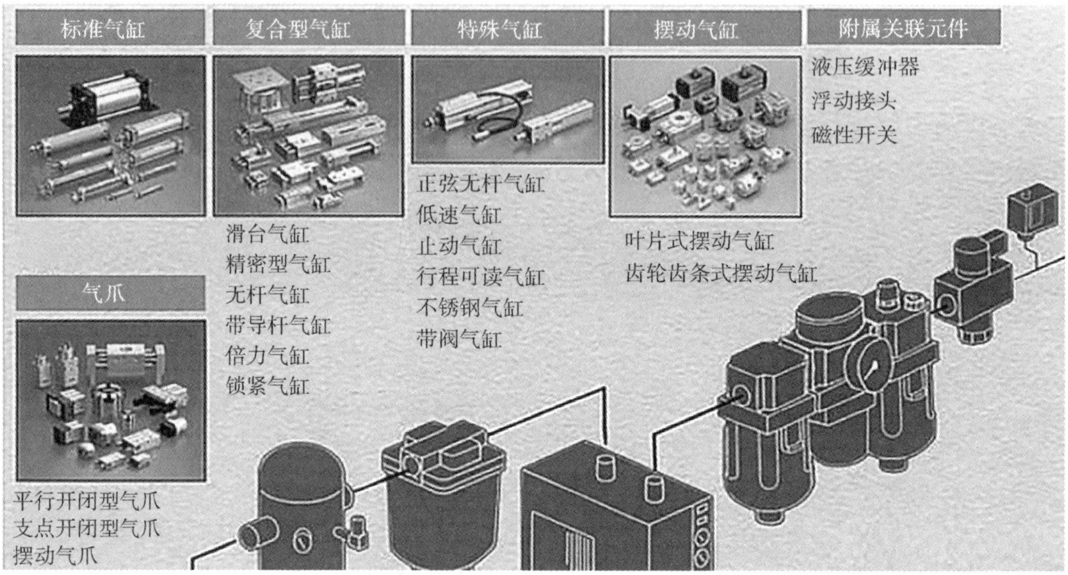

图 6-1-19　气缸按功能分类

3）气缸的选择

选择气缸时，首先需要确定气缸的缸径、气缸的行程，然后根据空间要求、精度要求、动作要求来选择合适的气缸。

（1）气缸的缸径。

气缸的理论输出力等于活塞面积乘以压缩空气的压力。

双作用气缸伸出时产生的理论输出力：

$$F_e = \frac{\pi}{4} \times D^2 \times p_g$$

双作用气缸缩回时产生的理论输出力：

$$F_r = \frac{\pi}{4} \times (D^2 - d^2) \times p_g$$

单作用气缸产生的理论输出力：

$$F_e = \frac{\pi}{4} \times D^2 \times p_g - F_s$$

式中：D——气缸的缸径；

p_g——空气压力（表压）；

d——活塞杆直径；

F_s——弹簧力。

气缸负载率的选取与负载的运动状态有关，一般按表 6-1-1 选取。

表 6-1-1　气缸的负载率

负载的运动状态	静负载	动负载	
		气缸速度为 50～500 mm/s	气缸速度超过 500 mm/s
负载率	≤70%	≤50%	≤30%

气缸的理论输出力乘以负载率就是气缸的实际输出力。选取气缸时，气缸的实际输出力应大于气缸的负载力。

(2) 气缸的行程。

确定工件的移动距离，考虑工况可选择满行程及预留行程。

如果是压紧或顶住工件，一般不要选择满行程，可以把行程留大 10 mm 左右；如果是将工件推到某个位置，可以选择满行程，但要加缓冲，如图 6-1-20 所示。

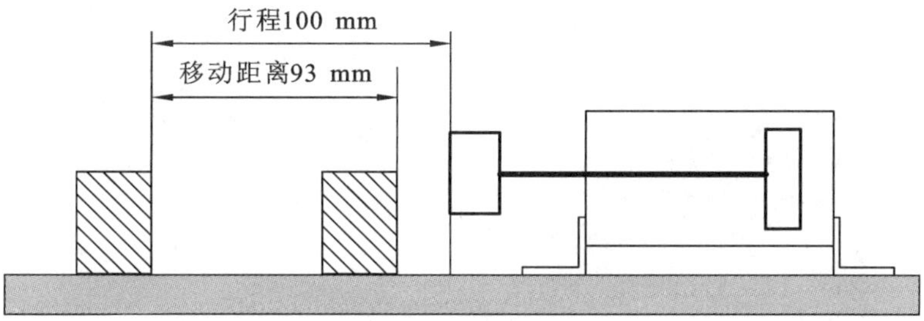

图 6-1-20　推工件行程示例

(3) 空间要求。

节省空间类气缸具有结构紧凑、重量轻、占用空间小等优点，包括薄型气缸和自由安装型气缸等，如图 6-1-21 所示。

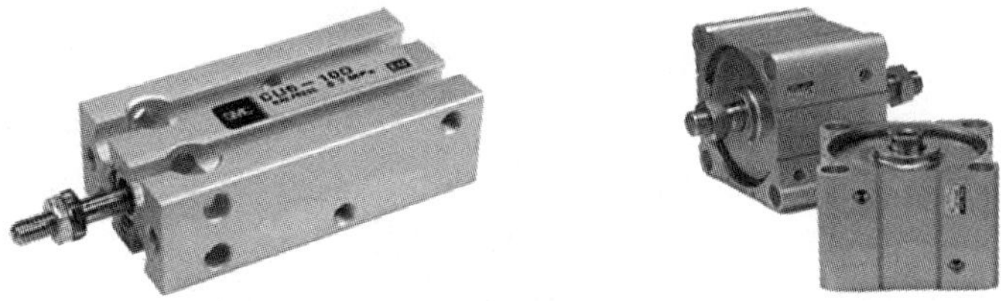

(a) 自由安装型气缸　　(b) 薄型气缸

图 6-1-21　节省空间类气缸

无杆气缸也具有节省空间的特点，一般需要和导引机构配套，定位精度比较高。无杆气缸包括磁耦式无杆气缸和机械式无杆气缸。

磁耦式无杆气缸如图 6-1-22 所示，其活塞两侧受压面积相等，具有同样的推力，有利于提高定位精度，具有重量轻、结构简单、占用空间小等特点。

机械式无杆气缸(见图 6-1-23)具有较强的承载能力和抗力矩能力。

(4) 精度要求。

对精度要求高的场合一般采用滑台气缸(将滑台与气缸组合的一体化的气动组件)。滑台气缸有许多细分的类型，工件可安装在滑台上，通过气缸推动滑台运动。滑台气缸适用于精密组装、定位、传送工件等。滑台气缸如图 6-1-24 所示。

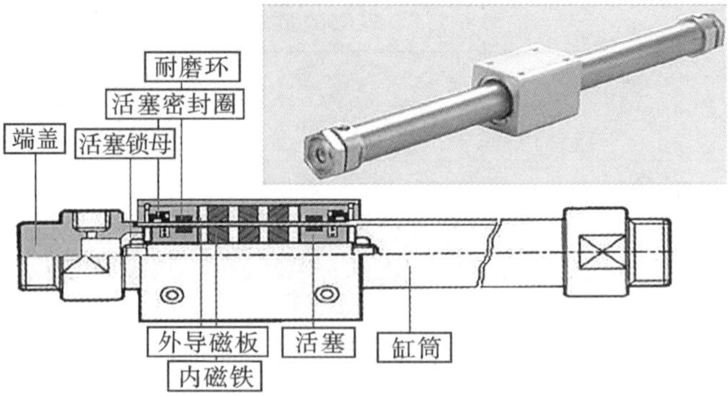

图 6-1-22　磁耦式无杆气缸

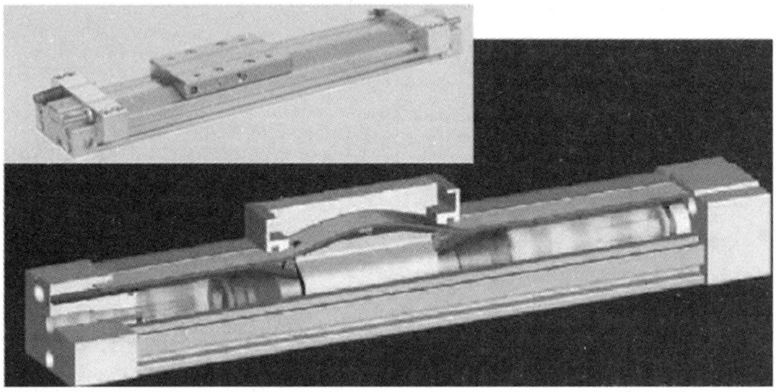

图 6-1-23　机械式无杆气缸

图 6-1-24　滑台气缸

(5) 动作要求。

在需要摆动或转动的场合，一般采用旋转气缸。旋转气缸主要有以下两类。

① 叶片式旋转气缸(见图 6-1-25)：用内部止动块或外部挡块来改变其旋转角度。止动块与缸体固定在一起，叶片与转轴连在一起，空气压力作用在叶片上，带动转轴回转，并输出力矩。

② 齿轮齿条式旋转气缸(见图 6-1-26)：空气压力推动活塞带动齿条做直线运动，齿条推动齿轮做回转运动，由齿轮轴输出力矩并带动外负载旋转。

在需要夹持/固定物体的场合，一般采用气爪。气爪一般通过由气缸活塞产生的往复直线

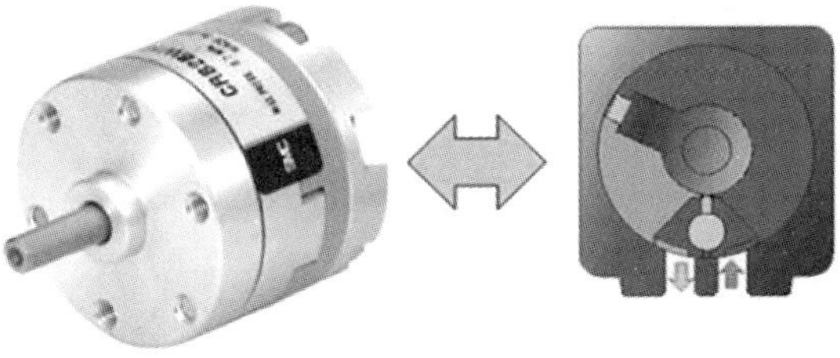

图 6-1-25 叶片式旋转气缸

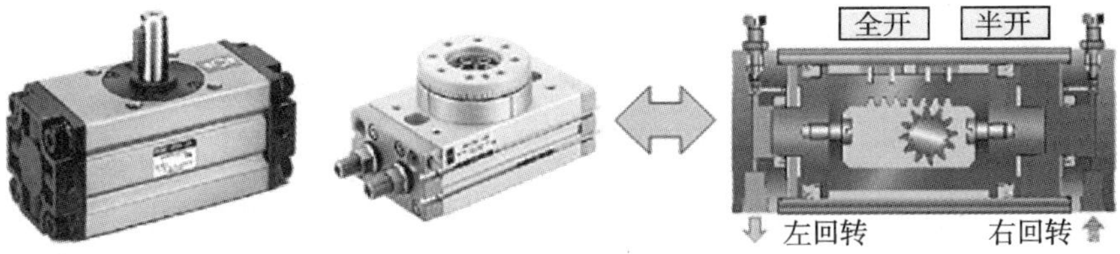

图 6-1-26 齿轮齿条式旋转气缸

运动带动与夹爪相连的曲柄连杆、滚轮或齿轮等机构，驱动各个夹爪同步做开闭动作。气爪可以实现夹爪的各种动作，常用来抓取、拾放物体。气爪的内部结构如图 6-1-27 所示。

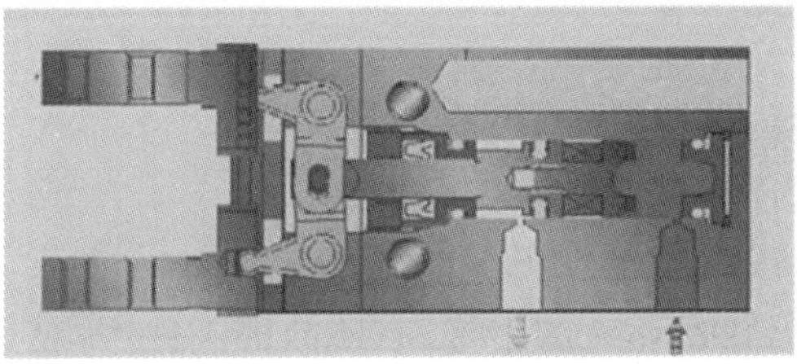

图 6-1-27 气爪的内部结构

根据不同的夹持/固定场合，气爪可以分为平行开闭型气爪、支点开闭型气爪等。

平行开闭型气爪（见图 6-1-28）是单活塞驱动，通过电磁阀控制进气，两个气动手指向轴心移动，每个气动手指是不能单独移动的，电磁阀断电后，两个气动手指向两侧平行移动。

支点开闭型气爪（见图 6-1-29）是双活塞驱动，力矩较大，两个气动手指可以成 180°张开，常用于较大物体的夹取。

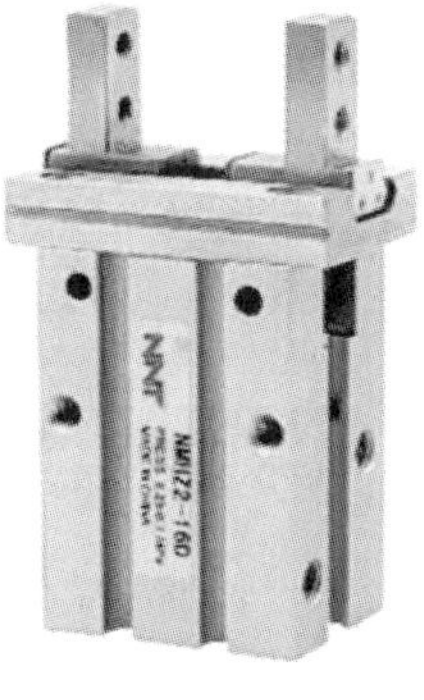

图 6-1-28 平行开闭型气爪

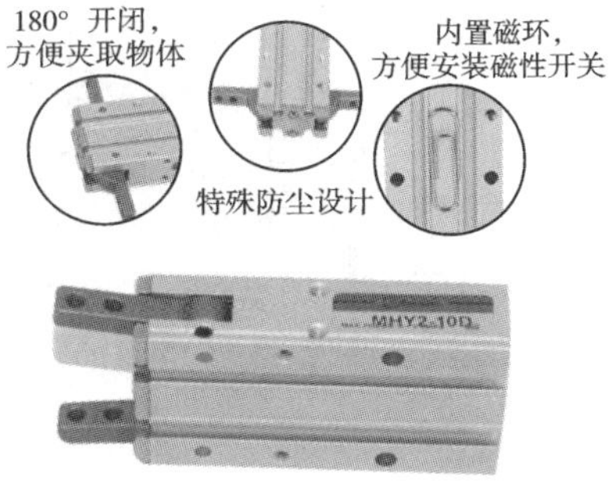

图 6-1-29 支点开闭型气爪

在需要用到气爪的时候，需要注意以下几个问题：① 气爪是不能直接用的，需要根据产品和工艺，将夹爪安装在上面，注意互换性、可靠性以及灵活性。② 要确保气爪有足够的夹持力，以免影响夹持效果，同时，气爪容易夹伤产品，所以一般来说适合外观不重要、有一定结构强度的产品，否则建议换用电动夹爪（虽然价格高，但夹持力可控）或者采用柔性更强的真空吸取方式。

3. 吸盘和真空发生器

1）吸盘

吸盘（见图 6-1-30）是一种在与被吸物体接触后形成一个临时性的密封空间，通过抽走密封空间里面的空气，产生内外压力差而进行工作的气动元件。

（a）波纹吸盘　（b）真空吸盘　（c）大负载吸盘

图 6-1-30　吸盘

吸盘的分类及适用范围如下。

① 扁平吸盘：用于薄片、塑料或薄膜。

② 椭圆吸盘：用于长方形工件。

③ 波纹吸盘：用于球形或倾斜的工件。

④ 海绵吸盘：用于有凹凸的工件。

⑤ 大负载吸盘：用于重型工件或大型工件。

⑥ 真空吸盘：用于大型工件、形状变化大的工件、有凹凸的工件、薄膜、塑料等。

2）真空发生器

真空发生装置有真空泵和真空发生器两种。真空泵是一种在吸气口形成负压，排气口直接连通大气，两端压力比很大的抽除气体的机械装置。真空发生器是利用压缩空气的流动形成一定真空度的气动元件，与真空泵相比，它的结构简单、体积小、重量轻、价格低、安装方便，与配套件复合化容易，真空的产生和解除快，适合从事流量不大的间歇性工作。图 6-1-31 所示为真空发生器工作原理图。

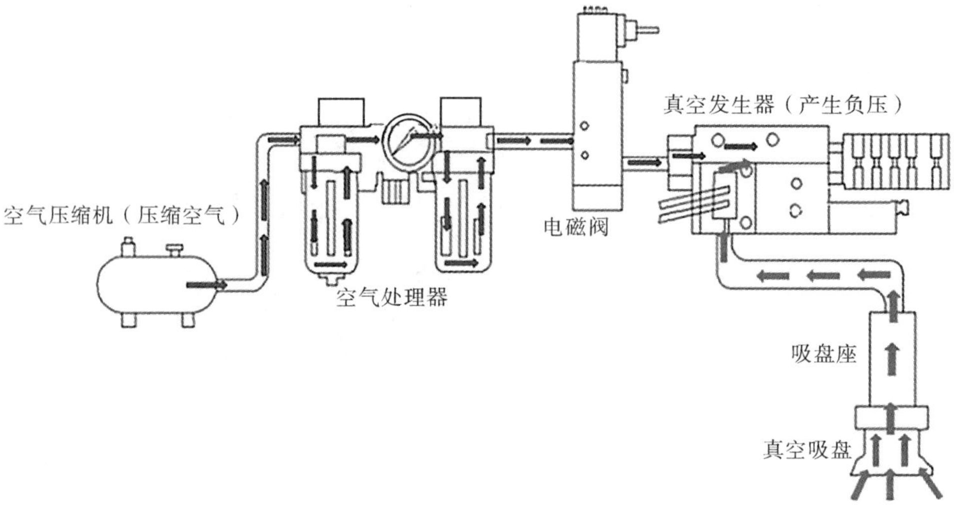

图 6-1-31　真空发生器工作原理图

真空发生器可以采用直接安装、支架安装和导轨安装等方式进行安装，如图 6-1-32 所示。

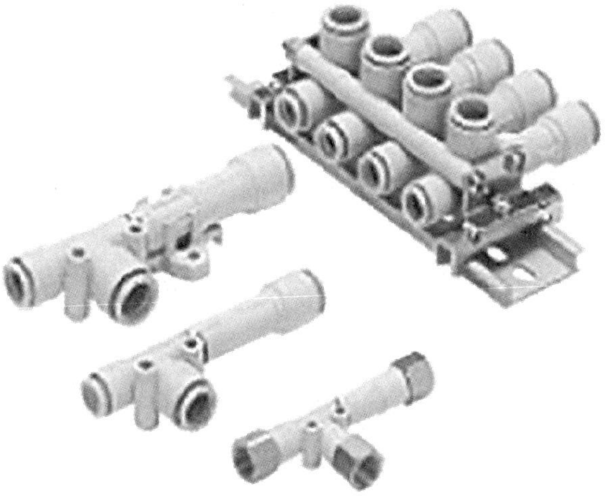

图 6-1-32 真空发生器的安装

3）常见真空回路

如图 6-1-33 所示，采用二位二通电磁阀控制真空的产生和停止，通过连通大气破坏真空，为了保护真空发生器而配备真空过滤器。

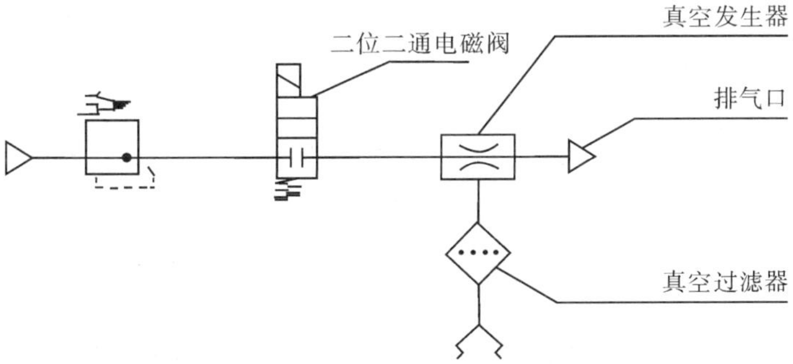

图 6-1-33 二位二通电磁阀+真空发生器

如图 6-1-34 所示，采用二位三通电磁阀控制真空的产生和停止，停止的同时也破坏真空，为了调节破坏流量而配备可调节节流阀，另外配备真空过滤器以保证真空发生器的使用寿命。

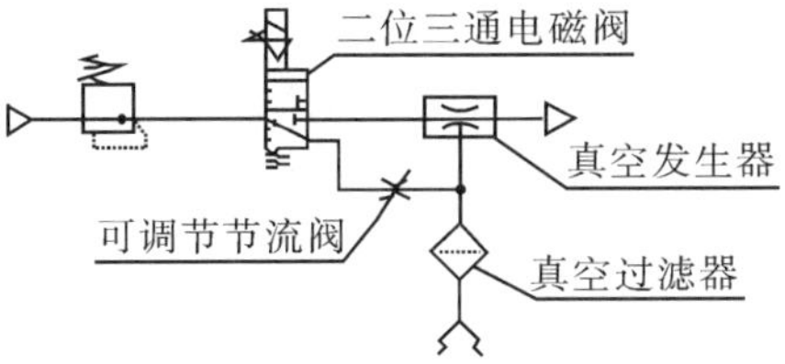

图 6-1-34 二位三通电磁阀+真空发生器

三、任务实施

1. 任务说明

工业机器人末端气动执行器接收指令，完成夹取和吸附的任务，本任务要求实现工业机器人末端气动执行器电气部分的安装和调试。控制要求如下：① 按下启动按钮 SB2 后，夹爪的电磁阀得电并保持，实现物体的夹取；② 经过 5 s 的时间，真空发生器的电磁阀得电，吸附另外一个物体；③ 10 s 后，停止夹取和吸附，一个工作循环结束。

根据工业机器人末端气动执行器控制电气原理图（见图 6-1-35），首先明确系统控制原理和控制方式，然后根据控制系统中的控制元件，将电气原理图转换为实物接线，在元件配盘上安装电气元件，安装线槽，选择电缆接线、走线，最后经测试后送电验证工业机器人末端气动执行器控制功能。控制系统使用电磁继电器实现启保停控制，使用 1 个二位五通电磁阀控制 1 个双作用气缸模拟夹爪功能，使用 1 个二位三通电磁阀控制 1 个单作用气缸模拟真空发生器功能，使用 2 个时间继电器实现自动吸附和自动停止功能。

说明：如果没有电磁阀，可以使用指示灯代替。

工业机器人末端气动执行器控制元件组成如表 6-1-2 所示。

末端气动执行器

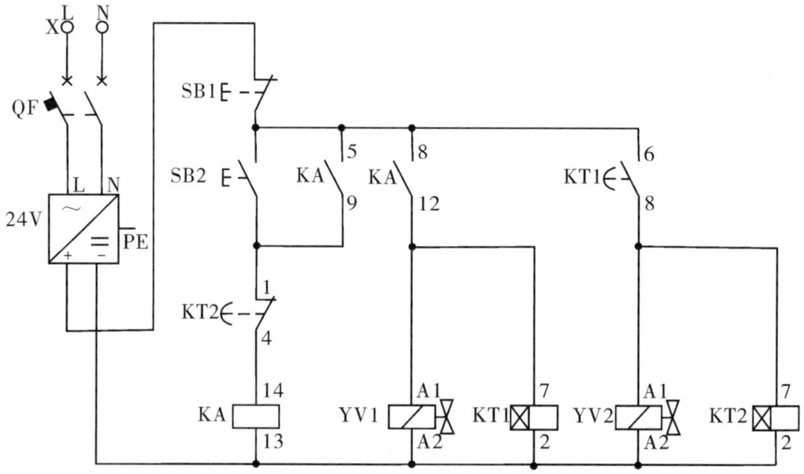

图 6-1-35 工业机器人末端气动执行器控制电气原理图

表 6-1-2 工业机器人末端气动执行器控制元件组成

元件名称	数量	规格	备注
低压断路器	1 个	1 A，2 极	也可采用漏电保护断路器
开关电源	1 个	100 W	
电磁继电器	1 个	直流线圈 24 V，8 脚	带底座
时间继电器	2 个	直流 24 V，通电延时，8 脚	带底座
启动按钮	1 个	绿色，自复位常开型，ϕ22	使用按钮盒安装
停止按钮	1 个	红色，自复位常闭型，ϕ22	使用按钮盒安装
二位五通电磁阀	1 个	24 V 直流线圈，常开型	
二位三通电磁阀	1 个	24 V 直流线圈，常开型	
双作用气缸	1 个	DN10	
单作用气缸	1 个	DN5	
气管	若干	ϕ8	

2. 任务实施步骤

(1) 读懂电气原理图,条理清晰地描述系统控制过程,注意描述系统控制顺序。

(2) 搭建电气实物。

搭建流程:① 选择合适的电气安装工具,在电气配盘上安装固定线槽、DIN 导轨和电气元件;② 根据电气原理图选择合适的接线工具,连接好电路和气路,搭建控制回路。

(3) 气动执行器控制功能验证。

验证流程:① 低压断路器 QF 合闸前,使用万用表测试开关电源的正负极有没有短路故障;② 调整好 2 个时间继电器的设定时间,将低压断路器合闸,使用万用表直流 200 V 挡测量开关电源输出电压是否为 24 V;③ 按下启动按钮 SB2,电磁阀 YV1 得电,观察双作用气缸是否立马动作,松开按钮 SB2,气缸仍然保持动作状态;④ 等待 5 s 的时间,电磁阀 YV2 得电,观察单作用气缸是否立马动作;⑤ 单作用气缸动作后,等待 10 s,电磁阀 YV1 和电磁阀 YV2 失电,观察所有气缸是否都复位。

3. 任务评价

评价标准如下:

① 线路连接正确,没有出现短路、断路等问题;

② 系统启动后,能实现控制要求;

③ 线路连接整齐、美观。

四、任务拓展

1. 执行电气设备常见故障说明

执行电气设备常见故障说明如表 6-1-3 所示。

表 6-1-3 执行电气设备常见故障说明

故障设备	故障现象	可能原因及解决方法
电磁阀	线圈不动作	可能原因:电磁阀线圈损坏。 解决方法:用万用表测量电磁阀线圈电压是否为 24 V,如果没有电压,则需要检查控制信号是否发出或开关电源是否存在故障;如果电磁阀线圈电压正常,则证明电磁阀线圈损坏
	线圈动作,电磁阀不切换气路	可能原因:电磁阀损坏。 解决方法:给电磁阀进气端通气,并使线圈得电,如果出气端仍然没有压缩空气流出,则证明电磁阀已损坏,需要更换或维修
	线圈动作,电磁阀不受控制	可能原因:电磁阀线圈正负极接反或电磁阀方向接反。 解决方法:① 检查电磁阀线圈正负极是否接反,线圈正负极接反会导致电磁阀不受控制;② 检查电磁阀方向,在电磁阀的阀体上有箭头标明气体的流向,方向接反也会导致电磁阀不受控制
气缸	输出力不足	可能原因:气压不足或内外泄漏。 解决方法:① 检查气缸压缩空气的气压是否在 0.4 MPa 以上,如果不在 0.4 MPa 以上,检查上一级供气是否存在问题;② 检查活塞杆是否卡住、气缸内部有无杂质,检查活塞杆是否不对中,检查活塞杆上是否有刮痕,如有刮痕,需要更换新的;③ 拆开气缸检查气缸密封圈是否损坏

续表

故障设备	故障现象	可能原因及解决方法
吸盘和真空发生器	真空控制电磁阀动作后，吸盘不工作	可能原因：吸盘或真空发生器损坏。 解决方法：① 检查真空控制电磁阀是否能正常工作；② 如果真空控制电磁阀控制正确，更换新的真空发生器后验证吸盘可否正常工作，如果可以，则证明真空发生器损坏；③ 如果更换新的真空发生器后吸盘仍然不能正常工作，先不换下新的真空发生器，接着更换新的吸盘，验证吸盘可否正常工作，这样可以确定吸盘是否已经损坏；④ 如果确定吸盘损坏，接着换回旧的真空发生器，验证吸盘可否正常工作，如果可以，则证明仅吸盘损坏，如果不可以，则证明吸盘和真空发生器均损坏

2. 思考与练习

请思考如何实现夹取 5 s 后立马松开，松开后过 10 s 自动吸附，再过 2 s 松开，在这个控制过程中如果按下停止按钮，所有动作均能停止。

任务 2　工业机器人工作站升降机控制

一、任务描述

从工业生产到日常生活中，异步电动机随处可见，学会使用异步电动机是本任务的目的。

任务要求：① 根据工业机器人工作站升降机控制电气原理图，掌握异步电动机的接线、使用方法；② 以电气原理图为基础，完成工业机器人工作站升降机控制所需的元件安装、系统通电调试。

异步电动机控制的物流系统如图 6-2-1 所示。

图 6-2-1　异步电动机控制的物流系统

二、相关知识

1. 异步电动机的工作原理、电气符号和接法

异步电动机（见图 6-2-2）是将转子置于旋转磁场中，在旋转磁场的作用下获得转矩，把电能转换为动能的装置。

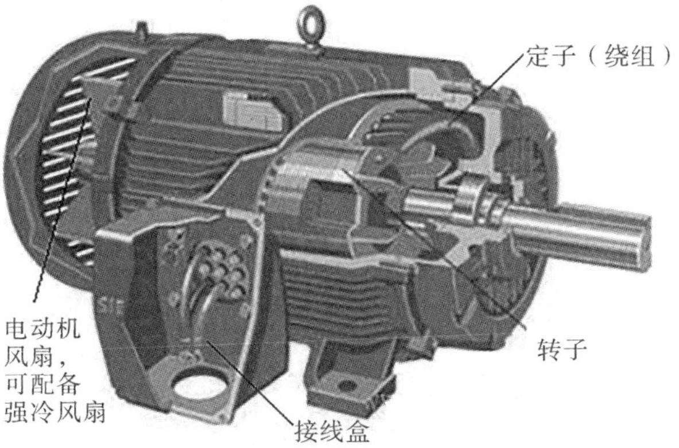

图 6-2-2　异步电动机

1）异步电动机的工作原理和电气符号

（1）异步电动机的结构。

异步电动机由固定不动的定子和旋转的转子两个基本单元构成。定子部分主要包括定子铁芯、定子绕组、机座，转子部分主要包括转轴、转子铁芯、转子绕组（闭合导体），在定子铁芯的内圆和转子铁芯的外圆有均匀分布的槽，其作用是嵌放绕组。图 6-2-3 所示为异步电动机的结构。

（2）异步电动机的工作原理。

旋转磁场不断切割转子中的闭合导体，产生感应电动势和感应电流，转子中的感应电流和旋转磁场相互作用产生电磁转矩，使得转子顺着旋转磁场的方向转动。比如笼型异步电动机，由于旋转磁场顺时针切割转子导体，相当于导体逆时针转动，运用右手定则，让磁感线垂直穿过手心，大拇指指向导体的运动方向，其余四指所指的方向就是感应电流的方向（图 6-2-4 所示笼型异步电动机转子绕组电流的方向），然后应用左手定则，让磁感线穿过手心，四指指向电流方向，大拇指所指的方向即为转子受到的电磁力的方向（图 6-2-4 中电磁转矩的方向），在电磁力的作用下形成电磁转矩，拖动转子顺着旋转磁场的方向转动。

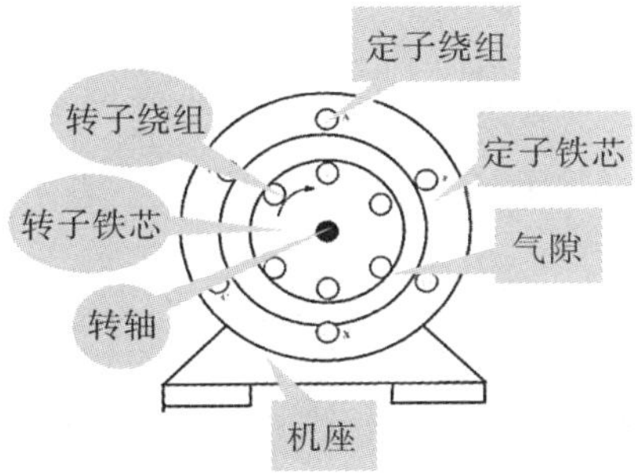

图 6-2-3　异步电动机的结构

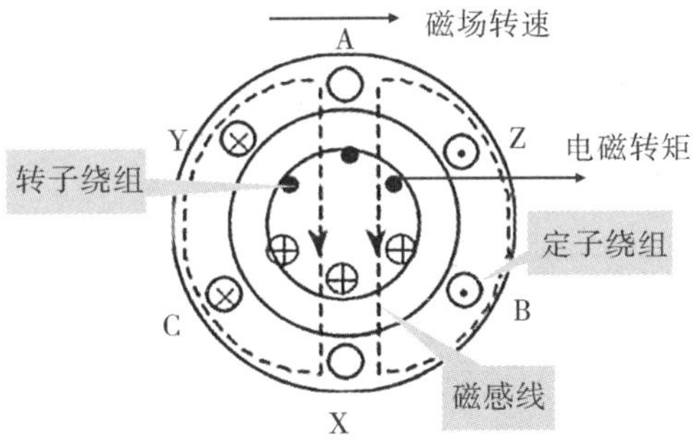

图 6-2-4　笼型异步电动机截面图

（3）异步电动机的分类。

异步电动机按定子绕组的相数可以分为单相异步电动机和三相异步电动机。在没有三相电源或者所需的功率很小时，应采用单相异步电动机，单相异步电动机的功率一般不超过 4 kW。在日常生活中，单相异步电动机用得较多。在工农业生产中，绝大多数用的是三相异步电动机。

单相异步电动机(见图 6-2-5)分为单相电阻启动异步电动机、单相电容启动异步电动机、单相电容运转异步电动机和单相双值电容异步电动机。

图 6-2-5 单相异步电动机

三相异步电动机有两种基本类型。一种是鼠笼式异步电动机,这种电动机的转子绕组的形状像一个笼子。鼠笼式异步电动机结构简单,启动方便,运行可靠,体积小,坚固耐用,便于安装、维护、检修,但是启动转矩较小,功率因数较低,转速不易调节,直接启动时启动电流大。另一种是绕线式异步电动机,它的转子绕组和定子绕组基本上一样,也是三相绕组。绕线式异步电动机可以通过在转子回路中串入外加电阻改善电动机的启动和调速性能。其缺点是结构复杂,维护较麻烦,运行可靠性较差,价格较高。

注意:单相异步电动机控制电压为交流 220 V,三相异步电动机控制电压为交流 380 V。

(4) 异步电动机的电气符号。

图 6-2-6 所示为异步电动机的电气符号,文字符号用 M 表示。

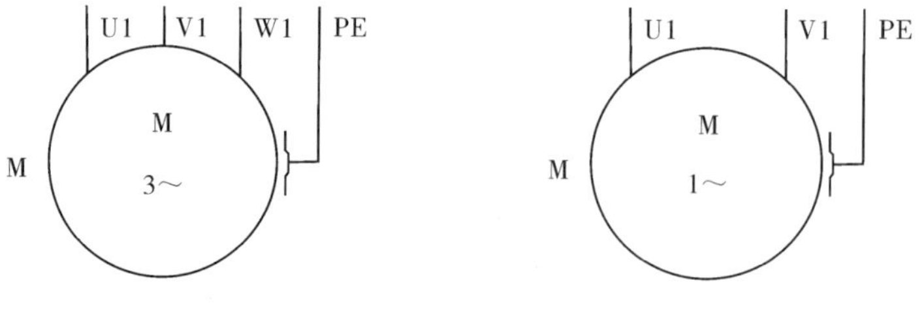

(a) 三相异步电动机 (b) 单相异步电动机

图 6-2-6 异步电动机的电气符号

2) 异步电动机的 Y/△接法

异步电动机有 6 个接线端子,上、下接线端子用铜片连接为△接法,如图 6-2-7(a)所示;上面的 3 个接线端子横向短接为 Y 接法,如图 6-2-7(b)所示。

3) 异步电动机铭牌的解读

以 ABB 异步电动机铭牌(见图 6-2-8)为例,介绍异步电动机铭牌的解读。

ABB 异步电动机铭牌解读:① 采用△接法时,电源额定电压为 220～240 V,额定转速为 2850 r/min,额定功率为 7.5 kW,功率因数为 0.87,额定电流为 5.58 A;② 采用 Y 接法时,电源额定电压为 380～420 V,额定转速为 2850 r/min,额定功率为 7.5 kW,功率因数为 0.87,额定电流为 3.23 A;③ 其他参数包括电动机重量 21 kg、防护等级 IP55、生产序列号等。

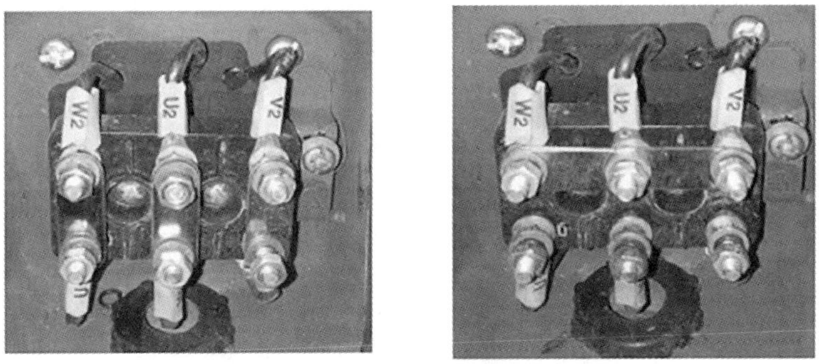

（a）△接法　　（b）Y接法

图 6-2-7　异步电动机的 Y/△接法

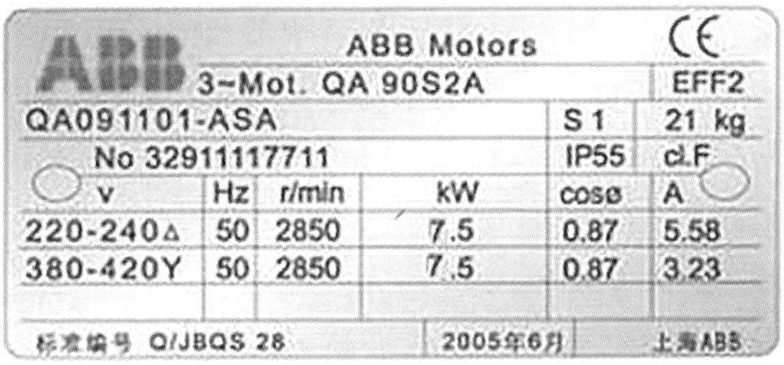

图 6-2-8　ABB 异步电动机铭牌

2. 异步电动机的启动

1）直接启动

直接启动可以用铁壳开关、空气开关等实现电动机的近距离操作、点动控制、速度控制、正反转控制等，也可以用限位开关、交流接触器、时间继电器等实现电动机的远距离操作、点动控制、速度控制、正反转控制、自动控制等。

优点：所需设备少，启动方式简单，成本低，启动转矩大。

缺点：电动机直接启动的电流是正常运行时的电流的 5 倍左右，容易造成电动机过热。强大的启动电流冲击电动机和电网，影响电动机的使用寿命，对电网运行不利，所以大容量的电动机和不能直接启动的电动机都要采用降压启动。

经常启动的电动机，向电动机提供电源的线路或变压器的容量应大于电动机容量的 5 倍以上；不经常启动的电动机，向电动机提供电源的线路或变压器的容量应大于电动机容量的 3 倍以上。这一要求对于小容量的电动机容易实现，所以小容量的电动机绝大部分都是直接启动的，不需要降压启动。对大容量的电动机来说，向电动机提供电源的线路或变压器的容量很难满足电动机直接启动的条件。

直接启动实物接线图如图 6-2-9 所示。

注意：直接启动采用启保停控制方式。

2）采用自耦变压器降压启动

采用自耦变压器降压启动，电动机的启动电流及启动转矩与其端电压的平方成比例降低，启动电流相同的情况下能获得较大的启动转矩。如启动电压降至额定电压的 65%，其启动电流为全压启动电流的 42%，启动转矩为全压启动转矩的 42%。

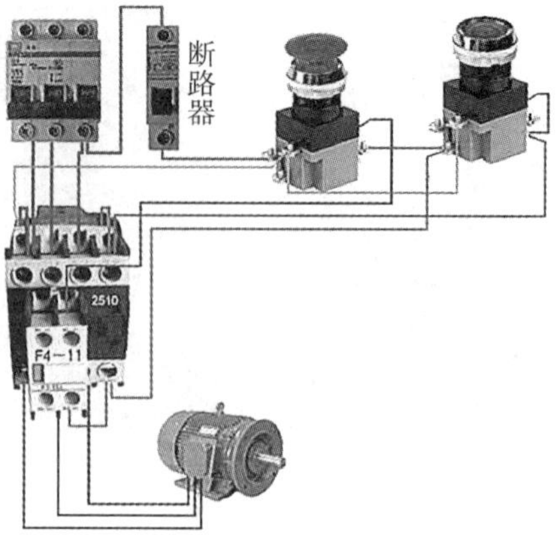

图 6-2-9　直接启动实物接线图

优点：可以直接人工操作控制，也可以用交流接触器自动控制，经久耐用，维护成本低，适合所有的空载、轻载启动异步电动机使用，在生产实践中得到广泛应用。

缺点：人工操作控制需要配置比较贵的自耦变压器箱，自动控制需要配置自耦变压器、交流接触器等启动设备和元件。

采用自耦变压器降压启动如图 6-2-10 所示。

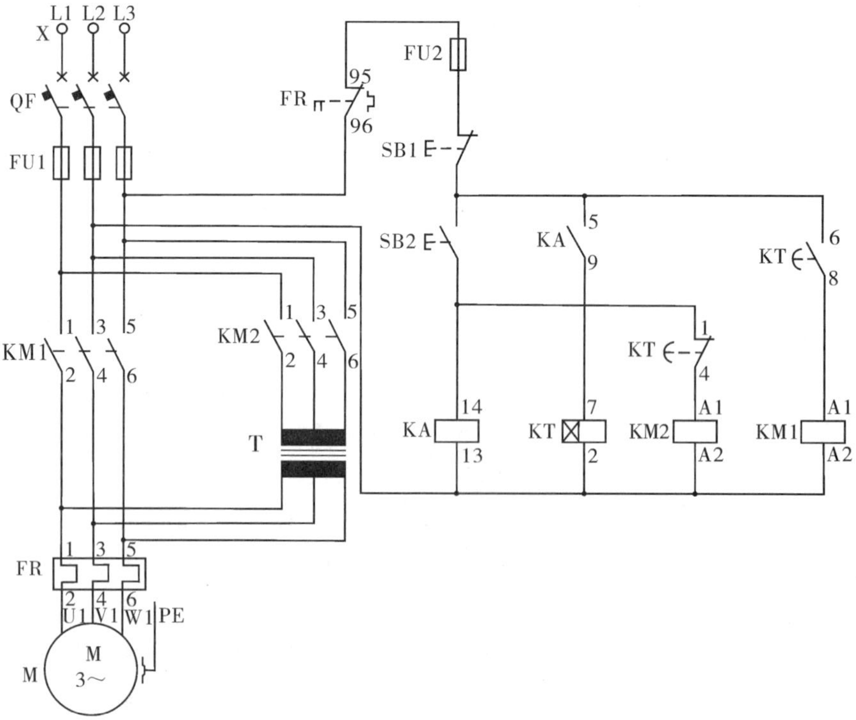

图 6-2-10　采用自耦变压器降压启动

采用自耦变压器降压启动控制原理：① 合闸低压断路器 QF，按下启动按钮 SB2，电磁继电器 KA 线圈得电，其触点闭合形成自锁；② 延时继电器 KT 开始计时，同时交流接触器 KM2 线圈得电，交流接触器 KM2 的主触点接通，变压启动三相异步电动机；③ 延时继电器定时时间到后，其常闭触点断开，交流接触器 KM2 线圈失电，交流接触器 KM2 的主触点断开，同时延时继电器的常开触点闭合，交流接触器 KM1 线圈得电，交流接触器 KM1 的主触点吸合，三相异步电动机恢复正常电压运行。

3）Y/△降压启动

定子绕组为△连接的电动机，启动时接成 Y，速度接近额定转速时转为△运行，采用这种方式启动时，每相定子绕组电压降低到电源电压的 58%，启动电流为直接启动时的 33%，启动转矩为直接启动时的 33%。Y/△降压启动具有启动电流小、启动转矩小的特点。

优点：不需要添置启动设备，有启动开关或交流接触器等控制设备就可以实现。

缺点：只能用于△连接的电动机，大型异步电动机不能重载启动。

Y/△降压启动如图 6-2-11 所示。

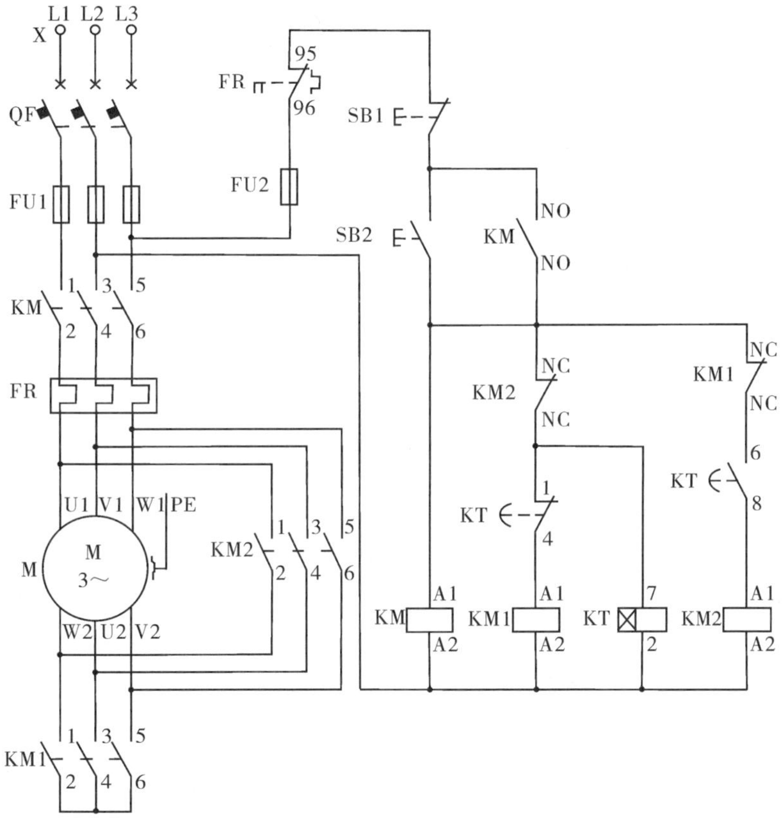

图 6-2-11 Y/△降压启动

Y/△降压启动控制原理：① 合闸低压断路器 QF，按下启动按钮 SB2，交流接触器 KM 线圈得电，其常开触点闭合形成自锁；② 延时继电器 KT 开始计时，同时交流接触器 KM1 线圈得电，交流接触器 KM1 主触点接通、常闭辅助触点断开，主触点接通 Y 形启动三相异步电动机，常闭辅助触点断开与 KM2 形成互锁；③ 延时继电器定时时间到后，其常闭触点断开，交流接触器 KM1 线圈失电，交流接触器 KM1 的主触点断开、常闭辅助触点复位闭合，同时延时继电器的常开触点闭合，交流接触器 KM2 线圈得电，交流接触器 KM2 的主触点吸合，三相异步电动机转为△运行。

4）转子串接电阻或频敏变阻器启动

绕线式三相异步电动机的转子绕组通过滑环与电阻连接，外部串接电阻相当于增加了转子绕组的内阻，减小了转子绕组的感应电流。

优点：根据电动机的特性，转子串接电阻会降低电动机的转速，提高转矩，有更好的启动性能。

要想获得更加平稳的启动过程，需要增加启动级数，这样会使设备复杂化。采用在转子上串接频敏变阻器的启动方法，可以使启动过程更加平稳。

转子串接频敏变阻器启动原理如下：电动机定子绕组接通电源，电动机开始启动，由于串接了频敏变阻器，电动机转子转速很小，启动电流很小，故转子频率较高，频敏变阻器的铁损很大，随着转速的增大，转子频率逐渐降低，电感的阻抗随之减小。这就相当于启动过程中电阻的无级切除，当转速增大到接近稳定值时，频敏变阻器短接，启动过程结束。

串接频敏变阻器启动一般用于启动控制、速度控制要求高的升降机、输送机等行业。

转子串接频敏变阻器启动如图 6-2-12 所示。

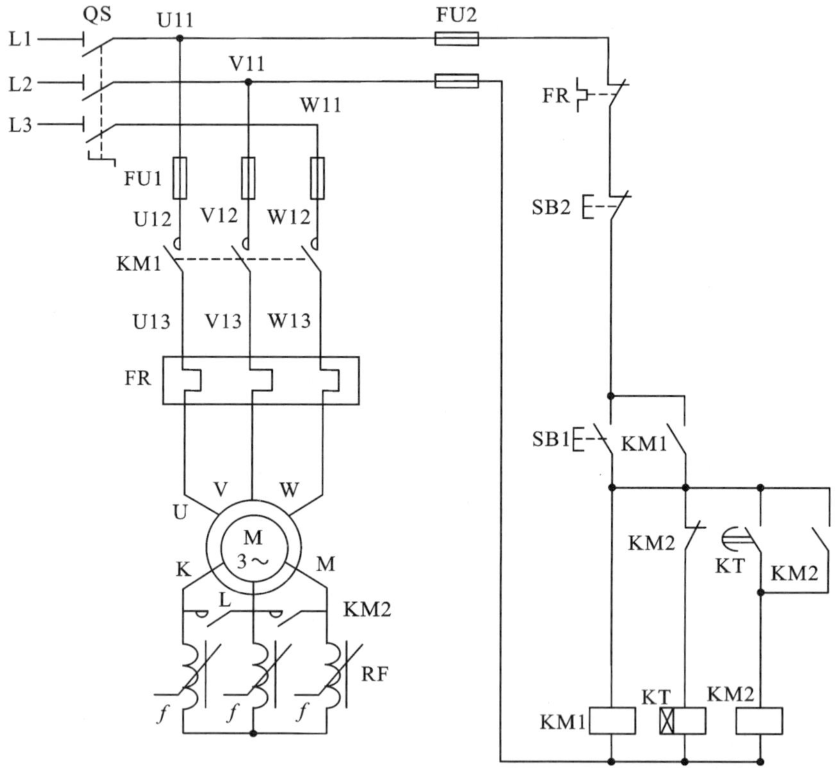

图 6-2-12　转子串接频敏变阻器启动

5）软启动器启动

软启动器（见图 6-2-13）是一种集电动机软启动、软停车、轻载节能和多种保护功能于一体的电动机控制装置。运用不同的方法，改变晶闸管的触发角，就可调节晶闸管调压电路的输出电压。在整个启动过程中，软启动器的输出是一个平滑的升压过程，直到晶闸管全部导通，电动机在额定电压下工作。

优点：降低电压启动，启动电流小，适合所有的空载、轻载异步电动机使用。

缺点：启动转矩小，不适合重载启动的大型电动机使用。

3. 异步电动机的调速

在工业机器人工作站中，经常要对输送线、升降台进行调速以满足实际工况的要求。异步电动机常用的调速方法是变频调速。

图 6-2-13　软启动器

变频器将工频(50 Hz 或 60 Hz)交流电源转换成可变频率的电源提供给电动机,实现对电动机的调速。

1) 变频器的选型

变频器的选型首先是功率要与电动机匹配,其次是负载性质要与变频器匹配。工业中西门子变频器的应用非常广泛,西门子变频器包括 SINAMICS V 变频器、SINAMICS G 变频器、SINAMICS S 变频器等,它们的区别如图 6-2-14 所示。

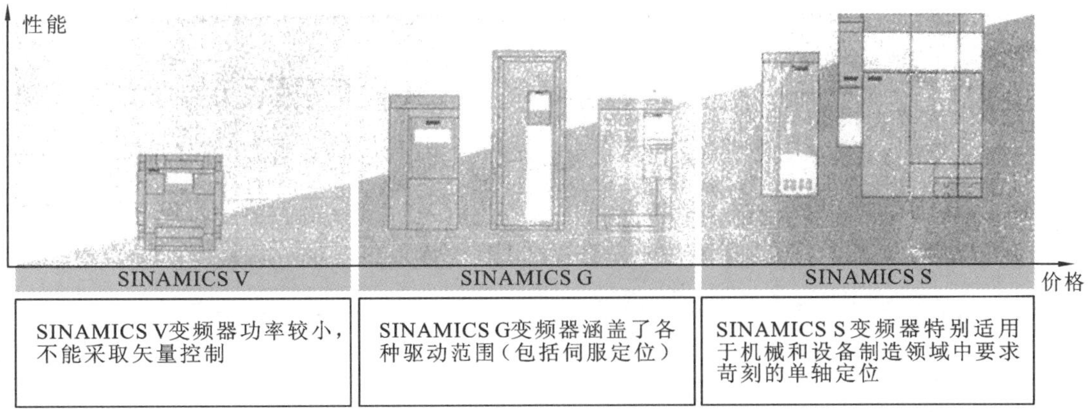

图 6-2-14　西门子 SINAMICS 系列变频器的区别

西门子 SINAMICS 系列变频器的应用范围如表 6-2-1 所示。选型时根据负载功率以及负载特性在供货商的产品手册上选取合适的型号。

2) 变频器的接线

变频器的接线端子包括强电端子和弱电端子。

强电端子是指高电压高功率的接线端子,通常包括 RST 供电电源端子(其中 R、S、T 三个接线柱分别接入电源的 L1、L2、L3 相)、UVW 电动机端子(接电动机的 U、V、W 端子)、P+和 N-直流母线端子、PB 制动电阻端子等。

弱电端子包括 24 V、COM、10 V、GND 这类弱电电源端子,FWD、REV、多功能定义端子,内部继电器输出端子,模拟量输出端子,RS-485 通信端子等。

表 6-2-1　西门子 SINAMICS 系列变频器的应用范围

型号	SINAMICS V20	SINAMICS V90	SINAMICS G120C、G120、G120X、G120XA	SINAMICS G110D、G120D、G110M	SINAMICS G130、G150	SINAMICS G180	SINAMICS S110	SINAMICS S210	SINAMICS S120、S120M	SINAMICS S150	SINAMICS DCM	SINAMICS GH150、GH180、GM150、SM150、GL150、SL150
图片			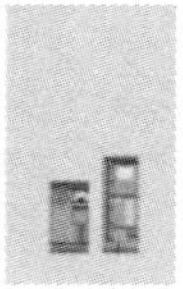		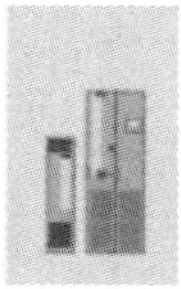			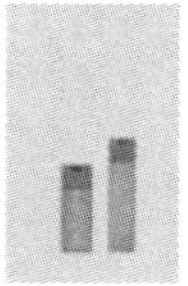				
功率	0.12～30 kW	0.05～7 kW	0.37～630 kW	0.37～7.5 kW	75～2700 kW	2.2～6600 kW	0.55～132 kW	0.05～7 kW	0.55～5700 kW	75～1200 kW	6 kW～30 MW	0.15 kW～85 MW
应用范围	泵、风机、压缩机、传送带、混料机、研磨机、搅拌机、纺织机、冷藏柜、健身设备、通风系统	装卸设备、包装机、自动装配机、金属成型机、印刷机、卷取机和开卷机	泵、风机、压缩机、传送带、混料机、研磨机、挤出机、机械和设备制造领域中的单轴定位	传送带、单轴定位（G120D）	泵、风机、压缩机、传送带、混料机、研磨机、挤出机	行业专用泵、风机、压缩机、传送带、挤出机、混料机、研磨机、捏合机、离心机、分离机	机械和设备制造领域中的单轴定位	包装机、抓取设备、进料和抽取设备、堆垛单元、实验室自动化设备、木材/玻璃/陶瓷行业、数字印刷机	包装机、纺织机、印刷机、造纸机、试验台	试验台、横切机、离心机	轧机驱动、拉丝机、挤出机、捏合机、索道和电梯、试验台	泵、风机、压缩机、混料机、挤出机、研磨机、粉碎机、轧钢机、传送带、挖掘机、试验台、高炉、鼓风机

以 SINAMICS V20 变频器为例,其接线图如图 6-2-15 所示。

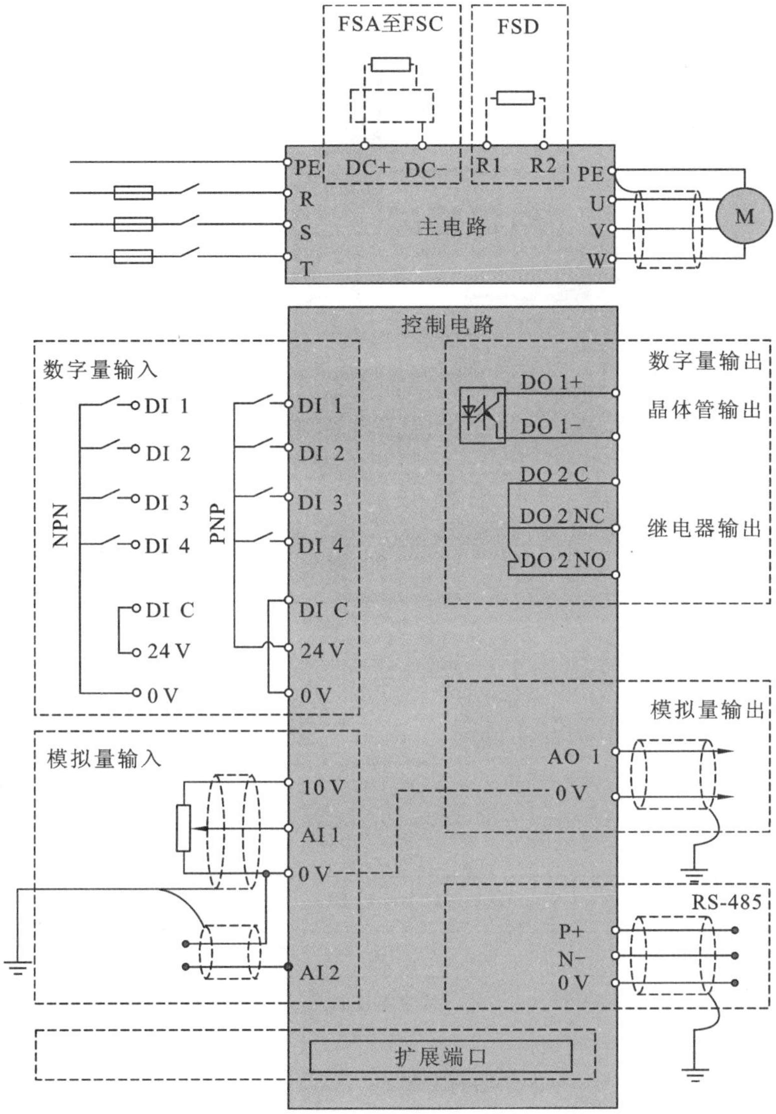

图 6-2-15 SINAMICS V20 变频器接线图

变频器端子布局如图 6-2-16 所示。

3）变频器的控制方式

西门子 SINAMICS V20 变频器有多种控制方式,如面板控制、端子外接按钮、模拟量输入端子接电位器等,也支持以 RS-485 及 USS 通信方式连接 PLC,比如设置连接宏 Cn003,通过端子外接数字信号实现电动机以固定转速运转,如图 6-2-17 所示。其他控制方式的设置可参考产品使用手册。

4. 异步电动机的制动控制

电动机断电后,使电动机在很短的时间内停转,称为制动控制。常用的制动控制方法有两种,即机械制动与电气制动,下面将对这两种制动控制方法进行介绍。

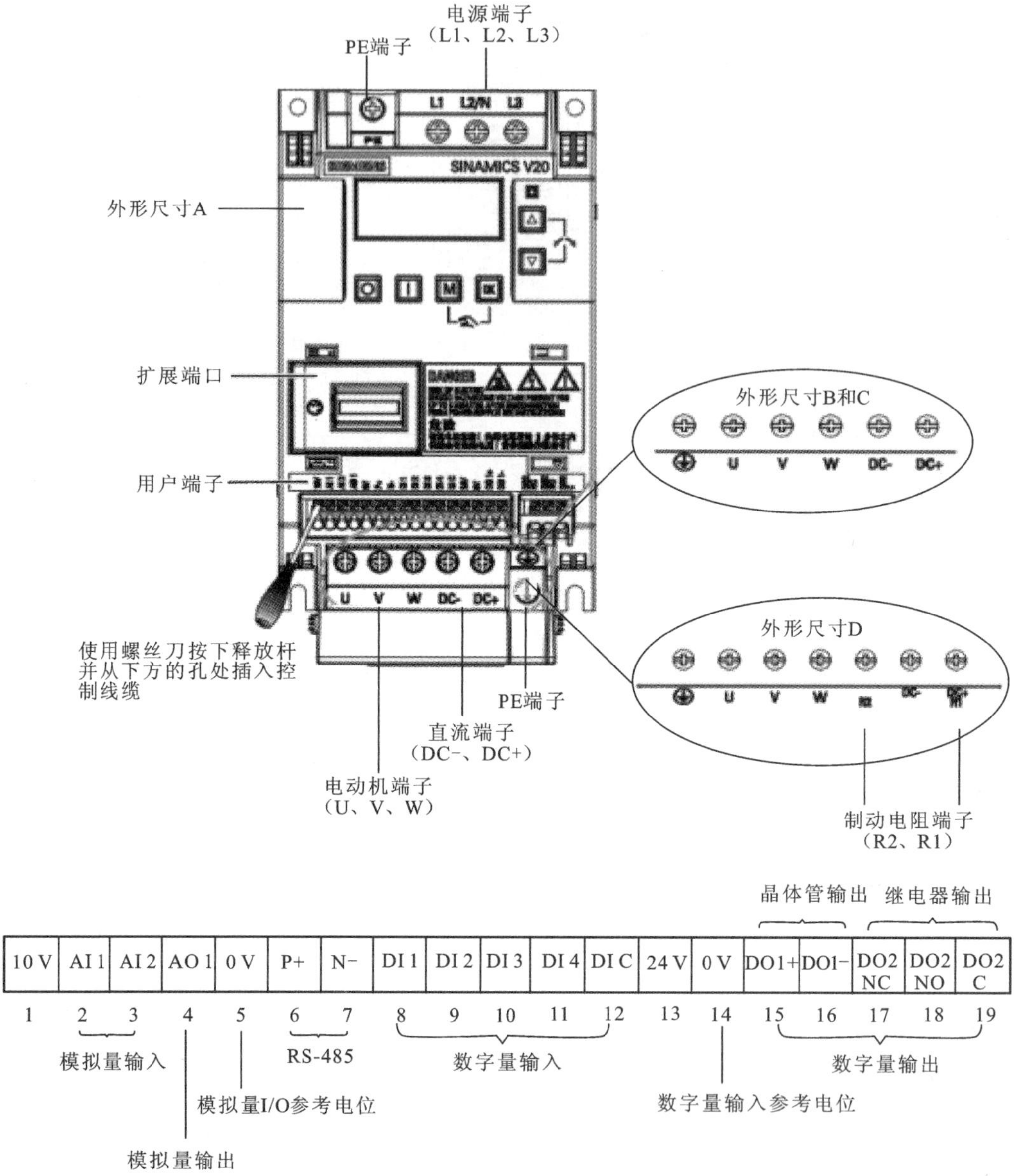

图 6-2-16 变频器端子布局

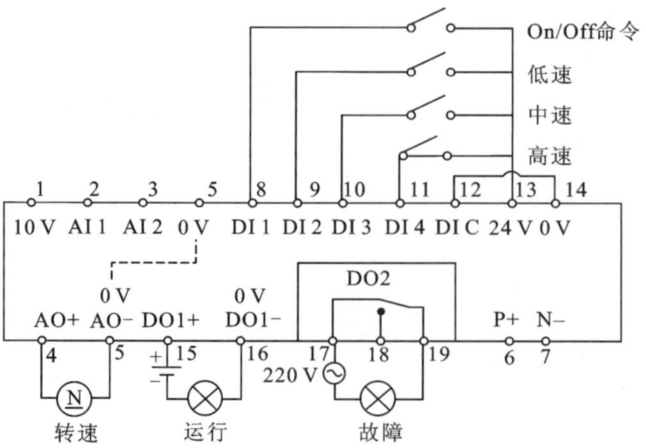

图 6-2-17 SINAMICS V20 变频器固定转速接线

1）机械制动

机械制动是利用机械装置，使电动机迅速停转。经常采用的机械制动设备是电磁制动器，电磁制动器的结构如图 6-2-18 所示。电磁制动器主要由两部分构成：制动电磁铁和闸瓦制动器。制动电磁铁由铁芯和线圈组成。线圈有的采用三相电源，有的采用单相电源。闸瓦制动器包括闸瓦、闸轮、杠杆和弹簧等。闸轮与电动机装在同一根轴上，制动强度可通过调整弹簧力来改变。

电磁制动器控制如图 6-2-19 所示。

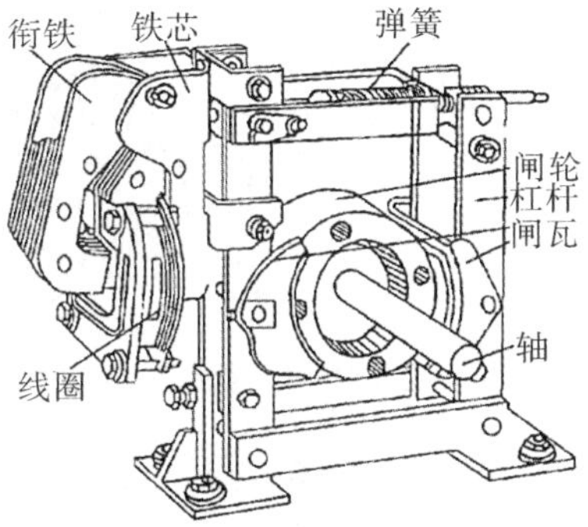

图 6-2-18　电磁制动器的结构

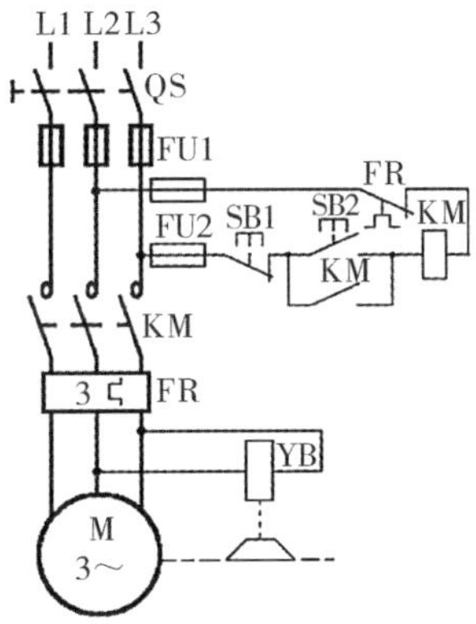

图 6-2-19　电磁制动器控制

电磁制动器控制原理如下：① 接通电源开关 QS 后，按下启动按钮 SB2，交流接触器 KM 得电工作并自锁。② 电磁制动器 YB 线圈得电，吸引衔铁（动铁芯），使动、静铁芯吸合，动铁芯克服弹簧力，迫使制动杠杆向上移动，从而使制动器的闸瓦与闸轮分开，取消对电动机的制动，与此同时，电动机得电启动至正常运转。③ 当需要停车时，按下停止按钮 SB1，交流接触器 KM 断电释放，电动机的电源被切断的同时，电磁制动器的线圈也失电，衔铁被释放，在弹簧力的作用下，闸瓦紧紧抱住闸轮，电动机被制动，迅速停止转动。

2）电气制动

常用的电气制动有电源反接制动和能耗制动两种。

（1）电源反接制动。

电源反接制动是指依靠改变电动机定子绕组的电源相序，迫使电动机迅速停转。采用反接制动时，转子的感应电流很大，定子绕组的电流也很大，相当于全压直接启动时电流的两倍。因此，对 4.5 kW 以上的电动机采用反接制动时，一般应在主电路中串接电阻，以限制反接制动电流，这个电阻称为反接制动电阻，用 RB 表示。

电源反接制动控制如图 6-2-20 所示。

电源反接制动控制原理如下：① 启动时，闭合电源开关 QS，按下启动按钮 SB2，交流接触器 KM1 得电闭合并自锁，电动机启动运转。② 当电动机转速升高到一定值时，速度继电器 KS 的常开触点闭合，为反接制动做好准备。③ 停止时，按下停止按钮 SB1（一定要按到底），按钮 SB1 的常闭触点断开，交流接触器 KM1 失电释放，而按钮 SB1 的常开触点闭合，交流接触器 KM2 得电吸合并自锁，KM2 主触点闭合，串入电阻 RB 进行反接制动，电动机产生一个反向电磁转矩，即制动转矩，迫使电动机转速迅速降低，当电动机转速降至一定值时，速度继电器 KS 的常开触点断开，交流接触器 KM2 断电释放，电动机断电，防止反向启动。

（2）能耗制动。

鼠笼式三相电动机的能耗制动把转子储存的机械能转变成电能，又消耗在转子上，使之转化为制动转矩。

能耗制动控制如图 6-2-21 所示。

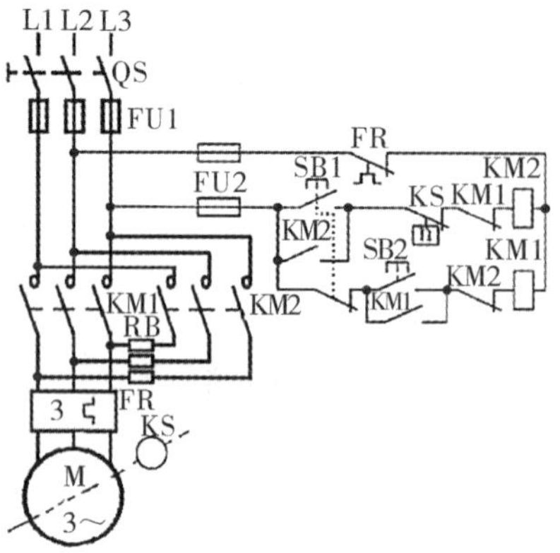

图 6-2-20　电源反接制动控制

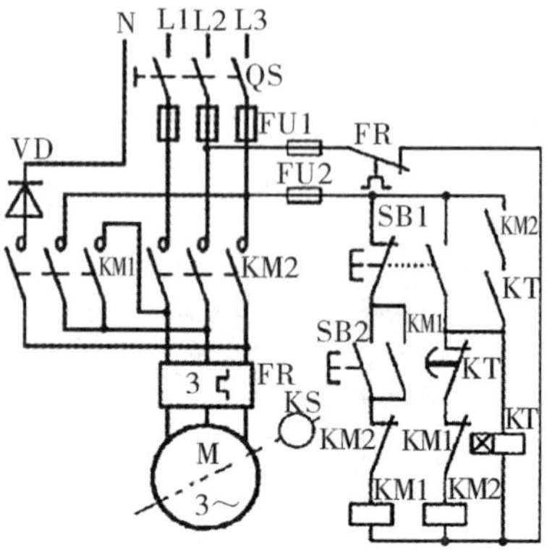

图 6-2-21　能耗制动控制

能耗制动控制原理如下：① 闭合电源开关 QS，按下启动按钮 SB2，交流接触器 KM1 得电吸合并自锁，电动机启动运行。② 停止时，将停止按钮 SB1 按到底，其常闭触点断开，交流接触器 KM1 断电释放，电动机断电做惯性旋转，而其常开触点闭合，时间继电器 KT 和交流接触器 KM2 得电吸合并自锁。③ 电动机进入半波整流能耗制动，待过了预先设定的时间后（此时电动机已停转），KT 的延时断开常闭触点断开，切断 KM2 线圈回路，使 KM2 断电释放，KM2 断电后其常开触点断开，KT 也失电释放，整个电路恢复至初始状态。

三、任务实施

1. 任务说明

工业机器人工作站升降机控制要求如下：① 按下下降按钮后，控制升降机向下运动，当碰到下降限位后，自动上升 3 s 后停止。② 按下上升按钮后，控制升降机向上运动，当碰到上升限位后，自动下降 3 s 后停止。③ 按下停止按钮后，不管是上升还是下降均停止。④ 上升过程中，黄灯亮；下降过程中，绿灯亮；系统设置急停按钮以便急停控制且以红灯显示急停按钮已经按下。⑤ 系统安装有上、下极限限位开关，如果碰到上、下极限限位开关，立即停止运行。⑥ 使用热过载继电器保护电动机，使用低压熔断器保护主回路和控制回路。

根据工业机器人工作站升降机控制电气原理图（见图 6-2-22），首先明确系统控制原理和控制方式，然后根据控制系统中的控制元件，将电气原理图转换为实物接线，在元件配盘上安装电气元件，安装线槽，选择电缆接线、走线，最后经测试后送电验证工业机器人工作站升降机控制功能。控制系统使用一台三相异步电动机控制升降机升降，三相异步电动机的启停采用直接启停的控制方法。

工业机器人工作站升降机控制元件组成如表 6-2-2 所示。

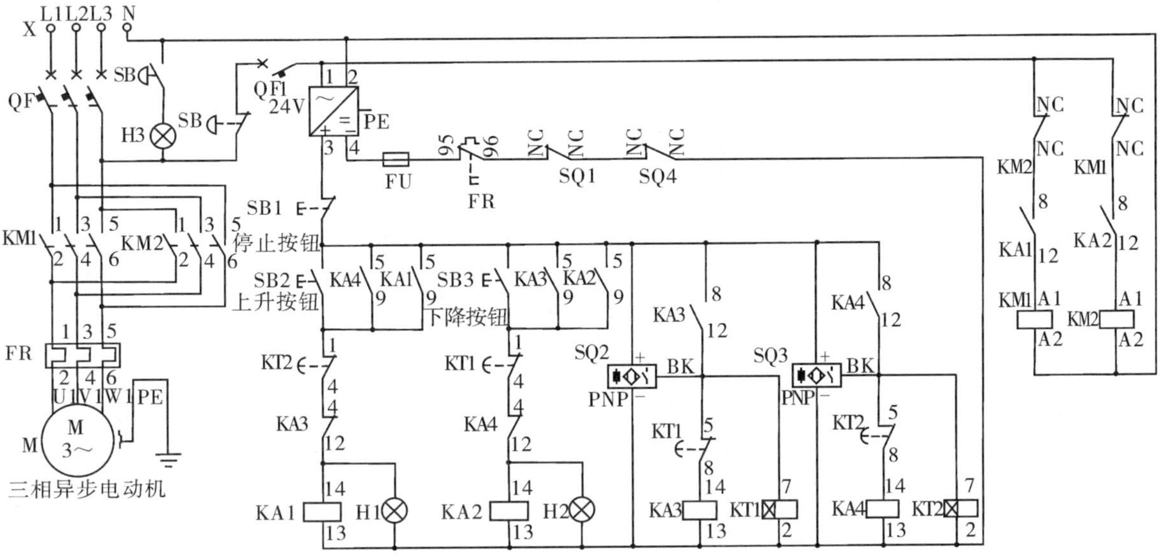

图 6-2-22　工业机器人工作站升降机控制电气原理图

表 6-2-2　工业机器人工作站升降机控制元件组成

元件名称	数量	规格	备注
三相异步电动机	1 台	380 V,2.2 kW,3.8 A,Y 接法	鼠笼式
低压断路器	1 个	6 A,3 极	
低压断路器	1 个	1 A,1 极	也可采用漏电保护断路器
开关电源	1 个	100 W	
电磁继电器	4 个	直流线圈 24 V,8 脚	带底座
时间继电器	2 个	直流 24 V,通电延时,8 脚	带底座
启动按钮			使用按钮盒安装
停止按钮			使用按钮盒安装
急停按钮			
指示灯	3 个	ϕ22,黄、绿、红各一个	使用按钮盒安装
接近开关	2 个		
限位开关	2 个		
热过载继电器	1 个	7.2 A,独立安装型	
交流接触器	2 个	3.8 A,220 V 线圈	
低压熔断器	1 个	3 A,圆筒形帽熔断器	带熔断器底座

说明：如果没有三相异步电动机，可以根据图 6-2-23 所示的简化电气原理图来搭建控制系统。

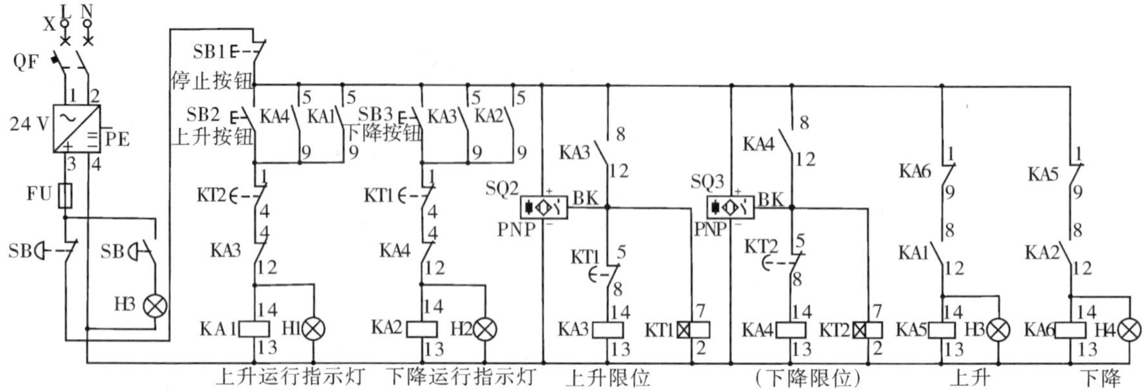

图 6-2-23　工业机器人工作站升降机控制简化电气原理图

2. 任务实施步骤

（1）读懂电气原理图，条理清晰地描述系统控制过程，注意描述上升控制及上升限位自动下降控制、下降控制及下降限位自动上升控制、上升和下降的显示控制、急停控制及急停显示控制、上升和下降的极限控制、系统配电的线路短路保护。

（2）搭建电气实物。

搭建流程：① 选择合适的电气安装工具，在配盘上安装固定电气元件、线槽和 DIN 导轨；② 根据电气原理图选择合适的接线工具，搭建控制回路。

（3）功能验证。

验证流程：① 低压断路器 QF 合闸前，使用万用表交流 750 V 挡测量三相电源的电压是否为 380～420 V，使用万用表的通断测试挡测试开关电源的正负极有没有短路故障；② 调整好 2 个时间继电器的设定时间，将低压断路器合闸，使用万用表直流 200 V 挡测量开关电源输出电压是否为 24 V；③ 按下上升按钮 SB2，观察三相异步电动机能否持续正转且仅黄灯亮；④ 感应一下上升接近开关，观察三相异步电动机是否立马反转 3 s 后停止；⑤ 按下下降按钮 SB3，观察三相异步电动机能否持续反转且仅绿灯亮；⑥ 感应一下下降接近开关，观察三相异步电动机是否立马正转 3 s 后停止；⑦ 三相异步电动机运行过程中，触碰上、下极限限位开关，观察电动机能否停止；⑧ 按下急停按钮，观察红灯是否亮，再按上升或下降按钮，观察三相异步电动机能否启动。

3. 任务评价

评价标准如下：

① 元件安装布局合理，线路连接正确，没有出现短路、断路等问题；

② 系统启动后，能实现控制要求；

③ 线路连接整齐、美观。

四、任务拓展

异步电动机常见故障说明如表 6-2-3 所示。

表 6-2-3　异步电动机常见故障说明

故障设备	故障现象	可能原因及解决方法
异步电动机	电动机发热、异响或不转	可能原因：缺相或电动机损坏。 解决方法：① 检查电动机电压是否正确，220 V 的电动机只能接入 220 V 交流电，380 V 的电动机只能接入 380 V 交流电，接错会导致电动机异响或不工作；② 检查电动机相间或对地是否短路，拆下电动机所有的接线，用摇表测量电动机相间、单相对地绝缘电阻，如果相间或对地短路，则需要更换电动机或维修；③ 排查因负载增大引起的电动机故障，检查皮带、减速机、皮带轮等被驱动设备有没有卡死的情况；④ 用摇表检测电动机绝缘是否良好，拆开电动机检查机械轴承等；⑤ 检查驱动器有没有故障报警

任务 3　工业机器人工作站行走小车控制

一、任务描述

直流电动机因具有启动和调速性能好、调速范围广、过载能力较强、受电磁干扰影响小等特点，被广泛应用于工业机器人工作站的装置中，比如无人搬运小车（见图 6-3-1）就是由直流电动机驱动的。

任务要求：① 根据行走小车控制电气原理图，掌握行走小车前进、后退的控制原理；② 以电气原理图为基础，依托配盘，完成行走小车控制系统的元件安装、通电调试。

二、相关知识

1. 直流电动机的基本结构、工作原理和分类

1）直流电动机的基本结构

小型直流电动机如图 6-3-2 所示。

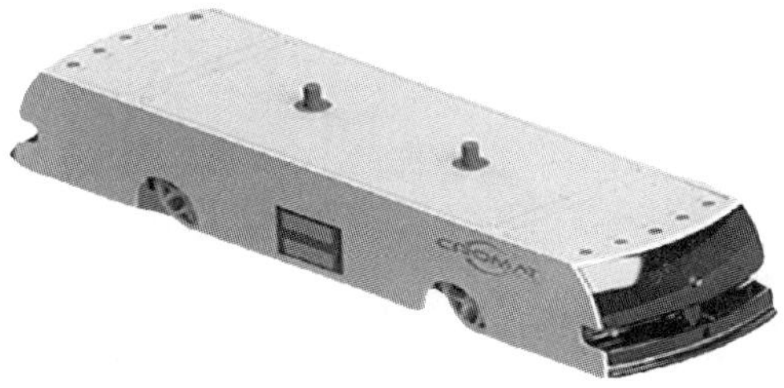

图 6-3-1　无人搬运小车

图 6-3-2　小型直流电动机

直流电动机可分为静止部分和转动部分，静止部分称为定子，转动部分称为转子，定子和转子间有一定的气隙。

直流电动机的定子由机座、主磁极、换向磁极、前端盖、后端盖和刷架等部件组成。其中，主磁极是产生直流电动机气隙磁场的主要部件，由永磁体或带有直流励磁绕组的叠片铁芯构成。

直流电动机的转子由电枢、换向器和转轴等部件构成。其中，电枢由电枢铁芯和电枢绕组两部分组成。电枢铁芯由硅钢片叠成，在其外圆处均匀分布着齿槽，电枢绕组则嵌置于这些槽中。换向器是一种机械整流部件，由换向片叠成圆筒形后，以金属夹件或塑料成型为一个整体。各换向片间互相绝缘。换向器质量对运行可靠性有很大影响。

直流电动机剖面图如图 6-3-3 所示。

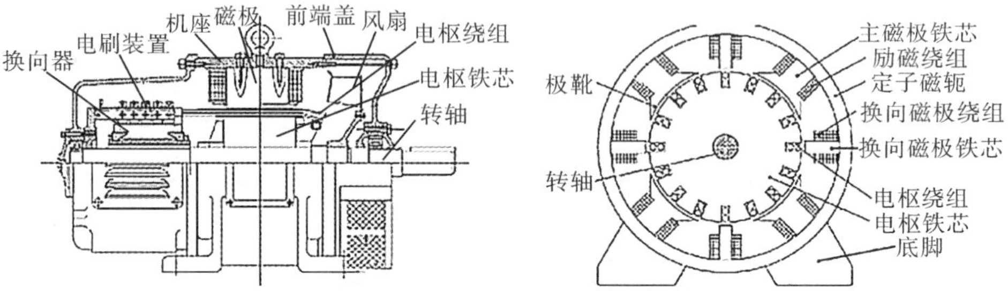

（a）直流电动机纵剖面图　　（b）直流电动机横剖面图

图 6-3-3　直流电动机剖面图

2）直流电动机的工作原理和电气符号

图 6-3-4 所示为直流电动机工作原理模型。定子上装设了一对直流励磁的静止的主磁极，转子上装设了电枢铁芯，定子与转子之间有一定的气隙。在电枢铁芯上放置了由导线连成的电枢线圈，线圈的首端和末端分别连到两个圆弧形的铜片上，此铜片称为换向片。换向片之间互相绝缘，由换向片构成的整体称为换向器。换向器固定在转轴上，换向片与转轴之间亦互相绝缘。在换向片上放置着一对固定不动的电刷，当电枢旋转时，电枢线圈通过换向片和电刷与外电路接通。

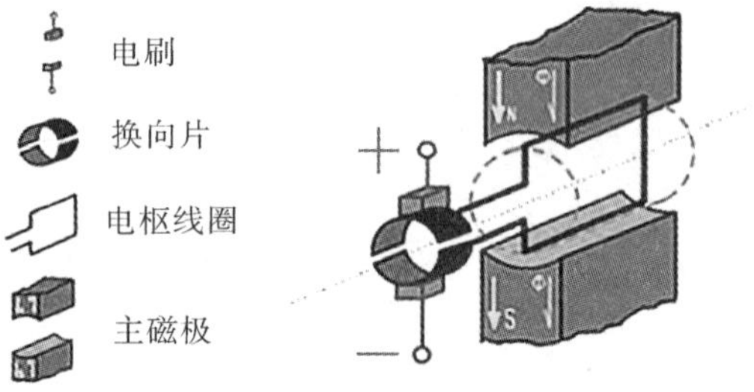

图 6-3-4　直流电动机工作原理模型

直流电动机的电气符号如图 6-3-5 所示。

3）直流电动机的分类

根据励磁方式的不同，直流电动机可分为串励直流电动机、并励直流电动机、他励直流电动机和复励直流电动机。

（1）串励直流电动机的励磁绕组与转子绕组之间通过电刷和换向器串联，励磁电流与电枢电流成正比，定子的磁通量随着励磁电流的增大而增大，转矩近似与电枢电流的平方成正比，转速随转矩或电流的增加而迅速下降。其启动转矩可达额定转矩的 5 倍以上，短时间过载转矩可达额定转矩的 4 倍以上，转速变化率较大，空载转速很高（一般不允许其在空载下运行）。可通过用外用电阻器与串励绕组串联（或并联）或将串励绕组并联换接来实现调速。串励直流电动机如图 6-3-6 所示。

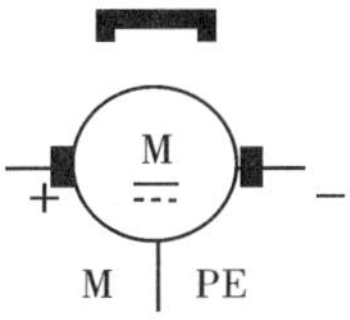

图 6-3-5　直流电动机的电气符号

图 6-3-6　串励直流电动机

（2）并励直流电动机的励磁绕组与转子绕组并联，其励磁电流较恒定，启动转矩与电枢电流成正比，启动电流约为额定电流的 2.5 倍。转速则随电流及转矩的增大而略有下降，短时过载转矩为额定转矩的 1.5 倍。转速变化率较小，为 5％～15％。可通过改变磁场的恒功率来调速。并励直流电动机接线图如图 6-3-7 所示。

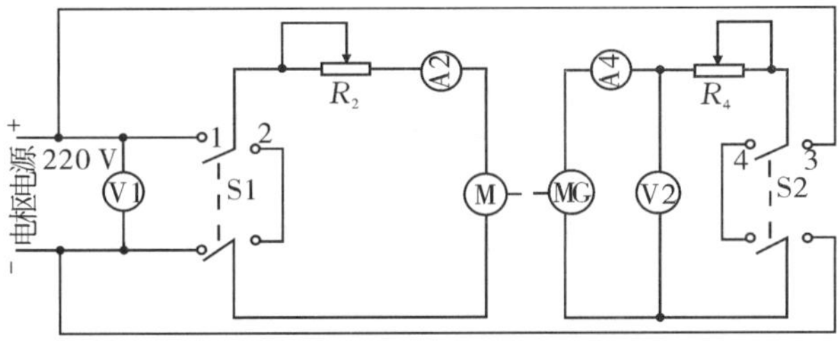

图 6-3-7　并励直流电动机接线图

（3）他励直流电动机的励磁绕组接到独立的励磁电源供电，其励磁电流也较恒定，启动转矩与电枢电流成正比。转速变化率为 5％～15％。可以通过减小磁场的恒功率来提高转速或通过降低转子绕组的电压来使转速降低。

（4）复励直流电动机的定子磁极上除有并励绕组外，还有与转子绕组串联的串励绕组（其匝数较少）。串联绕组产生磁通的方向与主绕组的磁通方向相同，启动转矩约为额定转矩的 4 倍，短时间过载转矩为额定转矩的 3.5 倍左右。转速变化率为 25％～30％（与串联绕组有关）。转速可通过改变磁场强度来调整。

直流电动机励磁区别如图 6-3-8 所示。

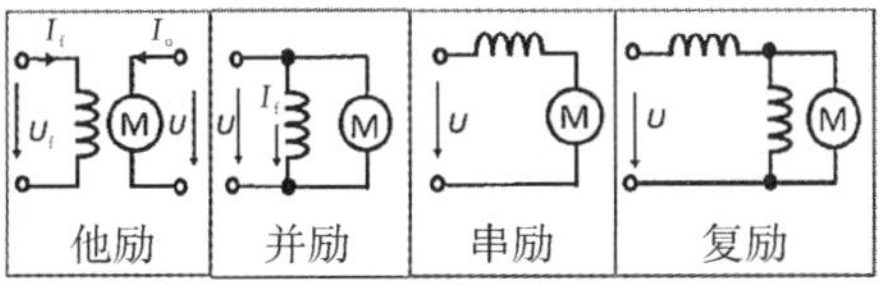

他励直流电动机：励磁线圈与转子电枢的电源分开。
并励直流电动机：励磁线圈与转子电枢并联到同一电源上。
串励直流电动机：励磁线圈与转子电枢串联到同一电源上。
复励直流电动机：励磁线圈与转子电枢的连接有串联也有并联，接在同一电源上

图 6-3-8　直流电动机励磁区别

2. 直流电动机的启动

1）直接启动

直流电动机直接启动不需要附加启动设备，操作方便，但启动电流很大，最大冲击电流可达额定电流的 15～20 倍。通常，只有功率不大于 4 kW、启动电流为额定电流的 6～8 倍的直流电动机才适合采用直接启动。

小型直流电动机直接启动如图 6-3-9 所示。

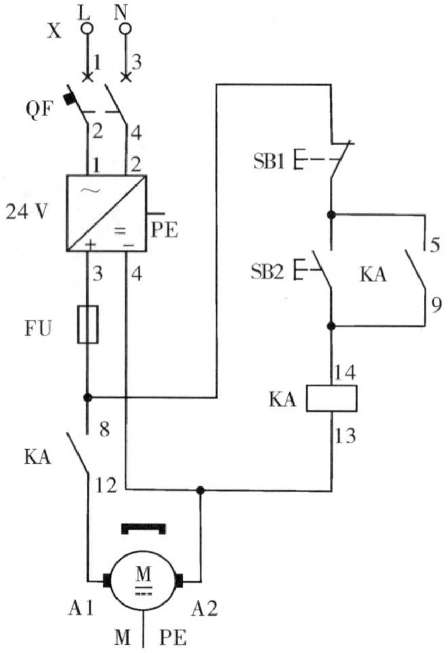

图 6-3-9 小型直流电动机直接启动

小型直流电动机直接启动原理：① 合闸低压断路器，开关电源开始工作；② 按下按钮 SB2，电磁继电器 KA 得电并自锁；③ 电磁继电器触点 8-12 闭合，直流电动机两端有电压开始转动。

2）电枢回路串联电阻启动

启动时，在电枢回路中串联电阻，以限制启动电流。该电阻为可变电阻，在启动过程中可及时逐级短接。这种启动方式广泛应用于各种中小型直流电动机。这种启动方式在启动过程中消耗能量较多，不适用于经常启动的大、中型直流电动机。

电枢回路串联电阻启动如图 6-3-10 所示。

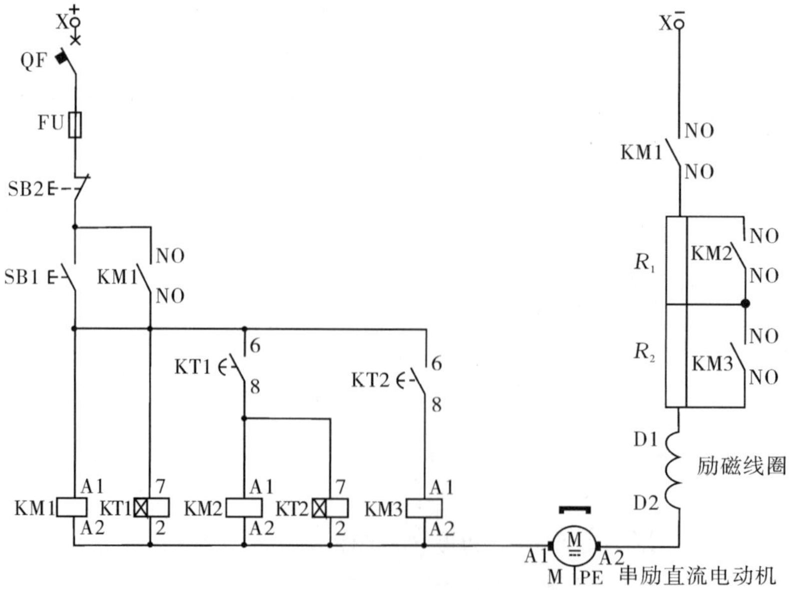

图 6-3-10 电枢回路串联电阻启动

电枢回路串联电阻启动原理：① 按下按钮 SB1，交流接触器 KM1 得电并自锁，同时时间继电器 KT1 线圈得电开始计时，直流电路全电阻启动；② KT1 定时时间到后，交流接触器 KM2 线圈得电，电阻 R_1 被短路，仅电阻 R_2 接入电路，同时时间继电器 KT2 线圈得电开始计时；③ KT2 定时时间到后，交流接触器 KM3 线圈得电，电阻 R_2 被短路，此时直流电动机全压运行。

3）降压启动

由单独的电源供电，用降低电源电压的方法来限制启动电流。降压启动时，启动电流随电枢电压的降低而减小，为使电动机能在最大磁场下启动，在启动过程中励磁应不受电源电压的影响，所以电动机应实行他励。电动机启动后，随着转速的提高，可相应提高电压，以获得所需的加速转矩。降压启动消耗能量少，启动平滑，但需要专用的电源设备。这种启动方法多用于经常启动的直流电动机和大、中型直流电动机。

3. 直流电动机的调速

1）调节电枢电压

改变电枢电压主要是从额定电压往下降低电枢电压，从电动机额定转速向下变速，属于恒转矩调速方法。对要求在一定范围内无级平滑调速的系统来说，这种方法很好。

2）改变电动机主磁通

改变主磁通可以实现无级平滑调速，但只能减小主磁通，从电动机额定转速向上调速，属于恒功率调速方法。

3）改变电枢回路电阻

在电动机电枢回路外串接电阻进行调速，设备简单，操作方便，但是只能有级调速，调速平滑性差，调速电阻会消耗大量电能。这种调速方法缺点很多，目前很少采用。

4）PWM（脉冲宽度调制）调速

自动控制的直流调速系统往往以调压调速为主，必要时把调压调速和弱磁调速两种方法配合起来使用。PWM 调速系统近年来在中小功率直流传动中得到了迅猛的发展，与老式的可控直流电源调速系统相比，PWM 调速系统有以下优点。

（1）采用全控型器件的 PWM 调速系统，其脉冲宽度调制电路的开关频率高，因此系统的频带宽，响应速度快，动态抗干扰能力强。

（2）由于开关频率高，仅靠电动机电枢电感的滤波作用就可以获得脉动很小的直流电流，电枢电流容易连续，系统的低速性能好，稳速精度高，调速范围宽，同时电动机的损耗和发热都较小。

（3）PWM 调速系统中，主电路的电力电子器件工作在开关状态，损耗小，装置效率高，而且对交流电网的影响小，没有晶闸管整流器对电网的“污染”，功率因数高，效率高。

（4）主电路所需的功率元件少，线路简单，控制方便。

PWM 调速原理是通过调整直流电压的占空比来控制直流电动机的速度，如图 6-3-11 所示。

三、任务实施

1. 任务说明

工业机器人工作站行走小车控制要求如下：① 按下前进按钮后，控制行走小车向前运动；② 按下后退按钮后，控制行走小车向后运动；③ 按下停止按钮后，不管是前进还是后退均停止。

根据工业机器人工作站行走小车控制电气原理图（见图 6-3-12），首先理解系统控制原理和

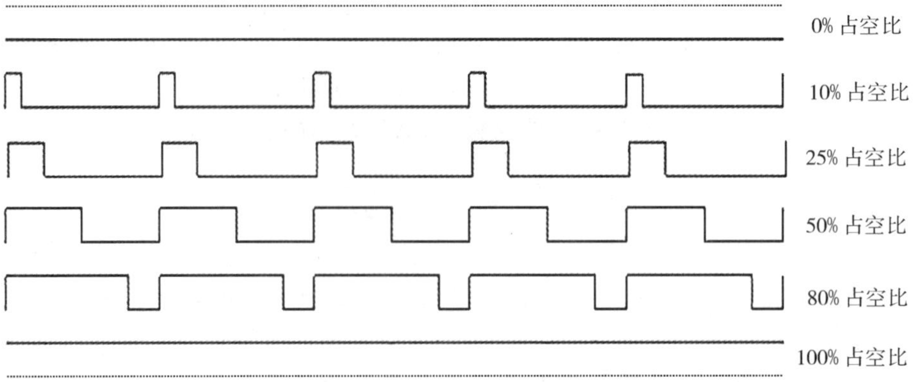

图 6-3-11　PWM 调速原理

行走小车控制

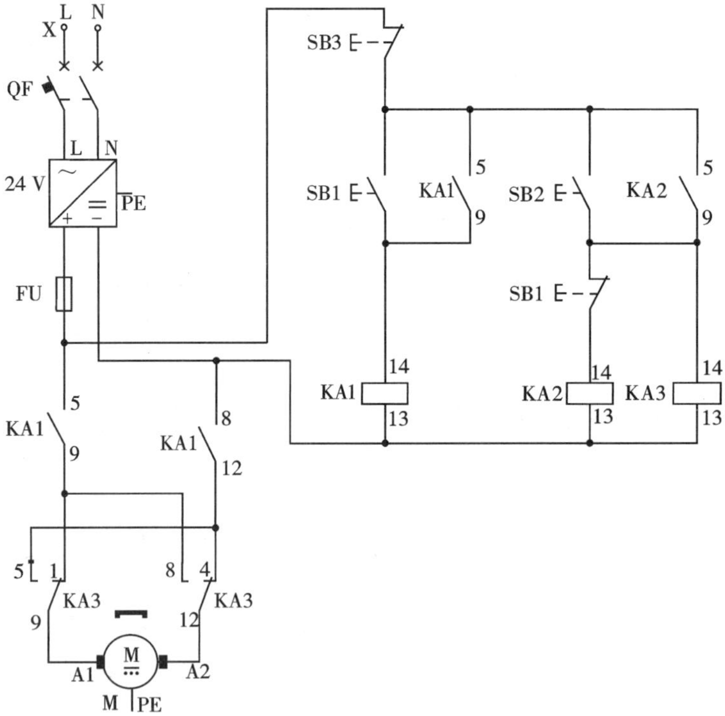

图 6-3-12　工业机器人工作站行走小车控制电气原理图

控制方式，然后在元件配盘上安装元件，选择电缆接线、走线，最后调试，实现行走小车控制功能。控制系统使用一台直流电动机的正转和反转，达到使行走小车前进和后退的目的，直流电动机的启停采用直接启停的控制方法。

工业机器人工作站行走小车控制元件组成如表 6-3-1 所示。

表 6-3-1　工业机器人工作站行走小车控制元件组成

元件名称	数量	规格	备注
微型直流电动机	1 台	24 V	
低压断路器	1 个	2 A，2 极	也可采用漏电保护断路器
开关电源	1 个	100 W	

续表

元件名称	数量	规格	备注
电磁继电器	3 个	直流线圈 24 V,8 脚	带底座
启动按钮			使用按钮盒安装
停止按钮			使用按钮盒安装
低压熔断器	1 个	3 A,圆筒形帽熔断器	带熔断器底座

2. 任务实施步骤

(1) 读懂电气原理图,条理清晰地描述系统控制过程,注意描述直流电动机的正转启动控制和反转启动控制、8 脚电磁继电器如何扩展触点。

(2) 搭建电气实物。

搭建流程:① 选择合适的电气安装工具,在配盘上安装固定电气元件、线槽和 DIN 导轨;② 根据电气原理图选择合适的接线工具,搭建控制回路。

(3) 功能验证。

验证流程:① 低压断路器 QF 合闸前,使用万用表交流 750 V 挡测量单相电源的电压是否为 220～240 V,使用万用表的通断测试挡测试开关电源的正负极有没有短路故障;② 将低压断路器合闸,使用万用表直流 200 V 挡测量开关电源输出电压是否为 24 V;③ 按下前进按钮 SB1,观察直流电动机能否持续正转;④ 按下后退按钮 SB2,观察直流电动机能否持续反转;⑤ 按下停止按钮 SB3,观察直流电动机不管是正转还是反转是否均能停止。

3. 任务评价

评价标准如下:

① 元件安装布局合理,线路连接正确,没有出现短路、断路等问题;

② 系统启动后,能实现控制要求;

③ 线路连接整齐、美观。

四、任务拓展

直流电动机与交流电动机的比较如下。

(1) 两者的外部供电不同,直流电动机使用直流电作为电源,而交流电动机使用交流电作为电源。

(2) 从结构上说,直流电动机的原理相对简单但结构复杂,不便于维护;而交流电动机原理复杂但结构相对简单,并且比直流电动机便于维护。

(3) 直流电动机是磁场不动,导体在磁场中运动;而交流电动机是磁场旋转运动,导体不动。

(4) 在调速方面,直流电动机可以实现平滑而经济的调速,不需要其他设备的配合,只要改变输入或励磁电压电流就能实现调速;而交流电动机自身完成不了调速,需要借助变频设备来实现速度的改变。

(5) 直流电动机通的是直流电,不会直接产生旋转磁场,它依靠随转子转动的换向器随时改变进入转子的电流方向,使转子、定子间的磁场的极性一直相反,这样转子才能转动;而交流电动机因为使用的是交流电,只要线圈按相位布局,自然会产生旋转磁场。

(6) 输出功率不同,一般直流电动机的输出功率比交流电动机的输出功率要小。

交流电动机结构简单、效率高、价格便宜、维护方便，所以得到广泛的应用，但是调速不方便；直流电动机调速方便，所以在调速要求比较高的地方常使用直流电动机。不过现在变频调速发展很快，性能也很好，因此交流电动机有取代直流电动机的趋势。

任务4 工业机器人工作站模拟变位机控制

一、任务描述

工业机器人变位机是辅助工业机器人工作的重要设备，多应用于焊接工作站。工业机器人变位机通过回转运动改变产品方位，使工业机器人得到理想的加工位置和工作速度，以提高生产效率和产品质量。本任务采用步进电动机的运转来模拟变位机的动作，实现变位机的翻转速度和翻转角度的可调。

任务要求：① 根据工业机器人工作站模拟变位机控制电气原理图，理解利用2个电磁继电器产生脉冲来驱动步进电动机的原理；② 以电气原理图为基础，完成该控制系统的元件安装、接线和通电调试。

焊接工业机器人工作站变位机如图6-4-1所示。

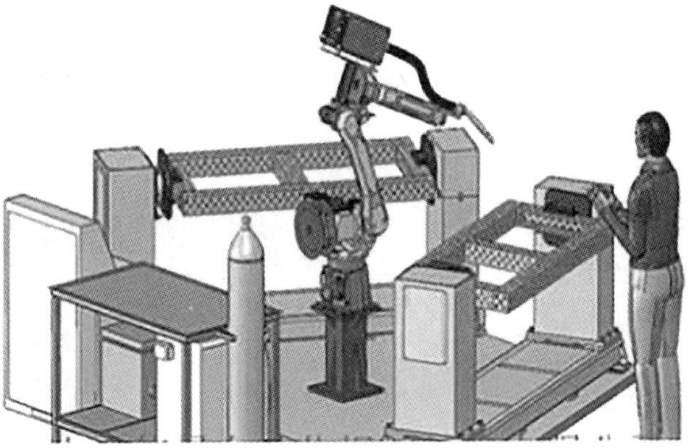

图6-4-1 焊接工业机器人工作站变位机

二、相关知识

1. 步进电动机

1）步进电动机的工作原理和步进驱动系统

步进电动机是一种将电脉冲转化为角位移的执行元件。当步进驱动器接收到脉冲信号（来自控制器）时，它就会驱动步进电动机按设定的方向转动一个固定的角度（称为步距角）。它的旋转是以固定的角度一步一步进行的。

步进电动机和步进驱动器如图6-4-2所示。

步进电动机不能直接接到直流或交流电源上工作，必须使用专用的驱动电源（步进驱动器）。控制器（脉冲信号发生器）可以通过控制脉冲的个数来控制角位移，从而达到准确定位的目的，同时可以通过控制脉冲频率来控制电动机转动的速度和加速度，从而达到调速的目的。步进电动机开环控制系统构成如图6-4-3所示。

图 6-4-2　步进电动机和步进驱动器

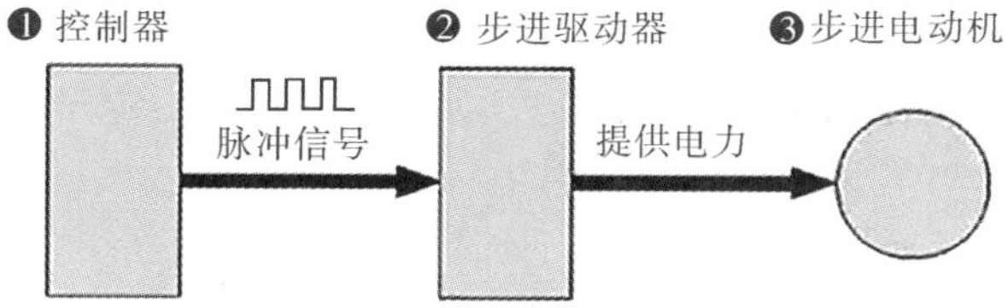

图 6-4-3　步进电动机开环控制系统构成

步进驱动系统的优点是结构简单、价格便宜、工作可靠；缺点是容易失步（尤其在高速、大负载时），影响定位精度，在低速时容易产生振动（但恒流斩波驱动、细分驱动等新技术的综合应用，明显提高了定位精度，减少了低速振动）。

步进驱动系统一般采用开环控制，如经济型数控机床的进给驱动。数控机床步进电动机开环控制系统如图 6-4-4 所示。

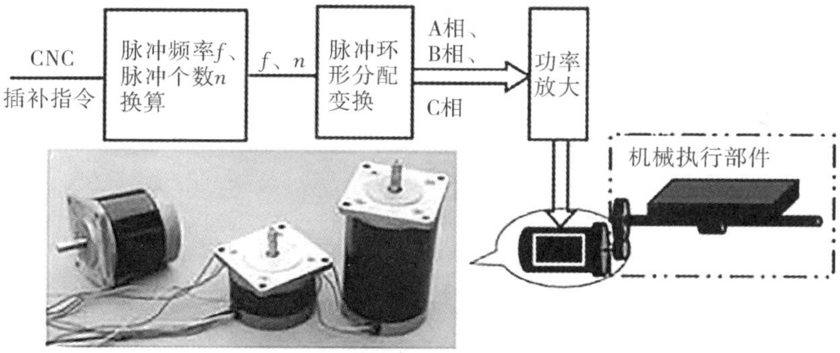

图 6-4-4　数控机床步进电动机开环控制系统

2）步进电动机的结构原理和电气符号

步进电动机的结构原理详述如下。

（1）如图 6-4-5 所示，线圈 L1 通电时，L1 被磁化，中间部分的磁铁被 L1 吸引，并于平衡后停止。

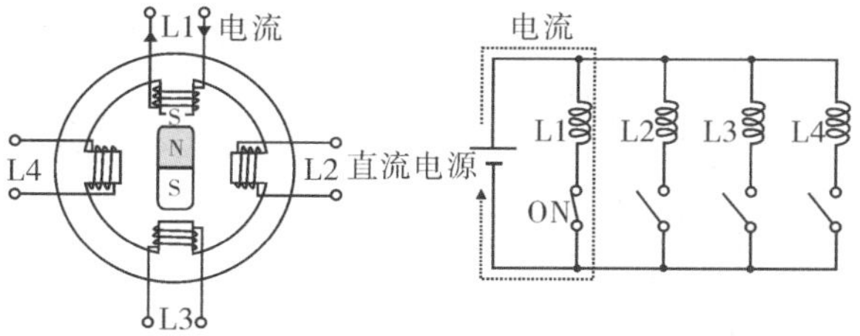

图 6-4-5　步进电动机简易示意图 1

(2) 如图 6-4-6 所示，线圈 L2 通电时，L2 被磁化，磁铁被 L2 吸引，并于平衡后停止。

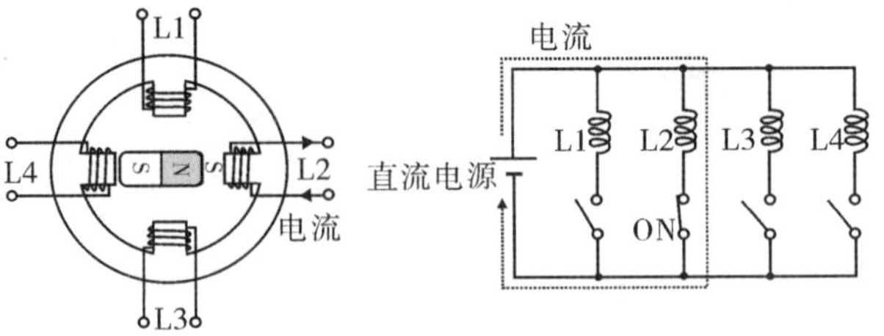

图 6-4-6　步进电动机简易示意图 2

(3) 此简易示意图的步距角为 90°，可通过增加转子(磁铁)、定子(线圈)的磁极数，减小步距角。

图 6-4-7 所示为步进电动机的电气符号。

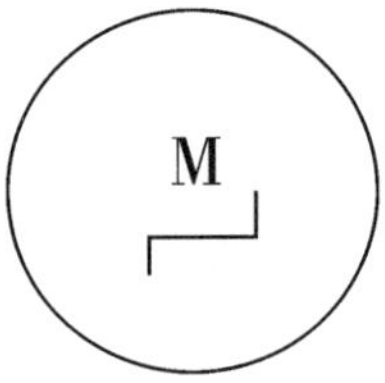

图 6-4-7　步进电动机的电气符号

3) 步进电动机的工作方式

步进电动机的工作方式可分为三相单三拍、三相单双六拍、三相双三拍等。

(1) 三相单三拍工作方式。

三相绕组 Y 形连接方式如图 6-4-8 所示。

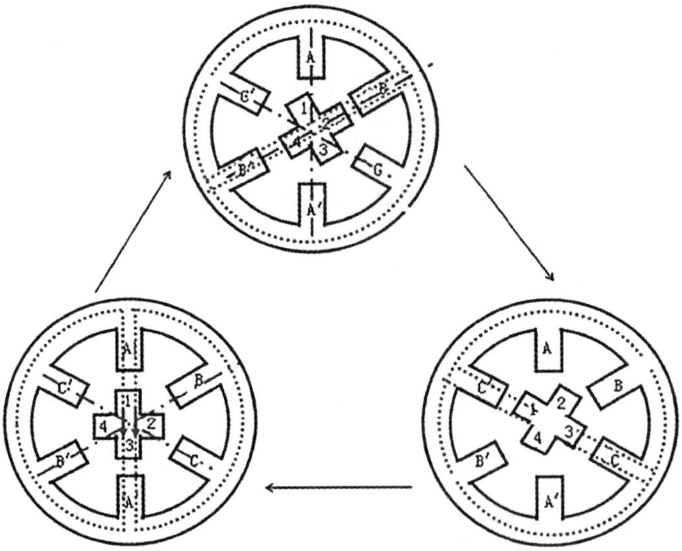

图 6-4-8　三相绕组 Y 形连接方式

图 6-4-9 所示为三相单三拍的通电顺序。

三相单三拍的特点：① 每来一个电脉冲，转子转过 30°；② 转子的旋转方向取决于三相绕

A相→B相→C相　　A相→C相→B相　　说明：方式①和方式②均可

（a）方式①　　（b）方式②

图 6-4-9　三相单三拍的通电顺序

组通电的顺序；③ 每次定子绕组只有一相通电，在切换瞬间失去自锁转矩，容易失步，只有一相绕组产生力矩吸引转子，在平衡位置易产生振荡。

（2）三相单双六拍工作方式。

三相单双六拍的通电顺序：① A→AB→B→BC→C→CA→A…；② A→AC→C→CB→B→BA→A…。每步转过 15°，步距角是三相单三拍工作方式的一半。

三相单双六拍的特点：电动机运转过程中始终有一相定子绕组通电，运转比较平稳。

三相单双六拍工作方式如图 6-4-10 所示。

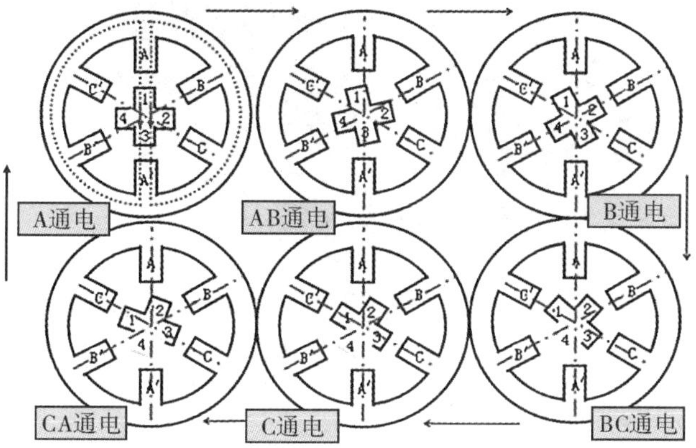

图 6-4-10　三相单双六拍工作方式

（3）三相双三拍工作方式。

三相双三拍的通电顺序：① AB→BC→CA→AB…；② AC→CB→BA→AC…。有两对磁极同时对转子的两对齿进行吸引，每步旋转 30°。

三相双三拍的特点：始终有一相定子绕组通电，工作较平稳。

4）步进电动机的分类

步进电动机也叫脉冲电动机。步进电动机按结构分为反应式步进电动机、永磁式步进电动机、混合式步进电动机等。

（1）反应式步进电动机也称为感应式、磁阻式步进电动机。其定子和转子均由软磁材料制成，定子上均匀分布的磁极上装有多相励磁绕组，定子、转子周边均匀分布小齿和槽，通电后利用磁导的变化产生转矩。一般为三、四、五、六相；可实现大转矩输出（消耗功率较大，电流最高可达 20 A，驱动电压较高）；步距角小；断电时无定位转矩；电动机内阻尼较小，单步运行（指脉冲频率很低时）振荡时间较长；启动和运行频率较高。

（2）永磁式步进电动机的转子通常由永磁材料制成，软磁材料制成的定子上有多相励磁绕组，定子、转子周边有小齿和槽，通电后利用永磁体与定子电流磁场相互作用产生转矩。一般为两相或四相；输出转矩小（消耗功率较小，电流一般小于 2 A）；步距角大（如 7.5°、15°、22.5°等）；断电时具有一定的保持转矩；启动和运行频率较低。

（3）混合式步进电动机也称为永磁反应式、永磁感应式步进电动机。其定子和四相反应式步进电动机的定子没有区别（但同一相的两个磁极相对，且两个磁极上绕组产生的 N、S 极性必须相同），转子结构较为复杂（转子内部为圆柱形永磁铁，两端外套软磁材料，周边有小齿和槽）。一般为两相或四相；需供给正负脉冲信号；输出转矩较永磁式步进电动机大（消耗功率相对较小）；步距角较永磁式步进电动机小（一般为 1.8°）；断电时无定位转矩；启动和运行频率较高。

混合式步进电动机如图 6-4-11 所示。

图 6-4-11　混合式步进电动机

5）步进电动机的选择

（1）步距角的选择。

步进电动机步距角的选择取决于负载精度的要求，将负载的最小分辨率（当量）换算到电动机轴上，算出每个当量电动机应走多少角度，电动机的步距角应等于或小于此角度。

（2）静力矩的选择。

步进电动机的动力矩很难确定，往往先确定电动机的静力矩。确定静力矩的依据是电动机工作的负载，而负载可分为惯性负载和摩擦负载两种。单一的惯性负载和单一的摩擦负载是不存在的。直接启动时两种负载均要考虑，加速启动时主要考虑惯性负载，恒速运行时主要考虑摩擦负载。一般情况下，静力矩应为摩擦负载的 2～3 倍，静力矩一旦选定，电动机的机座及长度便能确定下来。

（3）电流的选择。

静力矩一样的步进电动机，由于电流不同，其运行特性差别很大，可依据步进电动机矩频特性曲线图，选择电动机的电流（参考驱动电源以及驱动电压）。

6）步进驱动器

通用型步进驱动器如图 6-4-12 所示。

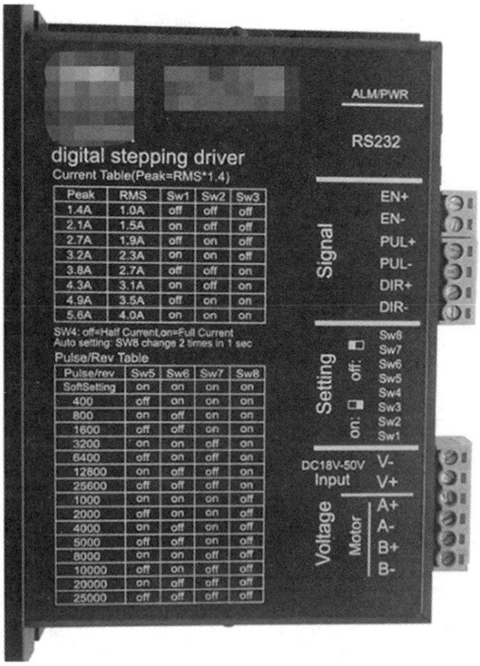

图 6-4-12 通用型步进驱动器

（1）接口说明与状态指示。

① 控制信号接口。

步进驱动器控制信号接口说明如表 6-4-1 所示。

表 6-4-1 步进驱动器控制信号接口说明

名称	说明
PUL+	脉冲控制信号：脉冲上升沿有效；PUL－高电平时 4～5 V，低电平时 0～0.5 V。 为了可靠响应脉冲信号，脉冲宽度应大于 1.2 μs。如果采用＋12 V 或＋24 V，需串接电阻
PUL－	
DIR+	当输入方式为脉冲＋方向时，作方向信号：高/低电平信号，为保证电动机可靠换向，方向信号应先于脉冲信号至少 5 μs 建立。电动机的初始运行方向与电动机的接线有关，互换任一相绕组，可以改变电动机初始运行的方向。DIR－高电平时 4～5 V，低电平时 0～0.5 V。如果采用＋12 V 或＋24 V，需串接电阻。 当输入方式为双脉冲时，作反向脉冲信号：其特性 PUL＋、PUL－相同。 当输入方式为编码器跟随时，作 B 相脉冲信号：其特性 PUL＋、PUL－相同
DIR－	
EN+	使能信号：此输入信号用于使能或禁止。EN＋接＋5 V，EN－接低电平时，驱动器将切断电动机各相的电流，使电动机处于自由状态，此时步进脉冲不被响应。当不需要用此功能时，使能信号端悬空即可
EN－	

② 功率端口。

步进驱动器功率端口说明如表 6-4-2 所示。

表 6-4-2　步进驱动器功率端口说明

名称	说明
V−	输入电源负极
V+	输入电源正极，输入电压为 18～50 V
A+	电动机 A 相绕组正端
A−	电动机 A 相绕组负端
B+	电动机 B 相绕组正端
B−	电动机 B 相绕组负端

③ 状态指示。

步进驱动器状态指示如表 6-4-3 所示。

表 6-4-3　步进驱动器状态指示

闪烁次数	故障类型
1	过电流
2	电源电压过低
3	电源电压过高
4	相位出错
5	参数调谐与学习识别过程中出错
其他	硬件故障

(2) 控制信号接线。

① 共阳极接法。

步进驱动器共阳极接法如图 6-4-13 所示。

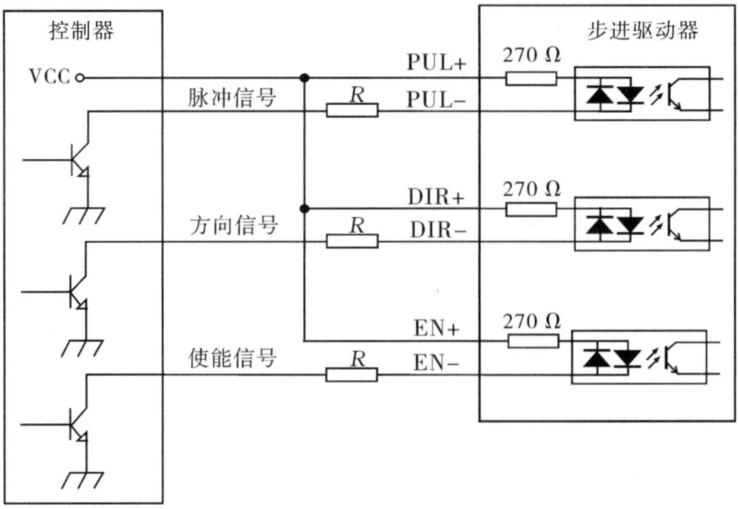

图 6-4-13　步进驱动器共阳极接法

② 共阴极接法。

步进驱动器共阴极接法如图 6-4-14 所示。

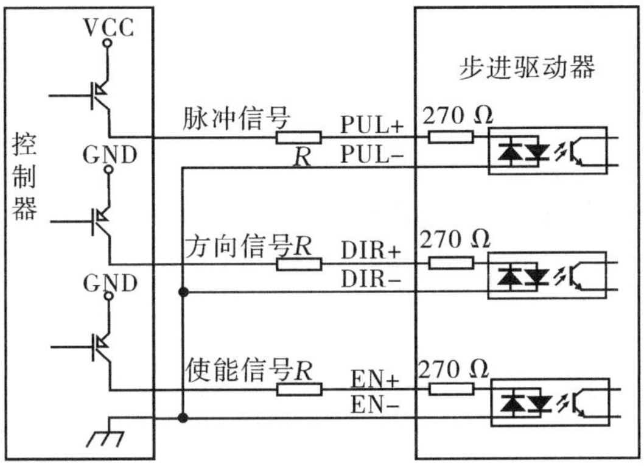

图 6-4-14　步进驱动器共阴极接法

③ 差分接法。

步进驱动器差分接法如图 6-4-15 所示。

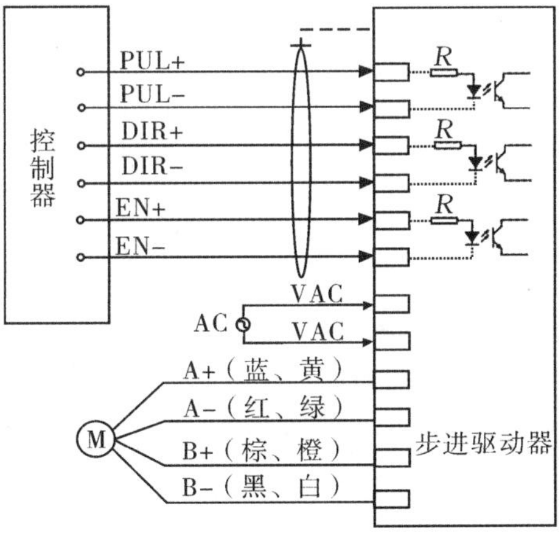

图 6-4-15　步进驱动器差分接法

(3) 控制时序。

步进驱动器控制时序如图 6-4-16 所示。

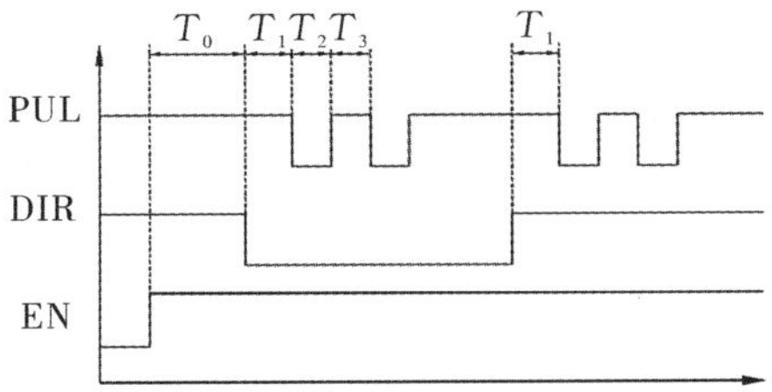

图 6-4-16　步进驱动器控制时序

T_0:EN 应提前 DIR 至少 5 μs,通常 EN＋和 EN－悬空。

T_1:DIR 应提前 PUL 下降沿至少 3 μs。

T_2:脉冲宽度应不小于 1.0 μs。

T_3：低电平宽度不小于1.0 μs。

(4) 电流、半流、细分设定及参数自整定。

步进驱动器采用八位拨码开关设定细分精度、动态电流、静止半流，实现电动机参数学习与PID整定。八位拨码开关详细描述如下：电流设定(Sw1～Sw3)、半流设定(Sw4)、细分设定(Sw5～Sw8)、参数自整定(Sw8)。

① 电流设定。

设定电流时，根据步进电动机铭牌上的额定电流，将拨码开关拨至相应的开度组合。步进驱动器电流设定如表 6-4-4 所示。

表 6-4-4　步进驱动器电流设定

Peak	RMS	Sw1	Sw2	Sw3
1.4 A	1.0 A	off	off	off
2.1 A	1.5 A	on	off	off
2.7 A	1.9 A	off	on	off
3.2 A	2.3 A	on	on	off
3.8 A	2.7 A	off	off	on
4.3 A	3.1 A	on	off	on
4.9 A	3.5 A	off	on	on
5.6 A	4.0 A	on	on	on

② 半流设定。

半流可用 Sw4 设定，off 表示电动机的静止电流为运行电流的一半，on 表示电动机的静止电流与运行电流相同。一般应将 Sw4 设成 off，使电动机和驱动器的发热量减少，可靠性提高。脉冲串停止后 1 秒(此值可由软件更改)左右，电流自动减小至约一半，根据公式 $Q=I^2Rt$，I 为绕组电流，R 为绕组电阻，当进入半流后，$Q'=(0.5\times I)^2Rt=0.25\times I^2Rt$，发热量理论上减少 75%。

③ 细分设定。

当 Sw5、Sw6、Sw7、Sw8 都为 on 时，步进驱动器细分数由内部给定，内部给定值最小为 1，最大为 65535，内部给定值出厂默认为 4，即 200 pulse/Rev。步进驱动器细分设定如表 6-4-5 所示。

表 6-4-5　步进驱动器细分设定

pulse/Rev	Sw5	Sw6	Sw7	Sw8
SoftSetting	on	on	on	on
400	off	on	on	on
800	on	off	on	on
1600	off	off	on	on
3200	on	on	off	on
6400	off	on	off	on

续表

pulse/Rev	Sw5	Sw6	Sw7	Sw8
12800	on	off	off	on
25600	off	off	off	on
1000	on	on	on	off
2000	off	on	on	off
4000	on	off	on	off
5000	off	off	on	off
8000	on	on	off	off
10000	off	on	off	off
20000	on	off	off	off
25000	off	off	off	off

细分是针对步距角而言的。没有细分状态，控制系统每发出一个步进脉冲信号，步进电动机就按照整步旋转一个特定的角度。步进电动机的参数，都会给出一个步距角的值。如某型号电动机给出的值为 0.9°/1.8°(表示半步工作时为 0.9°，整步工作时为 1.8°)，这是步进电动机的固有步距角。通过步进驱动器设置细分状态后，步进电动机将会按照细分的步距角旋转一定的角度，从而实现更为精密的定位。以 110BYG250A 型步进电动机为例，其细分步距角如表 6-4-6 所示。

表 6-4-6 细分步距角

电动机的固有步距角	运行拍数	细分数	电动机运行时的真正步距角
0.9°/1.8°	8	2 细分(即半步)	0.9°
	20	5 细分	0.36°
	40	10 细分	0.18°
	80	20 细分	0.09°
	160	40 细分	0.045°

细分就是步进电动机按照微小的步距角旋转。当然，不同的场合，有不同的控制要求。并不是说，驱动步进电动机必须要求细分。有些步进电动机的步距角设计为 3.6°、7.5°、15°、36°、180°，就是为了加大步距角，以适应特殊的工况条件。

运行拍数指步进电动机运行时每转一个齿距所需的脉冲数。例如：110BYG250A 型步进电动机有 50 个齿，如果运行拍数设置为 160，那么步进电动机旋转一圈总共需要 50×160 步＝8000 步，对应的步距角为 360°÷8000＝0.045°。对用户来说，没有必要去计算几步几拍，这是生产厂家的事情。

细分具有以下优点。

a. 步进驱动器的细分功能，能够消除步进电动机的低频振动现象，减少振动，减小工作噪声。

b. 利用细分方法，能够提高步进电动机的输出转矩。步进驱动器在细分状态下提供给步进电动机的电流显得“持续、强劲”，极大地减小了步进电动机旋转时的反电动势。

c. 步进驱动器的细分功能，改善了步进电动机工作的旋转位移分辨率。因此，步进电动机的固有步距角就没有必要做得很小。选择现有的常规标准步距角的步进电动机，配置40细分以下的步进驱动器，就能够完成精密的控制任务。

④ 参数自整定。

若Sw8在1 s内往返拨动一次，步进驱动器便可自动完成电动机参数学习和PID整定。在新接电动机、电源供电电压条件发生变化时，应重新学习参数，否则，电动机可能运行效果不理想，甚至不能正常运行。参数学习阶段，脉冲输入及方向改变将无效。

参数学习方法：如果Sw8处于on位置，将其拨到off位置，然后用手指在Sw8开关上轻轻地晃动两下，如果红色LED灯亮一下，表示完成，如果未能触发，则晃动的力度应稍加大，直至触发成功。参数学习完成后，要将Sw8恢复至之前的状态。

(5) 改变步进电动机的旋转方向。

可以采用三种方法来改变步进电动机的旋转方向：① 改变控制系统的方向信号；② 对于有两路脉冲输入的驱动器，改变脉冲的顺序；③ 调整步进电动机其中一组线圈的两个线头的位置，重新接入驱动器，具体方法如表6-4-7所示。

表6-4-7 调整线头位置换向方法

电动机接线方式	原来的接线序列	换向后的接线序列
两相四线	A、A′、B、B′	A′、A、B、B′或者A、A′、B′、B
三相三线	A、B、C	B、A、C或者A、C、B
三相六线	A、A′、B、B′、C、C′	B、B′、A、A′、C、C′或者A、A′、C、C′、B、B′
五相五线	A、B、C、D、E	E、D、C、B、A

2. 伺服电动机

伺服电动机是擅长高响应、高精度定位的电动机，可对旋转角度、旋转速度进行准确控制，应用于各种精密装置中。伺服电动机和伺服驱动器如图6-4-17所示。

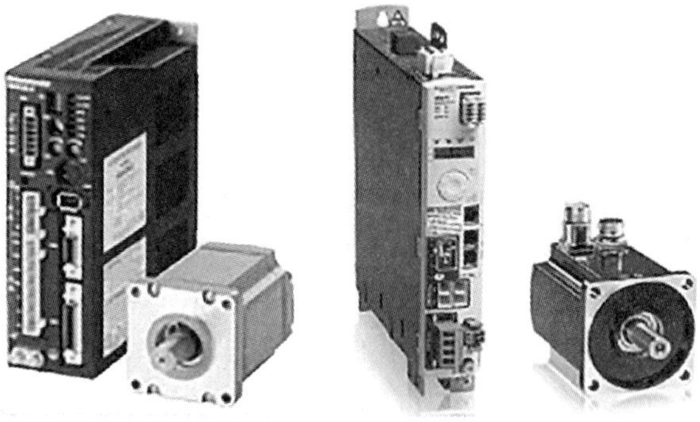

图6-4-17 伺服电动机和伺服驱动器

1) 伺服驱动器

伺服驱动器简单地说是一种用来控制伺服电动机的控制器。其作用类似于变频器作用于普通交流电动机。伺服驱动器属于伺服控制系统的一部分，主要应用于高精度的定位系统。伺服控制系统通过位置、速度和力矩(电流)三种方式对伺服电动机进行控制，实现高精度的传动系统定位，其组成有控制器、伺服驱动器、伺服电动机（带编码器），如图 6-4-18 所示。

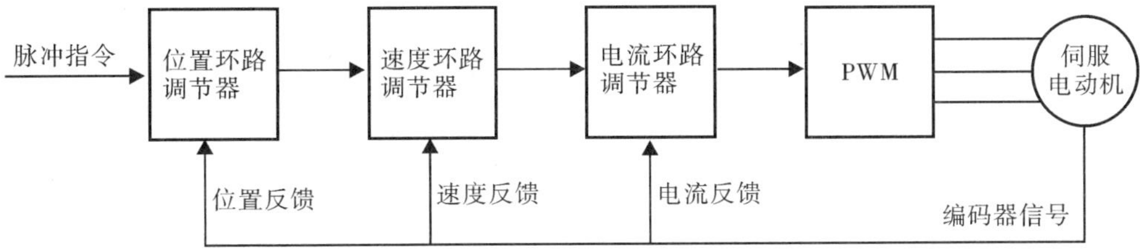

图 6-4-18　伺服控制系统

2）伺服电动机的结构原理和电气符号

伺服电动机自带编码器，编码器用于伺服电动机的闭环控制。伺服驱动器根据反馈值与目标值进行比较，调整转子转动的角度，伺服电动机的精度取决于编码器的精度（线数）。图 6-4-19 所示为伺服电动机的结构。

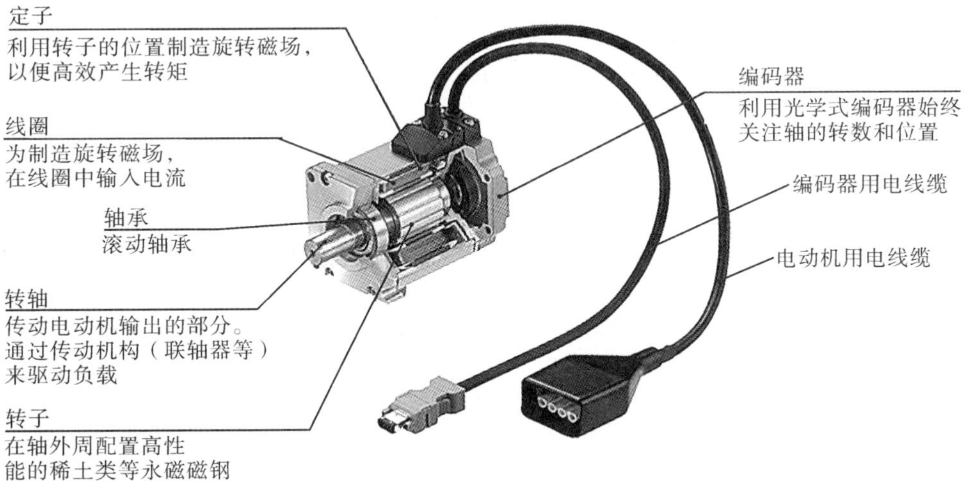

图 6-4-19　伺服电动机的结构

伺服电动机分为直流伺服电动机和交流伺服电动机两大类，其主要特点是，当信号电压为零时无自转现象，转速随着转矩的增加而下降。

图 6-4-20 所示为伺服电动机的电气符号。

图 6-4-20　伺服电动机的电气符号

三、任务实施

1. 任务说明

工业机器人工作站模拟变位机控制要求如下：① 按下启动按钮后，系统保持启动状态，步进驱动器为正转状态；② 系统进入启动状态后，由 2 个电磁继电器组成的脉冲发生器持续产生脉冲，步进电动机开始转动；③ 电磁继电器生成的脉冲接入计数继电器中，实时显示脉冲数，当达到设定值后，步进电动机停止。

根据工业机器人工作站模拟变位机控制电气原理图（见图 6-4-21），首先理解系统控制原理和控制方式，然后在元件配盘上安装电气元件，选择电缆接线、走线，最后经调试后送电验证工业机器人工作站模拟变位机控制功能。

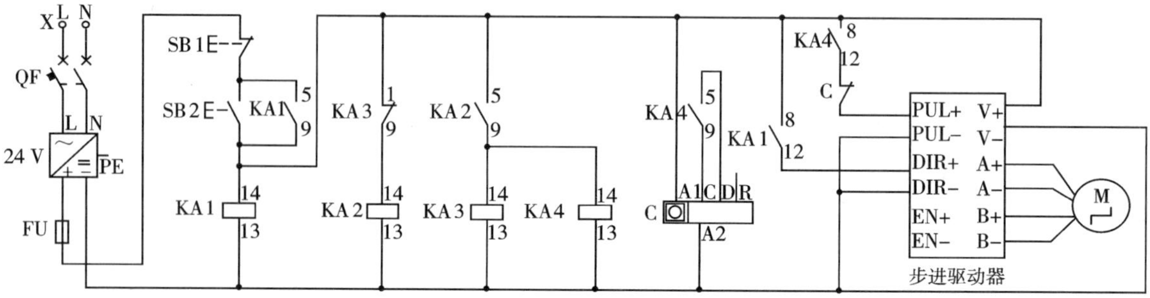

图 6-4-21　工业机器人工作站模拟变位机控制电气原理图

工业机器人工作站模拟变位机控制元件组成如表 6-4-8 所示。

表 6-4-8　工业机器人工作站模拟变位机控制元件组成

元件名称	数量	规格	备注
步进电动机	1 台	24 V，0.8 kW，1 A	
低压断路器	1 个	2 A，2 极	也可采用漏电保护断路器
开关电源	1 个	100 W	
电磁继电器	4 个	直流线圈 24 V，8 脚	带底座
计数继电器	1 个	直流 24 V，8 脚	带底座
启动按钮	1 个	绿色，自复位常开型，ϕ22	使用按钮盒安装
停止按钮	1 个	黑色，自复位常闭型，ϕ22	使用按钮盒安装
低压熔断器	1 个	3 A，圆筒形帽熔断器	带熔断器底座

如果没有步进电动机和步进驱动器，可以采用图 6-4-22 所示的简化电气原理图进行实物搭建。

2. 任务实施步骤

（1）读懂电气原理图，条理清晰地描述系统控制过程，注意描述 2 个电磁继电器自动生成脉冲控制、步进驱动器控制、计数继电器自动停机控制。

（2）搭建电气实物。

搭建流程：① 选择合适的电气安装工具，在配盘上安装固定电气元件、线槽和 DIN 导轨；② 根据电气原理图选择合适的接线工具，搭建控制回路。

（3）功能验证。

验证流程：① 低压断路器 QF 合闸前，使用万用表交流 750 V 挡测量单相电源的电压是否为 220～240 V，使用万用表的通断测试挡测试开关电源的正负极有没有短路故障；② 将低压断路器合闸，使用万用表直流 200 V 挡测量开关电源输出电压是否为 24 V；③ 按下启动按钮

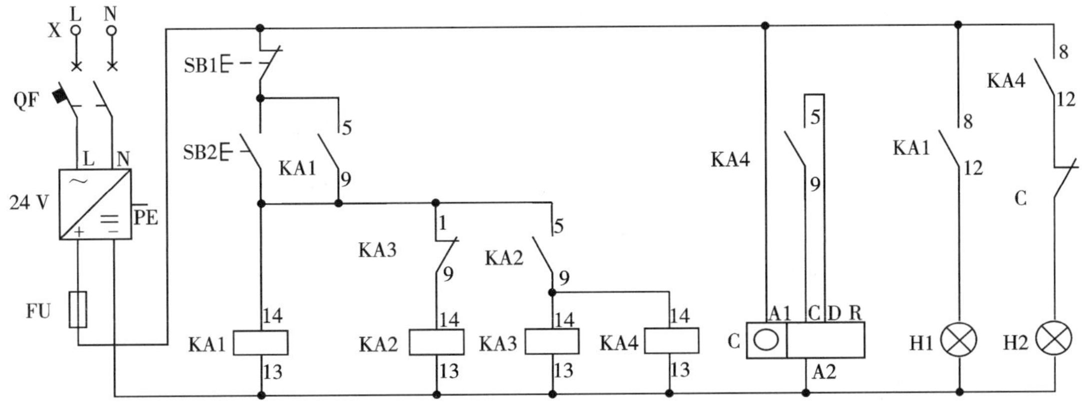

图 6-4-22 工业机器人工作站模拟变位机控制简化电气原理图

SB2，观察 2 个电磁继电器 KA2 和 KA3 能否产生脉冲(可以听到 2 个电磁继电器的触点不断吸合与断开的声音)；④ 观察计数继电器的计数值是否在增加，步进电动机是否在转动；⑤ 计数值达到步进电动机设定的一圈的脉冲数后，观察步进电动机是否停止；⑥ 步进电动机运行过程中，按下停止按钮 SB1，观察步进电动机是否停止。

3. 任务目标

任务目标如下：① 2 个电磁继电器自动生成脉冲控制、步进驱动器控制、计数继电器自动停机控制描述正确；② 实物接线正确，系统所有功能验证正确。

四、任务拓展

1. 伺服电动机和步进电动机的区别

步进电动机是一种离散运动的装置，它和现代数字控制技术有着本质的联系。在目前国内的数字控制系统中，步进电动机的应用十分广泛。随着全数字式交流伺服系统的出现，交流伺服电动机越来越多地应用于数字控制系统中。为了适应数字控制的发展趋势，运动控制系统中大多采用步进电动机或全数字式交流伺服电动机作为执行电动机。虽然两者在控制方式上相似(脉冲串和方向信号)，但在使用性能和应用场合上存在着较大的差异。现就两者的使用性能做比较。

1) 控制精度不同

两相混合式步进电动机步距角一般为 3.6°、1.8°，五相混合式步进电动机步距角一般为 0.72°、0.36°。还有一些高性能的步进电动机步距角更小，如德国百格拉公司生产的三相混合式步进电动机的步距角可通过拨码开关设置为 1.8°、0.9°、0.72°、0.36°、0.18°、0.09°、0.072°、0.036°，兼容了两相和五相混合式步进电动机的步距角。

交流伺服电动机的控制精度由电动机轴后端的旋转编码器保证。以松下全数字式交流伺服电动机为例，对带标准 2500 线编码器的电动机而言，由于驱动器内部采用了四倍频技术，其脉冲当量为 360°/10000＝0.036°；对带 17 位编码器的电动机而言，驱动器每接收 2^{17}＝131 072 个脉冲，电动机转一圈，即其脉冲当量为 360°/131 072＝0.00275°，是步距角为 1.8°的步进电动机的脉冲当量的 1/655。

2) 低频特性不同

步进电动机在低速时易出现低频振动现象，振动频率与负载情况和驱动器性能有关，一般认为振动频率为电动机空载起跳频率的一半。这种由步进电动机的工作原理所决定的低频振动现象对于机器的正常运转非常不利。当步进电动机工作在低速时，一般应采用阻尼技术来克服低频振动现象，比如在电动机上加阻尼器或在驱动器上采用细分技术等。

交流伺服电动机运转非常平稳，即使在低速时也不会出现振动现象。交流伺服系统具有共振抑制功能，可弥补机械的刚性不足，并且系统内部具有频率解析机能，可检测出机械的共振点，便于系统调整。

3）矩频特性不同

步进电动机的输出力矩随转速升高而下降，且在转速较高时会急剧下降，所以其最高工作转速一般为 300～600 RPM。交流伺服电动机为恒力矩输出，即在其额定转速（一般为 2000 RPM 或 3000 RPM）以内，都能输出额定转矩，在额定转速以上为恒功率输出。

4）过载能力不同

步进电动机一般不具有过载能力，而交流伺服电动机具有较强的过载能力。以松下交流伺服系统为例，它具有速度过载和转矩过载能力，其最大转矩为额定转矩的三倍，可用于克服惯性负载在启动瞬间的惯性力矩。因为步进电动机没有这种过载能力，在选型时为了克服惯性力矩，往往需要选取较大转矩的电动机，而机器在正常工作期间又不需要那么大的转矩，便出现了转矩浪费的现象。

5）运行性能不同

步进电动机的控制为开环控制，启动频率过高或负载过大时，易出现丢步或堵转的现象，停止时转速过高，易出现过冲的现象，所以为保证其控制精度，应处理好升速、降速问题。交流伺服系统为闭环控制，驱动器可直接对电动机编码器反馈信号进行采样，内部构成位置环和速度环，一般不会出现丢步或过冲的现象，控制性能更为可靠。

6）速度响应性能不同

步进电动机从静止加速到工作转速需要 200～400 ms。交流伺服系统的加速性能较好，以松下 MSMA 400 W 交流伺服电动机为例，其从静止加速到额定转速仅需几毫秒，可用于要求快速启停的控制场合。

交流伺服系统在许多性能方面都优于步进电动机，但在一些要求不高的场合也经常用步进电动机作为执行电动机。在控制系统的设计过程中要综合考虑控制要求、成本等多方面的因素，选用适当的控制电动机。

2. 思考与练习

在图 6-4-21 的基础上，实现步进电动机反转控制。

参考文献 CANKAOWENXIAN

[1] 韩雪涛.电工一本通[M].北京:人民邮电出版社,2018.

[2] 王建华.电气工程师手册[M].3版.北京:机械工业出版社,2006.

[3] 王璐.电机与电气控制项目式教程[M].北京:北京理工大学出版社,2017.

[4] 蔡杏山.电气工程师基础[M].北京:化学工业出版社,2018.

[5] 戚新波.电工技术基础与工程应用·电机及电气控制[M].2版.北京:电子工业出版社,2013.

[6] 秦钟全.低压电工实用技能全书[M].北京:化学工业出版社,2017.

[7] 王仁祥.常用低压电器原理及其控制技术[M].2版.北京:机械工业出版社,2008.

续表

		任务实施步骤	步骤用时	出现的问题及解决方法
任务实施	方案实施			

续表

				任务要求	配分	自评	师评
任务实施	验收与评价	基础验收（60 分）	操作安装	1.能正确使用工具	5		
				2.元器件布局合理、安装牢固，便于检修和调试	10		
				3.能正确按照操作流程，在保证安全的前提下，完成系统的调试	5		
			接线	1.接线牢固、接触良好、绝缘可靠	5		
				2.强弱电分开走线，没有短路等现象	5		
			功能实现	1.断路器型号选择合适	15		
				2.断路器合闸后，开关电源工作指示灯亮	15		
		展示与汇报（10 分）	方案制作展示	能将方案进行有效、清晰的展示	5		
			总结汇报	积极参加汇报，能做好任务实施中的思考与拓展，汇报质量较好	5		
		职业素养（20 分）	安全与文明生产	1.未遵守教学场所规章制度扣 3 分 2.出现人为损坏设备扣 5 分 3.未遵守实训室 6S 管理规定扣 3 分	10		
			综合素质	1.沟通、表达能力较强，能与团队有效交流和协作 2.有较强的学习能力与解决问题的能力 3.有较强的责任心	10		
		附加（10 分）	创新能力	方案设计或调试流程有独创性	5		
			其他加分	在教学中由教师自定，如学生课堂表现情况、进步情况等	5		
复盘思考	（学生可在此栏填写关于本次实训的有效经验与做法、总结反思、课后拓展项目等）						

续表

		任务实施步骤	步骤用时	出现的问题及解决方法
任务实施	方案实施			

<table>
<tr><td rowspan="14">任务
实施</td><td rowspan="14">验
收
与
评
价</td><td colspan="3">任务要求</td><td>配分</td><td>自评</td><td>师评</td></tr>
<tr><td rowspan="7">基础验收
（60 分）</td><td rowspan="3">操作
安装</td><td>1.能正确使用工具</td><td>5</td><td></td><td></td></tr>
<tr><td>2.元器件布局合理、安装牢固，便于检修和调试</td><td>10</td><td></td><td></td></tr>
<tr><td>3.能正确按照操作流程，在保证安全的前提下，完成系统的调试</td><td>5</td><td></td><td></td></tr>
<tr><td rowspan="2">接线</td><td>1.接线牢固、接触良好、绝缘可靠</td><td>5</td><td></td><td></td></tr>
<tr><td>2.强弱电分开走线，没有短路等现象</td><td>5</td><td></td><td></td></tr>
<tr><td rowspan="2">功能
实现</td><td>1.断路器型号选择合适</td><td>15</td><td></td><td></td></tr>
<tr><td>2.断路器合闸后，指示灯亮</td><td>15</td><td></td><td></td></tr>
<tr><td rowspan="2">展示与汇报
（10 分）</td><td>方案
制作
展示</td><td>能将方案进行有效、清晰的展示</td><td>5</td><td></td><td></td></tr>
<tr><td>总结
汇报</td><td>积极参加汇报，能做好任务实施中的思考与拓展，汇报质量较好</td><td>5</td><td></td><td></td></tr>
<tr><td rowspan="2">职业素养
（20 分）</td><td>安全与
文明
生产</td><td>1.未遵守教学场所规章制度扣 3 分
2.出现人为损坏设备扣 5 分
3.未遵守实训室 6S 管理规定扣 3 分</td><td>10</td><td></td><td></td></tr>
<tr><td>综合
素质</td><td>1.沟通、表达能力较强，能与团队有效交流和协作
2.有较强的学习能力与解决问题的能力
3.有较强的责任心</td><td>10</td><td></td><td></td></tr>
<tr><td rowspan="2">附加
（10 分）</td><td>创新
能力</td><td>方案设计或调试流程有独创性</td><td>5</td><td></td><td></td></tr>
<tr><td>其他
加分</td><td>在教学中由教师自定，如学生课堂表现情况、进步情况等</td><td>5</td><td></td><td></td></tr>
<tr><td>复盘
思考</td><td colspan="7">（学生可在此栏填写关于本次实训的有效经验与做法、总结反思、课后拓展项目等）</td></tr>
</table>

续表

		任务实施步骤	步骤用时	出现的问题及解决方法
任务实施	方案实施			

<table>
<tr><td rowspan="14">任务
实施</td><td rowspan="14">验
收
与
评
价</td><td colspan="3">任务要求</td><td>配分</td><td>自评</td><td>师评</td></tr>
<tr><td rowspan="7">基础验收
（60 分）</td><td rowspan="3">操作
安装</td><td>1.能正确使用工具</td><td>5</td><td></td><td></td></tr>
<tr><td>2.元器件布局合理、安装牢固，便于检修和调试</td><td>10</td><td></td><td></td></tr>
<tr><td>3.能正确按照操作流程，在保证安全的前提下，完成系统的调试</td><td>5</td><td></td><td></td></tr>
<tr><td rowspan="2">接线</td><td>1.接线牢固、接触良好、绝缘可靠</td><td>5</td><td></td><td></td></tr>
<tr><td>2.强弱电分开走线，没有短路等现象</td><td>5</td><td></td><td></td></tr>
<tr><td rowspan="2">功能
实现</td><td>1.电路连接正确，指示灯亮</td><td>15</td><td></td><td></td></tr>
<tr><td>2.电流测量正确，电流核算平衡</td><td>15</td><td></td><td></td></tr>
<tr><td rowspan="2">展示与汇报
（10 分）</td><td>方案
制作
展示</td><td>能将方案进行有效、清晰的展示</td><td>5</td><td></td><td></td></tr>
<tr><td>总结
汇报</td><td>积极参加汇报，能做好任务实施中的思考与拓展，汇报质量较好</td><td>5</td><td></td><td></td></tr>
<tr><td rowspan="2">职业素养
（20 分）</td><td>安全与
文明
生产</td><td>1.未遵守教学场所规章制度扣 3 分
2.出现人为损坏设备扣 5 分
3.未遵守实训室 6S 管理规定扣 3 分</td><td>10</td><td></td><td></td></tr>
<tr><td>综合
素质</td><td>1.沟通、表达能力较强，能与团队有效交流和协作
2.有较强的学习能力与解决问题的能力
3.有较强的责任心</td><td>10</td><td></td><td></td></tr>
<tr><td rowspan="2">附加
（10 分）</td><td>创新
能力</td><td>方案设计或调试流程有独创性</td><td>5</td><td></td><td></td></tr>
<tr><td>其他
加分</td><td>在教学中由教师自定，如学生课堂表现情况、进步情况等</td><td>5</td><td></td><td></td></tr>
<tr><td>复盘
思考</td><td colspan="7">（学生可在此栏填写关于本次实训的有效经验与做法、总结反思、课后拓展项目等）</td></tr>
</table>

续表

<table>
<tr><td rowspan="8">任务实施</td><td rowspan="8">方案实施</td><td>任务实施步骤</td><td>步骤用时</td><td>出现的问题及解决方法</td></tr>
<tr><td></td><td></td><td></td></tr>
<tr><td></td><td></td><td></td></tr>
<tr><td></td><td></td><td></td></tr>
<tr><td></td><td></td><td></td></tr>
<tr><td></td><td></td><td></td></tr>
<tr><td></td><td></td><td></td></tr>
<tr><td></td><td></td><td></td></tr>
</table>

续表

<table>
<tr><td rowspan="13">任务实施</td><td rowspan="13">验收与评价</td><td colspan="3">任务要求</td><td>配分</td><td>自评</td><td>师评</td></tr>
<tr><td rowspan="6">基础验收（60 分）</td><td rowspan="2">绘图</td><td>1.布置图布置合理，安装距离合适</td><td>10</td><td></td><td></td></tr>
<tr><td>2.接线图标线正确，走线合理</td><td>10</td><td></td><td></td></tr>
<tr><td rowspan="2">接线</td><td>1.接线牢固、接触良好、绝缘可靠</td><td>5</td><td></td><td></td></tr>
<tr><td>2.强弱电分开走线，没有短路等现象</td><td>5</td><td></td><td></td></tr>
<tr><td rowspan="2">功能实现</td><td>1.电气配盘合理</td><td>15</td><td></td><td></td></tr>
<tr><td>2.电路连接正确，指示灯能按控制要求亮</td><td>15</td><td></td><td></td></tr>
<tr><td rowspan="2">展示与汇报（10 分）</td><td>方案制作展示</td><td>能将方案进行有效、清晰的展示</td><td>5</td><td></td><td></td></tr>
<tr><td>总结汇报</td><td>积极参加汇报，能做好任务实施中的思考与拓展，汇报质量较好</td><td>5</td><td></td><td></td></tr>
<tr><td rowspan="2">职业素养（20 分）</td><td>安全与文明生产</td><td>1.未遵守教学场所规章制度扣 3 分
2.出现人为损坏设备扣 5 分
3.未遵守实训室 6S 管理规定扣 3 分</td><td>10</td><td></td><td></td></tr>
<tr><td>综合素质</td><td>1.沟通、表达能力较强，能与团队有效交流和协作
2.有较强的学习能力与解决问题的能力
3.有较强的责任心</td><td>10</td><td></td><td></td></tr>
<tr><td rowspan="2">附加（10 分）</td><td>创新能力</td><td>方案设计或调试流程有独创性</td><td>5</td><td></td><td></td></tr>
<tr><td>其他加分</td><td>在教学中由教师自定，如学生课堂表现情况、进步情况等</td><td>5</td><td></td><td></td></tr>
<tr><td>复盘思考</td><td colspan="7">（学生可在此栏填写关于本次实训的有效经验与做法、总结反思、课后拓展项目等）</td></tr>
</table>

续表

		任务实施步骤	步骤用时	出现的问题及解决方法
任务实施	方案实施			

续表

		任务要求			配分	自评	师评
任务实施	验收与评价	基础验收（60分）	基础知识	1.正确描述电磁继电器的结构、原理	5		
				2.熟悉电磁继电器的电气符号，能够正确识读电气原理图，描述控制原理	10		
				3.系统电气设备选型正确	5		
			操作安装	1.元器件安装布局合理，安装牢固	5		
				2.线路布线整齐、美观、节约，线路连接正确、牢固、安全	10		
				3.能正确使用工具、劳保用品完成安装、检查、调试	5		
			功能验证	1.通电前检查无短路、断路问题	5		
				2.闭合断路器 QF1，按下启动按钮，电磁继电器吸合；松开启动按钮，电磁继电器保持吸合；按下停止按钮，电磁继电器断开复位	10		
				3.闭合断路器 QF2，按下启动按钮，指示灯被点亮，并能保持；按下停止按钮，指示灯熄灭	5		
		展示与汇报（10分）	方案制作展示	能将方案进行有效、清晰的展示	5		
			总结汇报	积极参加汇报，能做好任务实施中的思考与拓展，汇报质量较好	5		
		职业素养（20分）	安全与文明生产	1.未遵守教学场所规章制度扣3分 2.出现人为损坏设备扣5分 3.未遵守实训室6S管理规定扣3分	10		
			综合素质	1.沟通、表达能力较强，能与团队有效交流和协作 2.有较强的学习能力与解决问题的能力 3.有较强的责任心	10		
		附加（10分）	创新能力	方案设计或调试流程有独创性	5		
			其他加分	在教学中由教师自定，如学生课堂表现情况、进步情况等	5		
复盘思考	（学生可在此栏填写关于本次实训的有效经验与做法、总结反思、课后拓展项目等）						

续表

		任务实施步骤	步骤用时	出现的问题及解决方法
任务实施	方案实施			

续表

		任务要求			配分	自评	师评
任务实施	验收与评价	基础验收（60 分）	基础知识	1.正确描述时间继电器的结构、原理	5		
				2.熟悉时间继电器的电气符号，能够正确识读电气原理图，描述控制原理	10		
				3.系统电气设备选型正确	5		
			操作安装	1.元器件安装布局合理，安装牢固	5		
				2.线路布线整齐、美观、节约，线路连接正确、牢固、安全	10		
				3.能正确使用工具、劳保用品完成安装、检查、调试	5		
			功能验证	1.通电前检查无短路、断路问题	5		
				2.闭合断路器 QF，按下启动按钮，指示灯 1 被点亮并保持；设定相同的延时时间，指示灯 2 和 3 能够依次被点亮	10		
				3.按下停止按钮，三个指示灯均立即熄灭	5		
		展示与汇报（10 分）	方案制作展示	能将方案进行有效、清晰的展示	5		
			总结汇报	积极参加汇报，能做好任务实施中的思考与拓展，汇报质量较好	5		
		职业素养（20 分）	安全与文明生产	1.未遵守教学场所规章制度扣 3 分 2.出现人为损坏设备扣 5 分 3.未遵守实训室 6S 管理规定扣 3 分	10		
			综合素质	1.沟通、表达能力较强，能与团队有效交流和协作 2.有较强的学习能力与解决问题的能力 3.有较强的责任心	10		
		附加（10 分）	创新能力	方案设计或调试流程有独创性	5		
			其他加分	在教学中由教师自定，如学生课堂表现情况、进步情况等	5		
复盘思考	（学生可在此栏填写关于本次实训的有效经验与做法、总结反思、课后拓展项目等）						

续表

		任务实施步骤	步骤用时	出现的问题及解决方法
任务实施	方案实施			

续表

<table>
<tr><td rowspan="16">任务
实施</td><td rowspan="16">验收与评价</td><td colspan="3">任务要求</td><td>配分</td><td>自评</td><td>师评</td></tr>
<tr><td rowspan="9">基础验收
（60 分）</td><td rowspan="3">基础
知识</td><td>1.正确描述交流接触器、热过载继电器的结构、原理</td><td>5</td><td></td><td></td></tr>
<tr><td>2.熟悉交流接触器、热过载继电器的电气符号，能够正确识读电气原理图，描述控制原理</td><td>10</td><td></td><td></td></tr>
<tr><td>3.系统电气设备选型正确</td><td>5</td><td></td><td></td></tr>
<tr><td rowspan="3">操作
安装</td><td>1.元器件安装布局合理，安装牢固</td><td>5</td><td></td><td></td></tr>
<tr><td>2.线路布线整齐、美观、节约，线路连接正确、牢固、安全</td><td>10</td><td></td><td></td></tr>
<tr><td>3.能正确使用工具、劳保用品完成安装、检查、调试</td><td>5</td><td></td><td></td></tr>
<tr><td rowspan="3">功能
验证</td><td>1.通电前检查无短路、断路问题</td><td>5</td><td></td><td></td></tr>
<tr><td>2.闭合 QF、QF1，按下正转按钮，电动机正转，松开正转按钮，电动机保持正转；按下停止按钮，电动机停止；按下反转按钮，电动机反转并能保持；按下停止按钮，电动机停止</td><td>10</td><td></td><td></td></tr>
<tr><td>3.按下热过载继电器 TEST 按钮，电动机停止，正转、反转均不可操作；能够正确复位热过载继电器</td><td>5</td><td></td><td></td></tr>
<tr><td rowspan="2">展示与汇报
（10 分）</td><td>方案
制作
展示</td><td>能将方案进行有效、清晰的展示</td><td>5</td><td></td><td></td></tr>
<tr><td>总结
汇报</td><td>积极参加汇报，能做好任务实施中的思考与拓展，汇报质量较好</td><td>5</td><td></td><td></td></tr>
<tr><td rowspan="2">职业素养
（20 分）</td><td>安全与
文明
生产</td><td>1.未遵守教学场所规章制度扣 3 分
2.出现人为损坏设备扣 5 分
3.未遵守实训室 6S 管理规定扣 3 分</td><td>10</td><td></td><td></td></tr>
<tr><td>综合
素质</td><td>1.沟通、表达能力较强，能与团队有效交流和协作
2.有较强的学习能力与解决问题的能力
3.有较强的责任心</td><td>10</td><td></td><td></td></tr>
<tr><td rowspan="2">附加
（10 分）</td><td>创新
能力</td><td>方案设计或调试流程有独创性</td><td>5</td><td></td><td></td></tr>
<tr><td>其他
加分</td><td>在教学中由教师自定，如学生课堂表现情况、进步情况等</td><td>5</td><td></td><td></td></tr>
<tr><td>复盘
思考</td><td colspan="7">（学生可在此栏填写关于本次实训的有效经验与做法、总结反思、课后拓展项目等）</td></tr>
</table>

续表

<table>
<tr><td rowspan="8">任务
实施</td><td rowspan="8">方
案
实
施</td><td>任务实施步骤</td><td>步骤用时</td><td>出现的问题及解决方法</td></tr>
<tr><td></td><td></td><td></td></tr>
<tr><td></td><td></td><td></td></tr>
<tr><td></td><td></td><td></td></tr>
<tr><td></td><td></td><td></td></tr>
<tr><td></td><td></td><td></td></tr>
<tr><td></td><td></td><td></td></tr>
<tr><td></td><td></td><td></td></tr>
</table>

续表

		任务要求			配分	自评	师评
任务实施	验收与评价	基础验收（60分）	基础知识	1.正确描述液位继电器供水方式和排水方式工作原理	5		
				2.熟悉液位继电器的电气符号，能够正确识读焊接冷却水循环控制电气原理图，描述控制原理	10		
				3.系统电气设备选型正确	5		
			操作安装	1.元器件安装布局合理，安装牢固	5		
				2.线路布线整齐、美观、节约，线路连接正确、牢固、安全	10		
				3.能正确使用工具、劳保用品完成安装、检查、调试	5		
			功能验证	1.通电前检查无短路、断路问题	5		
				2.闭合 QF，按下启动按钮，供水泵启动运行并保持，当时间继电器 KT1 设定时间到时，供水泵停止工作，排水泵自动启动运行并保持，当时间继电器 KT2 设定时间到时，排水泵停止工作	10		
				3.按下启动按钮，供水、排水能够自动循环控制；按下停止按钮，供水泵和排水泵均立即停止工作	5		
		展示与汇报（10分）	方案制作展示	能将方案进行有效、清晰的展示	5		
			总结汇报	积极参加汇报，能做好任务实施中的思考与拓展，汇报质量较好	5		
		职业素养（20分）	安全与文明生产	1.未遵守教学场所规章制度扣 3 分 2.出现人为损坏设备扣 5 分 3.未遵守实训室 6S 管理规定扣 3 分	10		
			综合素质	1.沟通、表达能力较强，能与团队有效交流和协作 2.有较强的学习能力与解决问题的能力 3.有较强的责任心	10		
		附加（10分）	创新能力	方案设计或调试流程有独创性	5		
			其他加分	在教学中由教师自定，如学生课堂表现情况、进步情况等	5		
复盘思考	（学生可在此栏填写关于本次实训的有效经验与做法、总结反思、课后拓展项目等）						

续表

		任务实施步骤	步骤用时	出现的问题及解决方法
任务实施	方案实施			

<table>
<tr><td rowspan="14">任务实施</td><td rowspan="14">验收与评价</td><td colspan="3">任务要求</td><td>配分</td><td>自评</td><td>师评</td></tr>
<tr><td rowspan="7">基础验收（60 分）</td><td rowspan="3">操作安装</td><td>1.能正确使用工具</td><td>5</td><td></td><td></td></tr>
<tr><td>2.元器件布局合理、安装牢固，便于检修和调试</td><td>10</td><td></td><td></td></tr>
<tr><td>3.能正确按照操作流程，在保证安全的前提下，完成系统的调试</td><td>5</td><td></td><td></td></tr>
<tr><td rowspan="2">接线</td><td>1.接线牢固、接触良好、绝缘可靠</td><td>5</td><td></td><td></td></tr>
<tr><td>2.强弱电分开走线，没有短路等现象</td><td>5</td><td></td><td></td></tr>
<tr><td rowspan="2">功能实现</td><td>1.小车感应到左、右限位接近开关能自动换向，碰到左、右极限限位开关能自动停机</td><td>10</td><td></td><td></td></tr>
<tr><td>2.系统能完整实现所有功能</td><td>20</td><td></td><td></td></tr>
<tr><td rowspan="2">展示与汇报（10 分）</td><td>方案制作展示</td><td>能将方案进行有效、清晰的展示</td><td>5</td><td></td><td></td></tr>
<tr><td>总结汇报</td><td>积极参加汇报，能做好任务实施中的思考与拓展，汇报质量较好</td><td>5</td><td></td><td></td></tr>
<tr><td rowspan="2">职业素养（20 分）</td><td>安全与文明生产</td><td>1.未遵守教学场所规章制度扣 3 分
2.出现人为损坏设备扣 5 分
3.未遵守实训室 6S 管理规定扣 3 分</td><td>10</td><td></td><td></td></tr>
<tr><td>综合素质</td><td>1.沟通、表达能力较强，能与团队有效交流和协作
2.有较强的学习能力与解决问题的能力
3.有较强的责任心</td><td>10</td><td></td><td></td></tr>
<tr><td rowspan="2">附加（10 分）</td><td>创新能力</td><td>方案设计或调试流程有独创性</td><td>5</td><td></td><td></td></tr>
<tr><td>其他加分</td><td>在教学中由教师自定，如学生课堂表现情况、进步情况等</td><td>5</td><td></td><td></td></tr>
<tr><td>复盘思考</td><td colspan="7">（学生可在此栏填写关于本次实训的有效经验与做法、总结反思、课后拓展项目等）</td></tr>
</table>

续表

		任务实施步骤	步骤用时	出现的问题及解决方法
任务实施	方案实施			

续表

		任务要求			配分	自评	师评
任务实施	验收与评价	基础验收（60分）	操作安装	1.能正确使用工具	5		
				2.元器件布局合理、安装牢固，便于检修和调试	10		
				3.能正确按照操作流程，在保证安全的前提下，完成系统的调试	5		
			接线	1.接线牢固、接触良好、绝缘可靠	5		
				2.实物接线规范、美观、正确	5		
			功能实现	1.能正确描述安全门控制功能	10		
				2.系统能完整实现所有功能	20		
		展示与汇报（10分）	方案制作展示	能将方案进行有效、清晰的展示	5		
			总结汇报	积极参加汇报，能做好任务实施中的思考与拓展，汇报质量较好	5		
		职业素养（20分）	安全与文明生产	1.未遵守教学场所规章制度扣3分 2.出现人为损坏设备扣5分 3.未遵守实训室6S管理规定扣3分	10		
			综合素质	1.沟通、表达能力较强，能与团队有效交流和协作 2.有较强的学习能力与解决问题的能力 3.有较强的责任心	10		
		附加（10分）	创新能力	方案设计或调试流程有独创性	5		
			其他加分	在教学中由教师自定，如学生课堂表现情况、进步情况等	5		
复盘思考	（学生可在此栏填写关于本次实训的有效经验与做法、总结反思、课后拓展项目等）						

续表

		任务实施步骤	步骤用时	出现的问题及解决方法
任务实施	方案实施			

续表

<table>
<tr><td rowspan="14">任务
实施</td><td rowspan="14">验
收
与
评
价</td><td colspan="3">任务要求</td><td>配分</td><td>自评</td><td>师评</td></tr>
<tr><td rowspan="8">基础验收
（60 分）</td><td rowspan="3">操作
安装</td><td>1.工具与仪表使用正确</td><td>5</td><td></td><td></td></tr>
<tr><td>2.元器件布局合理、安装牢固，便于检修和调试</td><td>10</td><td></td><td></td></tr>
<tr><td>3.能正确按照操作流程，在保证安全的前提下，完成系统的调试</td><td>5</td><td></td><td></td></tr>
<tr><td rowspan="2">接线</td><td>1.接线牢固、接触良好、绝缘可靠</td><td>5</td><td></td><td></td></tr>
<tr><td>2.实物接线规范、美观、正确，无短路、断路、错接、漏接问题</td><td>5</td><td></td><td></td></tr>
<tr><td rowspan="3">功能
实现</td><td>1.能锁住信号</td><td>5</td><td></td><td></td></tr>
<tr><td>2.能产生脉冲</td><td>15</td><td></td><td></td></tr>
<tr><td>3.能完整地实现控制功能</td><td>10</td><td></td><td></td></tr>
<tr><td rowspan="2">展示与汇报
（10 分）</td><td>方案
制作
展示</td><td>能将方案进行有效、清晰的展示</td><td>5</td><td></td><td></td></tr>
<tr><td>总结
汇报</td><td>积极参加汇报，能做好任务实施中的思考与拓展，汇报质量较好</td><td>5</td><td></td><td></td></tr>
<tr><td rowspan="2">职业素养
（20 分）</td><td>安全与
文明
生产</td><td>1.未遵守教学场所规章制度扣 3 分
2.出现人为损坏设备扣 5 分
3.未遵守实训室 6S 管理规定扣 3 分</td><td>10</td><td></td><td></td></tr>
<tr><td>综合
素质</td><td>1.沟通、表达能力较强，能与团队有效交流和协作
2.有较强的学习能力与解决问题的能力
3.有较强的责任心</td><td>10</td><td></td><td></td></tr>
<tr><td rowspan="2">附加
（10 分）</td><td>创新
能力</td><td>方案设计或调试流程有独创性</td><td>5</td><td></td><td></td></tr>
<tr><td></td><td></td><td>其他
加分</td><td>在教学中由教师自定，如学生课堂表现情况、进步情况等</td><td>5</td><td></td><td></td></tr>
<tr><td>复盘
思考</td><td colspan="7">（学生可在此栏填写关于本次实训的有效经验与做法、总结反思、课后拓展项目等）</td></tr>
</table>

续表

		任务实施步骤	步骤用时	出现的问题及解决方法
任务实施	方案实施			

续表

<table>
<tr><td rowspan="14">任务
实施</td><td rowspan="14">验
收
与
评
价</td><td colspan="3">任务要求</td><td>配分</td><td>自评</td><td>师评</td></tr>
<tr><td rowspan="7">基础验收
（60 分）</td><td rowspan="3">操作
安装</td><td>1.工具与仪表使用正确</td><td>5</td><td></td><td></td></tr>
<tr><td>2.元器件布局合理、安装牢固，便于检修和调试</td><td>10</td><td></td><td></td></tr>
<tr><td>3.能正确按照操作流程，在保证安全的前提下，完成系统的调试</td><td>5</td><td></td><td></td></tr>
<tr><td rowspan="2">接线</td><td>1.接线牢固、接触良好、绝缘可靠</td><td>5</td><td></td><td></td></tr>
<tr><td>2.实物接线规范、美观、正确，无短路、断路、错接、漏接问题</td><td>5</td><td></td><td></td></tr>
<tr><td rowspan="2">功能
实现</td><td>1.能锁住信号</td><td>10</td><td></td><td></td></tr>
<tr><td>2.能实现控制功能</td><td>20</td><td></td><td></td></tr>
<tr><td rowspan="2">展示与汇报
（10 分）</td><td>方案
制作
展示</td><td>能将方案进行有效、清晰的展示</td><td>5</td><td></td><td></td></tr>
<tr><td>总结
汇报</td><td>积极参加汇报，能做好任务实施中的思考与拓展，汇报质量较好</td><td>5</td><td></td><td></td></tr>
<tr><td rowspan="2">职业素养
（20 分）</td><td>安全与
文明
生产</td><td>1.未遵守教学场所规章制度扣 3 分
2.出现人为损坏设备扣 5 分
3.未遵守实训室 6S 管理规定扣 3 分</td><td>10</td><td></td><td></td></tr>
<tr><td>综合
素质</td><td>1.沟通、表达能力较强，能与团队有效交流和协作
2.有较强的学习能力与解决问题的能力
3.有较强的责任心</td><td>10</td><td></td><td></td></tr>
<tr><td rowspan="2">附加
（10 分）</td><td>创新
能力</td><td>方案设计或调试流程有独创性</td><td>5</td><td></td><td></td></tr>
<tr><td>其他
加分</td><td>在教学中由教师自定，如学生课堂表现情况、进步情况等</td><td>5</td><td></td><td></td></tr>
<tr><td>复盘
思考</td><td colspan="7">（学生可在此栏填写关于本次实训的有效经验与做法、总结反思、课后拓展项目等）</td></tr>
</table>

续表

		任务实施步骤	步骤用时	出现的问题及解决方法
任务实施	方案实施			

续表

		任务要求			配分	自评	师评
任务实施	验收与评价	基础验收（60分）	操作安装	1.能正确使用工具	5		
				2.元器件布局合理、安装牢固，便于检修和调试	10		
				3.能正确按照操作流程，在保证安全的前提下，完成系统的调试	5		
			接线	1.接线牢固、接触良好、绝缘可靠	5		
				2.强弱电分开走线，没有短路等现象	5		
			功能实现	1.能锁住信号，电磁阀能启动	5		
				2.时间继电器能正确启动，计时正确	10		
				3.系统能完整实现所有功能	15		
		展示与汇报（10分）	方案制作展示	能将方案进行有效、清晰的展示	5		
			总结汇报	积极参加汇报，能做好任务实施中的思考与拓展，汇报质量较好	5		
		职业素养（20分）	安全与文明生产	1.未遵守教学场所规章制度扣3分 2.出现人为损坏设备扣5分 3.未遵守实训室6S管理规定扣3分	10		
			综合素质	1.沟通、表达能力较强，能与团队有效交流和协作 2.有较强的学习能力与解决问题的能力 3.有较强的责任心	10		
		附加（10分）	创新能力	方案设计或调试流程有独创性	5		
			其他加分	在教学中由教师自定，如学生课堂表现情况、进步情况等	5		
复盘思考	（学生可在此栏填写关于本次实训的有效经验与做法、总结反思、课后拓展项目等）						

续表

任务实施	方案实施	任务实施步骤	步骤用时	出现的问题及解决方法

续表

任务实施	验收与评价	任务要求			配分	自评	师评
		基础验收（60分）	操作安装	1.能正确使用工具	5		
				2.元器件布局合理、安装牢固，便于检修和调试	10		
				3.能正确按照操作流程，在保证安全的前提下，完成系统的调试	5		
			接线	1.接线牢固、接触良好、绝缘可靠	5		
				2.强弱电分开走线，没有短路等现象	5		
			功能实现	1.能锁住信号，电动机能转动	10		
				2.系统能完整实现所有功能	20		
		展示与汇报（10分）	方案制作展示	能将方案进行有效、清晰的展示	5		
			总结汇报	积极参加汇报，能做好任务实施中的思考与拓展，汇报质量较好	5		
		职业素养（20分）	安全与文明生产	1.未遵守教学场所规章制度扣3分 2.出现人为损坏设备扣5分 3.未遵守实训室6S管理规定扣3分	10		
			综合素质	1.沟通、表达能力较强，能与团队有效交流和协作 2.有较强的学习能力与解决问题的能力 3.有较强的责任心	10		
		附加（10分）	创新能力	方案设计或调试流程有独创性	5		
			其他加分	在教学中由教师自定，如学生课堂表现情况、进步情况等	5		
复盘思考	（学生可在此栏填写关于本次实训的有效经验与做法、总结反思、课后拓展项目等）						

续表

		任务实施步骤	步骤用时	出现的问题及解决方法
任务实施	方案实施			

续表

<table>
<tr><td rowspan="14">任务实施</td><td rowspan="14">验收与评价</td><td colspan="3">任务要求</td><td>配分</td><td>自评</td><td>师评</td></tr>
<tr><td rowspan="7">基础验收
(60分)</td><td rowspan="3">操作安装</td><td>1.能正确使用工具</td><td>5</td><td></td><td></td></tr>
<tr><td>2.元器件布局合理、安装牢固,便于检修和调试</td><td>10</td><td></td><td></td></tr>
<tr><td>3.能正确按照操作流程,在保证安全的前提下,完成系统的调试</td><td>5</td><td></td><td></td></tr>
<tr><td rowspan="2">接线</td><td>1.接线牢固、接触良好、绝缘可靠</td><td>5</td><td></td><td></td></tr>
<tr><td>2.电磁继电器接线正确,没有短路等现象</td><td>5</td><td></td><td></td></tr>
<tr><td rowspan="2">功能实现</td><td>1.能锁住信号,电动机能转动</td><td>10</td><td></td><td></td></tr>
<tr><td>2.系统能完整实现所有功能</td><td>20</td><td></td><td></td></tr>
<tr><td rowspan="2">展示与汇报
(10分)</td><td>方案制作展示</td><td>能将方案进行有效、清晰的展示</td><td>5</td><td></td><td></td></tr>
<tr><td>总结汇报</td><td>积极参加汇报,能做好任务实施中的思考与拓展,汇报质量较好</td><td>5</td><td></td><td></td></tr>
<tr><td rowspan="2">职业素养
(20分)</td><td>安全与文明生产</td><td>1.未遵守教学场所规章制度扣3分
2.出现人为损坏设备扣5分
3.未遵守实训室6S管理规定扣3分</td><td>10</td><td></td><td></td></tr>
<tr><td>综合素质</td><td>1.沟通、表达能力较强,能与团队有效交流和协作
2.有较强的学习能力与解决问题的能力
3.有较强的责任心</td><td>10</td><td></td><td></td></tr>
<tr><td rowspan="2">附加
(10分)</td><td>创新能力</td><td>方案设计或调试流程有独创性</td><td>5</td><td></td><td></td></tr>
<tr><td>其他加分</td><td>在教学中由教师自定,如学生课堂表现情况、进步情况等</td><td>5</td><td></td><td></td></tr>
<tr><td>复盘思考</td><td colspan="7">(学生可在此栏填写关于本次实训的有效经验与做法、总结反思、课后拓展项目等)</td></tr>
</table>

续表

<table>
<tr><td rowspan="8">任务实施</td><td rowspan="8">方案实施</td><td>任务实施步骤</td><td>步骤用时</td><td>出现的问题及解决方法</td></tr>
<tr><td></td><td></td><td></td></tr>
<tr><td></td><td></td><td></td></tr>
<tr><td></td><td></td><td></td></tr>
<tr><td></td><td></td><td></td></tr>
<tr><td></td><td></td><td></td></tr>
<tr><td></td><td></td><td></td></tr>
<tr><td></td><td></td><td></td></tr>
</table>

续表

<table>
<tr><td rowspan="16">任务
实施</td><td rowspan="16">验收与评价</td><td colspan="3">任务要求</td><td>配分</td><td>自评</td><td>师评</td></tr>
<tr><td rowspan="8">基础验收
（60 分）</td><td rowspan="3">操作
安装</td><td>1.能正确使用工具</td><td>5</td><td></td><td></td></tr>
<tr><td>2.元器件布局合理、安装牢固，便于检修和调试</td><td>10</td><td></td><td></td></tr>
<tr><td>3.能正确按照操作流程，在保证安全的前提下，完成系统的调试</td><td>5</td><td></td><td></td></tr>
<tr><td rowspan="2">接线</td><td>1.接线牢固、接触良好、绝缘可靠</td><td>5</td><td></td><td></td></tr>
<tr><td>2.电磁继电器、步进驱动器接线正确，没有短路等现象</td><td>5</td><td></td><td></td></tr>
<tr><td rowspan="3">功能
实现</td><td>1.2 个电磁继电器线圈交替得电，产生脉冲</td><td>5</td><td></td><td></td></tr>
<tr><td>2.计数继电器计数正常</td><td>10</td><td></td><td></td></tr>
<tr><td>3.整个系统能完整实现所有功能</td><td>15</td><td></td><td></td></tr>
<tr><td rowspan="2">展示与汇报
（10 分）</td><td>方案
制作
展示</td><td>能将方案进行有效、清晰的展示</td><td>5</td><td></td><td></td></tr>
<tr><td>总结
汇报</td><td>积极参加汇报，能做好任务实施中的思考与拓展，汇报质量较好</td><td>5</td><td></td><td></td></tr>
<tr><td rowspan="2">职业素养
（20 分）</td><td>安全与
文明
生产</td><td>1.未遵守教学场所规章制度扣 3 分
2.出现人为损坏设备扣 5 分
3.未遵守实训室 6S 管理规定扣 3 分</td><td>10</td><td></td><td></td></tr>
<tr><td>综合
素质</td><td>1.沟通、表达能力较强，能与团队有效交流和协作
2.有较强的学习能力与解决问题的能力
3.有较强的责任心</td><td>10</td><td></td><td></td></tr>
<tr><td rowspan="2">附加
（10 分）</td><td>创新
能力</td><td>方案设计或调试流程有独创性</td><td>5</td><td></td><td></td></tr>
<tr><td>其他
加分</td><td>在教学中由教师自定，如学生课堂表现情况、进步情况等</td><td>5</td><td></td><td></td></tr>
<tr><td colspan="6"></td></tr>
<tr><td>复盘
思考</td><td colspan="7">（学生可在此栏填写关于本次实训的有效经验与做法、总结反思、课后拓展项目等）</td></tr>
</table>

任务工单

班级：________ 姓名：________

<table>
<tr><td>项目名称</td><td colspan="7">项目三　机电应用低压配电系统</td></tr>
<tr><td>任务名称</td><td colspan="7">任务 1　工业机器人交流供配电系统搭建</td></tr>
<tr><td>技能目标</td><td colspan="7">1.能熟练使用电工工具接线、安装电气元件
2.会使用试电笔测量交流电
3.会搭建简单的低压交流配电系统</td></tr>
<tr><td>知识目标</td><td colspan="7">1.了解低压断路器的分类
2.理解低压断路器的工作原理、结构和应用选型
3.掌握微型断路器和漏电保护断路器的选择和使用、低压断路器的电气符号
4.掌握低压配电方式</td></tr>
<tr><td>实训环境</td><td colspan="7">电气配盘、断路器、交流负载(指示灯)</td></tr>
<tr><td>学时</td><td>4</td><td>实训地点</td><td></td><td>实训时间</td><td></td><td>学生签名</td><td></td></tr>
<tr><td rowspan="3">任务
准备</td><td>信息收集</td><td colspan="6"></td></tr>
<tr><td>方案制定</td><td colspan="6"></td></tr>
<tr><td>方案决策</td><td colspan="6"></td></tr>
</table>

任务工单

班级：________　姓名：________

<table>
<tr><td>项目名称</td><td colspan="7">项目三　机电应用低压配电系统</td></tr>
<tr><td>任务名称</td><td colspan="7">任务 2　工业机器人直流供电系统搭建</td></tr>
<tr><td>技能目标</td><td colspan="7">1.能熟练使用万用表测量直流电和交流电的电压、电流
2.会安装开关电源和圆筒形帽熔断器
3.会搭建简单的直流供电系统</td></tr>
<tr><td>知识目标</td><td colspan="7">1.了解低压熔断器的分类和开关电源的工作原理
2.理解低压熔断器的工作原理、结构和应用选型
3.掌握开关电源的使用、低压熔断器和开关电源的电气符号</td></tr>
<tr><td>实训环境</td><td colspan="7">电气配盘、断路器、开关电源、直流负载(指示灯)</td></tr>
<tr><td>学时</td><td>4</td><td>实训地点</td><td></td><td>实训时间</td><td></td><td>学生签名</td><td></td></tr>
<tr><td rowspan="3">任务
准备</td><td>信息收集</td><td colspan="6"></td></tr>
<tr><td>方案制定</td><td colspan="6"></td></tr>
<tr><td>方案决策</td><td colspan="6"></td></tr>
</table>

任务工单

班级：________ 姓名：________

<table>
<tr><td>项目名称</td><td colspan="7">项目三　机电应用低压配电系统</td></tr>
<tr><td>任务名称</td><td colspan="7">任务 3　工业机器人电源监控系统应用</td></tr>
<tr><td>技能目标</td><td colspan="7">1.能熟练绘制电气原理图
2.能搭建简单的电源监控系统</td></tr>
<tr><td>知识目标</td><td colspan="7">1.了解电能表、电流互感器的作用
2.掌握电气制图的基本知识、电气图形符号和文字符号的使用
3.掌握三相电流的测量方法</td></tr>
<tr><td>实训环境</td><td colspan="7">电气配盘、断路器、开关电源、直流负载(指示灯)、万用表</td></tr>
<tr><td>学时</td><td>4</td><td>实训地点</td><td></td><td>实训时间</td><td></td><td>学生签名</td><td></td></tr>
<tr><td rowspan="3">任务准备</td><td>信息收集</td><td colspan="6"></td></tr>
<tr><td>方案制定</td><td colspan="6"></td></tr>
<tr><td>方案决策</td><td colspan="6"></td></tr>
</table>

任务工单

班级：________　姓名：________

<table>
<tr><td>项目名称</td><td colspan="7">项目三　机电应用低压配电系统</td></tr>
<tr><td>任务名称</td><td colspan="7">任务 4　工业机器人系统应用电气元件配盘</td></tr>
<tr><td>技能目标</td><td colspan="7">1.能快速读懂电气原理图
2.会搭建电气元件配盘</td></tr>
<tr><td>知识目标</td><td colspan="7">1.掌握识读电气原理图的方法和技巧
2.理解根据电气原理图来实现具体的实物接线的方法</td></tr>
<tr><td>实训环境</td><td colspan="7">电气配盘、断路器、开关电源、直流负载(指示灯)、万用表</td></tr>
<tr><td>学时</td><td>4</td><td>实训地点</td><td></td><td>实训时间</td><td></td><td>学生签名</td><td></td></tr>
<tr><td rowspan="3">任务准备</td><td>信息收集</td><td colspan="6"></td></tr>
<tr><td>方案制定</td><td colspan="6"></td></tr>
<tr><td>方案决策</td><td colspan="6"></td></tr>
</table>

任务工单

班级：________　姓名：________

<table>
<tr><td>项目名称</td><td colspan="7">项目四　机电应用预执行件</td></tr>
<tr><td>任务名称</td><td colspan="7">任务 1　工业机器人应用系统启停控制</td></tr>
<tr><td>技能目标</td><td colspan="7">1.掌握电磁继电器的应用选型
2.能够根据控制要求，绘制工业机器人应用系统启停控制电气原理图
3.能够根据电气原理图和系统位置图，完成电气设备安装和接线
4.能够动手调试并验证系统启停控制功能</td></tr>
<tr><td>知识目标</td><td colspan="7">1.掌握电磁继电器的结构、工作原理和电气符号
2.掌握电磁继电器的应用选型原则
3.掌握电磁继电器的点动控制、自锁控制和启保停控制
4.掌握应用系统启停控制的电气原理图和系统安装调试方法</td></tr>
<tr><td>实训环境</td><td colspan="7">1.电气配盘
2.断路器、电磁继电器、24 V 开关电源、按钮、指示灯等基本元器件齐全
3.常用机电安装工具</td></tr>
<tr><td>学时</td><td>4</td><td>实训地点</td><td></td><td>实训时间</td><td></td><td>学生签名</td><td></td></tr>
<tr><td rowspan="3">任务准备</td><td>信息收集</td><td colspan="6"></td></tr>
<tr><td>方案制定</td><td colspan="6"></td></tr>
<tr><td>方案决策</td><td colspan="6"></td></tr>
</table>

任务工单

班级：________ 姓名：________

<table>
<tr><td>项目名称</td><td colspan="8">项目四　机电应用预执行件</td></tr>
<tr><td>任务名称</td><td colspan="8">任务 2　工业机器人应用系统顺序控制</td></tr>
<tr><td>技能目标</td><td colspan="8">1.能够正确选择时间继电器
2.能够根据控制要求，识读和绘制工业机器人应用系统顺序控制电气原理图
3.能够根据电气原理图和系统位置图，完成电气设备安装和接线
4.能够动手调试并验证系统顺序控制功能</td></tr>
<tr><td>知识目标</td><td colspan="8">1.掌握时间继电器的工作原理和电气符号
2.掌握时间继电器的应用选型原则
3.掌握时间继电器的点动控制和启保停控制
4.掌握应用系统顺序控制的电气原理图和系统安装调试方法</td></tr>
<tr><td>实训环境</td><td colspan="8">1.电气配盘
2.断路器、电磁继电器、时间继电器、24 V 开关电源、按钮、指示灯等基本元器件齐全
3.常用机电安装工具</td></tr>
<tr><td>学时</td><td colspan="2">4</td><td>实训地点</td><td></td><td>实训时间</td><td></td><td>学生签名</td><td></td></tr>
<tr><td rowspan="3">任务准备</td><td>信息收集</td><td colspan="7"></td></tr>
<tr><td>方案制定</td><td colspan="7"></td></tr>
<tr><td>方案决策</td><td colspan="7"></td></tr>
</table>

任务工单

班级：________ 姓名：________

<table>
<tr><td>项目名称</td><td colspan="7">项目四　机电应用预执行件</td></tr>
<tr><td>任务名称</td><td colspan="7">任务 3　工业机器人系统机床运动控制</td></tr>
<tr><td>技能目标</td><td colspan="7">1.能够正确完成交流接触器、热过载继电器的应用选型
2.能够根据控制要求，绘制工业机器人系统机床运动控制电气原理图
3.能够根据电气原理图和系统位置图，完成电气设备安装和接线
4.能够动手调试并验证机床运动控制功能</td></tr>
<tr><td>知识目标</td><td colspan="7">1.掌握交流接触器、热过载继电器的结构、工作原理和电气符号
2.掌握交流接触器、热过载继电器的应用选型原则
3.掌握交流接触器启保停控制和正反转控制工作原理
4.掌握机床运动控制的电气原理图和系统安装调试方法</td></tr>
<tr><td>实训环境</td><td colspan="7">1.电气配盘
2.断路器、交流接触器、热过载继电器、电磁继电器、24 V 开关电源、按钮等基本元器件齐全
3.常用机电安装工具</td></tr>
<tr><td>学时</td><td>4</td><td>实训地点</td><td></td><td>实训时间</td><td></td><td>学生签名</td><td></td></tr>
<tr><td rowspan="3">任务准备</td><td>信息收集</td><td colspan="6"></td></tr>
<tr><td>方案制定</td><td colspan="6"></td></tr>
<tr><td>方案决策</td><td colspan="6"></td></tr>
</table>

任务工单

班级：________ 姓名：________

<table>
<tr><td>项目名称</td><td colspan="7">项目四　机电应用预执行件</td></tr>
<tr><td>任务名称</td><td colspan="7">任务 4　工业机器人焊接冷却水循环控制</td></tr>
<tr><td>技能目标</td><td colspan="7">1.能够正确完成冷却水循环控制系统电气设备的应用选型
2.能够根据控制要求，绘制工业机器人焊接冷却水循环控制电气原理图
3.能够根据电气原理图和系统位置图，完成电气设备安装和接线
4.能够动手调试并验证焊接冷却水循环控制功能</td></tr>
<tr><td>知识目标</td><td colspan="7">1.掌握液位继电器的结构、工作原理和电气符号
2.掌握冷却水循环控制系统电气设备的应用选型原则
3.掌握液位继电器供水方式和排水方式控制接线
4.掌握冷却水循环控制的电气原理图和系统安装调试方法</td></tr>
<tr><td>实训环境</td><td colspan="7">1.电气配盘
2.断路器、交流接触器、时间继电器、液位继电器、电磁继电器、按钮等基本元器件齐全
3.常用机电安装工具</td></tr>
<tr><td>学时</td><td>4</td><td>实训地点</td><td></td><td>实训时间</td><td></td><td>学生签名</td><td></td></tr>
<tr><td rowspan="3">任务准备</td><td>信息收集</td><td colspan="6"></td></tr>
<tr><td>方案制定</td><td colspan="6"></td></tr>
<tr><td>方案决策</td><td colspan="6"></td></tr>
</table>

任务工单

班级：________　姓名：________

项目名称	项目五　机电应用信号控制与人机交互控制						
任务名称	任务1　工业机器人工作站小车自动往返控制						
技能目标	1.熟悉接近开关的基本原理以及接线的分类方法 2.掌握电气线路连接的基本操作方法和电工工艺规范 3.熟悉常见电气元件及电工耗材的选用标准 4.理解电动机传输带传感器应用的控制原理						
知识目标	1.掌握主令电气设备的基本工作原理 2.掌握主令电气设备的安装使用方法						
实训环境	断路器、交流接触器、24 V开关电源、限位开关、接近开关、按钮						
学时	4	实训地点		实训时间		学生签名	
任务准备	信息收集						
	方案制定						
	方案决策						

任务工单

班级：________ 姓名：________

<table>
<tr><td>项目名称</td><td colspan="7">项目五 机电应用信号控制与人机交互控制</td></tr>
<tr><td>任务名称</td><td colspan="7">任务 2 工业机器人工作站安全门控制</td></tr>
<tr><td>技能目标</td><td colspan="7">1.能对光电开关、磁感应开关等进行安装和接线
2.能对常见的电气元件及电工耗材进行选型</td></tr>
<tr><td>知识目标</td><td colspan="7">1.掌握主令电气设备的基本工作原理
2.掌握主令电气设备的安装使用方法</td></tr>
<tr><td>实训环境</td><td colspan="7">断路器、电磁继电器、光电开关、24 V 开关电源、按钮、指示灯</td></tr>
<tr><td>学时</td><td>4</td><td>实训地点</td><td></td><td>实训时间</td><td></td><td>学生签名</td><td></td></tr>
<tr><td rowspan="3">任务
准备</td><td>信息收集</td><td colspan="6"></td></tr>
<tr><td>方案制定</td><td colspan="6"></td></tr>
<tr><td>方案决策</td><td colspan="6"></td></tr>
</table>

任务工单

班级：________　姓名：________

<table>
<tr><td>项目名称</td><td colspan="7">项目五　机电应用信号控制与人机交互控制</td></tr>
<tr><td>任务名称</td><td colspan="7">任务 3　工业机器人工作站人机交互控制</td></tr>
<tr><td>技能目标</td><td colspan="7">1.能对双手操作按钮盒、急停按钮进行安装和固定
2.能运用两个时间继电器连接电路产生时间脉冲
3.能运用不同颜色的指示灯显示系统不同的工作状态</td></tr>
<tr><td>知识目标</td><td colspan="7">1.熟悉双手操作按钮盒的基本原理和实现方法
2.掌握电气线路连接的基本操作方法和电工工艺规范</td></tr>
<tr><td>实训环境</td><td colspan="7">双手操作按钮盒、时间继电器、急停按钮、24 V 开关电源</td></tr>
<tr><td>学时</td><td>4</td><td>实训地点</td><td></td><td>实训时间</td><td></td><td>学生签名</td><td></td></tr>
<tr><td rowspan="3">任务
准备</td><td>信息收集</td><td colspan="6"></td></tr>
<tr><td>方案制定</td><td colspan="6"></td></tr>
<tr><td>方案决策</td><td colspan="6"></td></tr>
</table>

任务工单

班级：________ 姓名：________

<table>
<tr><td>项目名称</td><td colspan="7">项目五　机电应用信号控制与人机交互控制</td></tr>
<tr><td>任务名称</td><td colspan="7">任务 4　工业机器人应用系统状态显示控制</td></tr>
<tr><td>技能目标</td><td colspan="7">1.能对指示灯、蜂鸣器、压力传感器进行安装和接线
2.能运用指示灯、蜂鸣器等反映系统或设备工作状态
3.能运用时间继电器产生脉冲信号</td></tr>
<tr><td>知识目标</td><td colspan="7">1.掌握指示灯、蜂鸣器的接线
2.掌握电气线路连接的基本操作方法和电工工艺规范</td></tr>
<tr><td>实训环境</td><td colspan="7">断路器、24 V 开关电源、指示灯、时间继电器</td></tr>
<tr><td>学时</td><td>4</td><td>实训地点</td><td></td><td>实训时间</td><td></td><td>学生签名</td><td></td></tr>
<tr><td rowspan="3">任务
准备</td><td>信息收集</td><td colspan="6"></td></tr>
<tr><td>方案制定</td><td colspan="6"></td></tr>
<tr><td>方案决策</td><td colspan="6"></td></tr>
</table>

任务工单

班级：________ 姓名：________

<table>
<tr><td>项目名称</td><td colspan="7">项目六 机电应用系统驱动及其控制</td></tr>
<tr><td>任务名称</td><td colspan="7">任务 1 工业机器人末端气动执行器控制·</td></tr>
<tr><td>技能目标</td><td colspan="7">1.能对电磁阀、时间继电器正确地进行接线
2.能运用电磁阀实现对末端气动执行器的控制
3.能运用时间继电器实现对多个气动执行器的顺序控制
4.能选择合适的气动执行器和电磁阀对不同特性的工件进行夹取</td></tr>
<tr><td>知识目标</td><td colspan="7">1.掌握电磁阀、气缸、真空发生器的工作原理和电气符号
2.了解电磁阀、气缸的分类和选型方法
3.掌握电磁阀、气缸、真空发生器的接线或接管方法</td></tr>
<tr><td>实训环境</td><td colspan="7">电气配盘、电磁继电器、时间继电器、电磁阀、气缸、真空发生器</td></tr>
<tr><td>学时</td><td>4</td><td>实训地点</td><td></td><td>实训时间</td><td></td><td>学生签名</td><td></td></tr>
<tr><td rowspan="3">任务
准备</td><td>信息收集</td><td colspan="6"></td></tr>
<tr><td>方案制定</td><td colspan="6"></td></tr>
<tr><td>方案决策</td><td colspan="6"></td></tr>
</table>

任务工单

班级：________ 姓名：________

<table>
<tr><td>项目名称</td><td colspan="7">项目六 机电应用系统驱动及其控制</td></tr>
<tr><td>任务名称</td><td colspan="7">任务 2 工业机器人工作站升降机控制</td></tr>
<tr><td>技能目标</td><td colspan="7">1.能对电磁继电器、时间继电器正确地进行接线
2.能运用电磁继电器实现对异步电动机的正反转控制
3.能运用时间继电器实现对升降机上升下降的顺序控制</td></tr>
<tr><td>知识目标</td><td colspan="7">1.掌握三相异步电动机的工作原理和正反转控制方式
2.掌握升降机上升下降的实现原理
3.掌握时间继电器实现升降机上升下降自动控制的原理</td></tr>
<tr><td>实训环境</td><td colspan="7">电气配盘、电磁继电器、时间继电器、三相异步电动机、限位开关</td></tr>
<tr><td>学时</td><td>4</td><td>实训地点</td><td></td><td>实训时间</td><td></td><td>学生签名</td><td></td></tr>
<tr><td rowspan="3">任务准备</td><td>信息收集</td><td colspan="6"></td></tr>
<tr><td>方案制定</td><td colspan="6"></td></tr>
<tr><td>方案决策</td><td colspan="6"></td></tr>
</table>

任务工单

班级：________ 姓名：________

<table>
<tr><td>项目名称</td><td colspan="7">项目六　机电应用系统驱动及其控制</td></tr>
<tr><td>任务名称</td><td colspan="7">任务 3　工业机器人工作站行走小车控制</td></tr>
<tr><td>技能目标</td><td colspan="7">1.能对电磁继电器、直流电动机正确地进行接线
2.能运用电磁继电器的常开、常闭触点实现对直流电动机的正反转控制
3.运用电磁继电器时，能对触点进行扩展</td></tr>
<tr><td>知识目标</td><td colspan="7">1.掌握直流电动机的工作原理和正反转控制方式
2.掌握行走小车往返行走的实现原理
3.掌握电磁继电器的内部结构</td></tr>
<tr><td>实训环境</td><td colspan="7">电气配盘、电磁继电器、直流电动机、按钮</td></tr>
<tr><td>学时</td><td>4</td><td>实训地点</td><td></td><td>实训时间</td><td></td><td>学生签名</td><td></td></tr>
<tr><td rowspan="3">任务
准备</td><td>信息收集</td><td colspan="6"></td></tr>
<tr><td>方案制定</td><td colspan="6"></td></tr>
<tr><td>方案决策</td><td colspan="6"></td></tr>
</table>

任务工单

班级：________ 姓名：________

<table>
<tr><td>项目名称</td><td colspan="7">项目六 机电应用系统驱动及其控制</td></tr>
<tr><td>任务名称</td><td colspan="7">任务 4 工业机器人工作站模拟变位机控制</td></tr>
<tr><td>技能目标</td><td colspan="7">1.能对电磁继电器、计数继电器、步进电动机正确地进行接线
2.能运用 2 个电磁继电器产生脉冲来驱动步进电动机
3.能运用计数继电器记录脉冲控制步进电动机的启停</td></tr>
<tr><td>知识目标</td><td colspan="7">1.掌握步进电动机的工作原理
2.掌握步进电动机的接线方式
3.掌握使用 2 个电磁继电器产生脉冲的原理</td></tr>
<tr><td>实训环境</td><td colspan="7">电气配盘、电磁继电器、步进电动机、计数继电器、按钮</td></tr>
<tr><td>学时</td><td>4</td><td>实训地点</td><td></td><td>实训时间</td><td></td><td>学生签名</td><td></td></tr>
<tr><td rowspan="3">任务准备</td><td>信息收集</td><td colspan="6"></td></tr>
<tr><td>方案制定</td><td colspan="6"></td></tr>
<tr><td>方案决策</td><td colspan="6"></td></tr>
</table>

ISBN 978-7-5680-4821-7

9 787568 048217 >

定价：59.00元
（含活页式任务工单）